3D 打印技术基础

程　喆　主　编
杨迎超　副主编
徐春杰　主　审

北京理工大学出版社
BEIJING INSTITUTE OF TECHNOLOGY PRESS

内 容 简 介

3D打印是近年来迅速发展的重要成型技术。本书从3D打印技术的基础知识和必备知识讲起，紧扣市场需要，既讲解3D打印成型设备的操作方法，也阐述3D打印成型设备的操作应用，可为从事3D打印技术相关工作的技术人员提供从理论到实践的有用参考。

本书首先介绍了3D打印技术的概念、发展历程、技术特点、工艺和材料种类以及发展趋势，然后按照工艺分类论述了光固化成型、叠层实体制造、熔融沉积成型、选择性激光烧结、3D成型等增材制造技术，着重介绍了工艺原理、设备、材料、工艺特点、关键技术及零件性能，论述了增材制造中的数据处理及快速制模技术，最后以系列实验论述相应增材制造技术在各领域的应用。本书内容广泛，专业性突出，系统性强，内容新颖，形成了概念、技术细节和综合应用的有机整体。

本书配有免费的电子教学课件、微课视频、动画及习题等，请需要的老师、同学扫描书中的二维码观看，也可登录课程网站在线学习或下载。

图书在版编目（CIP）数据

3D打印技术基础 / 程喆主编. -- 北京：北京理工
大学出版社，2023.7
ISBN 978 - 7 - 5763 - 2550 - 8

Ⅰ. ①3… Ⅱ. ①程… Ⅲ. ①快速成型技术 Ⅳ.
①TB4

中国国家版本馆 CIP 数据核字（2023）第 120708 号

出版发行 / 北京理工大学出版社有限责任公司
社　　址 / 北京市海淀区中关村南大街 5 号
邮　　编 / 100081
电　　话 / （010）68914775（总编室）
　　　　　 （010）82562903（教材售后服务热线）
　　　　　 （010）68944723（其他图书服务热线）
网　　址 / http：//www.bitpress.com.cn
经　　销 / 全国各地新华书店
印　　刷 / 北京广达印刷有限公司
开　　本 / 787 毫米 × 1092 毫米　1/16
印　　张 / 15.75　　　　　　　　　　　　责任编辑 / 钟　博
字　　数 / 342 千字　　　　　　　　　　　文案编辑 / 钟　博
版　　次 / 2023 年 7 月第 1 版　2023 年 7 月第 1 次印刷　　责任校对 / 周瑞红
定　　价 / 79.00 元　　　　　　　　　　　责任印制 / 李志强

前　言

当前，在我国制造业向智能制造转型升级，产品附加值提升，运行效率提升的大背景下，先进的机器人、3D打印、人工智能、机器学习、云计算、虚拟现实和增强现实、数据分析等技术应用于供应链、生产过程和客户产品和服务，数智赋能，为制造业注入强劲动力。

针对3D打印—增材制造技术而言，其人才数量仍无法满足市场需求。近年来，我国中等职业教育、高等职业教育以及普通高等教育领域，面向不同层次的增材制造人才培养体系正在完善，在中、高等职业教育和本科教育中均已设立了增材制造专业。但目前各学校开设的3D打印课程缺乏配套教材，致使课程开展不够深入，无法充分发挥3D打印的教学潜力。因此，有必要面向职业院校学生开发适用的3D打印教材。

本书的编写特点如下。

（1）贯彻落实党的二十大精神，注重素质培养，落实立德树人根本任务。在专业知识学习中增加课程思政案例，融入"科技强国""人才强国""数字中国""节能减排"等元素，帮助学生培养科技报国的爱国情怀；在技能训练中融入对规范操作、安全意识、节约意识、环保意识、劳动精神和工匠精神的培养。

（2）本书在我国职业教育总培养目标的指导思想下，重视培养学生的综合素质，旨在促进学生专业能力、方法能力、社会能力、创新能力、信息媒体与技术能力等综合能力的提升，为学生的职业发展奠定良好的基础。

（3）全书采用"线上"+"线下"方式混合教学，书中的插图及其对应内容引入动画、视频进行解析，有助于激发学生的学习兴趣，同时将"活动"贯穿于教学的始终。

（4）理实一体，工学结合。本书的每一个学习情境都配套了相应的实训项目，通过实训项目来培养学生的技能，通过项目训练内容培养学生的综合能力。本书实行一体化模块式教学，理论教学与实践教学相互渗透，强调工学结合，教学内容的选择贴近生产实际。本书对每一学习情境都进行了精细化的组织和整理，力求语言简练、通俗易懂。

全书分为7个学习情境，学习情境1为概述，介绍了3D打印技术的概念、发展简史、特点、工艺和材料种类以及发展趋势；学习情境2论述了增材制造中的数据处理，为后续每个学习情境中的"前处理"学习做铺垫；学习情境3~7按照工艺分类论述了光固化成型、叠层实体制造、熔融沉积成型、选择性激光烧结、3D成型等增材制造技术，着重介绍了工艺原理、设备、材料、工艺特点、关键技术及零件性能。每个学习情境最后均通过系列实验进行实践检验。各学习情境的内容由浅入深，循序渐进，遵循学生职业发展认知规律。

本书在编写的过程中得到西安增材制造国家研究院、深圳市创想三维科技股份有限公司、先临三维科技股份有限公司、金航数码科技有限责任公司、易加三维增材技术（北京）有限公司、宁夏共享集团等企业的支持，在此表示衷心的感谢。本书由陕西工业职业技术学院程喆担任主编，金航数码科技有限责任公司杨迎超担任副主编，具体写作分工如下：学习情境1、2、4由陕西工业职业技术学院程喆编写；学习情境3、5、6由陕西工业职业技术学院刘洋编写；学习情境7由金航数码科技有限责任公司杨迎超编写。本书最后由西安理工大学徐春杰教授主审。

由于职业教育的教学改革还在不断地深入发展，加之编者水平有限，书中疏漏之处在所难免，敬请读者批评指正。

编　者

目　　录

学习情境1　3D打印技术概述

近20年来，增材制造（Additive Manufacturing，AM）技术取得了快速的发展。增材制造原理与不同的材料和工艺结合形成了许多增材制造设备。目前已有的增材制造设备种类达到20多种。增材制造技术一出现就得到了快速的发展，在各个领域都取得了广泛的应用，目前该技术已得到了工业界的普遍关注，尤其在家用电器、汽车、玩具、轻工业产品、建筑模型、医疗器械及人造器官模型、航天器、军事装备、考古、工业制造、雕刻、电影制作以及CAD领域都得到了良好的应用。3D打印技术行业应用情境示例如图1-1所示。

（a）　　　　　　（b）　　　　　　（c）　　　　　　（d）

（e）　　　　　　（f）　　　　　　（g）　　　　　　（h）

图1-1　3D打印技术行业应用情境示例

（a）工业设计；（b）艺术文创；（c）机械设计；（d）建筑沙盘；
（e）游戏动漫；（f）雕塑艺术；（g）模具铸造；（h）数字齿科

快速成型（Rapid Prototyping，RP）技术是一种离散后进行堆积的成型技术，即将复杂产品的三维模型首先离散成许多具有相同层厚的二维层片，然后将二维层片逐点、逐线，进而逐面地堆积成型，因此又称为增材制造技术。本学习情境主要概述了3D打印技术的发展简史、基本流程、原理、技术特点、工艺种类以及应用领域。

学习单元 1.1 3D 打印技术发展简史

 学习目标

（1）了解快速成型技术、增材制造技术及 3D 打印技术三者之间的关系。

（2）了解 3D 打印技术的发展历程。

（3）通过新一代工业革命的发展，鼓励同学们在国产装备领域有所作为，争做引领中国装备制造变革的领军人才。

1.1.1 快速成型技术与增材制造技术及 3D 打印技术之间的关系

快速成型技术又称快速原型制造技术，诞生于 20 世纪 80 年代后期，被认为是近 20 年来制造领域的一个重大成果。它集机械工程、CAD、逆向工程技术、分层制造技术、数控技术、材料科学、激光技术于一身，可以自动、直接、快速、精确地将设计思想转变为具有一定功能的原型或直接制造零件，从而为零件原型制作、新设计思想的校验等方面提供了一种高效低成本的实现手段。

快速成型技术基于离散后进行堆积的思想，即将复杂产品的三维模型首先离散成许多具有相同层厚的二维层片，然后将二维层片逐点、逐线，进而逐面地堆积成型，因此又称为增材制造技术。

增材制造技术是通过 CAD 设计数据，采用材料逐层累加的方法制造实体零件的技术，相对于传统的材料去除（切削加工）技术，是一种"自下而上"累加材料的制造方法。自 20 世纪 80 年代末增材制造技术逐步发展，其间也被称为"材料累加制造"（Material Increase Manufacturing）、"快速成型"、"分层制造"（Layered Manufacturing）、"实体自由制造"（Solid Free – form Fabrication）、"3D 打印"（3D Printing）等。这些名称从不同侧面表达了该技术的特点。

美国材料与试验协会（American Society for Testing Materials，ASTM）的快速成型制造技术国际委员会 F42 对增材制造和 3D 打印有明确的概念定义。增材制造是依据三维 CAD 数据将材料连接起来制作物体的过程，相对于减法制造它通常是逐层累加过程。3D 打印是指采用打印头、喷嘴或其他打印沉积材料制造物体，3D 打印也常用来表示增材制造，在特指设备时，3D 打印设备是指相对价格或总体功能低端的增材制造设备。

系统而言，增材制造技术以数字化模型文件为基础，运用粉末状塑料、金属或黏合材料，通过逐层打印的方法来构建物体。不同种类的成型系统因所用成型材料不同，成型原理和系统特点也各有不同，但是其基本原理都是一样的，那就是"分层制造，逐层叠加"，类似数学上的积分过程。形象地讲，增材制造成型系统就像一台"立体打印机"，它将复杂产品的三维模型首先离散成许多具有相同层厚的二维层片，然后将二维层片逐点、逐线，进而逐面地堆积成型，如图 1-2 所示。

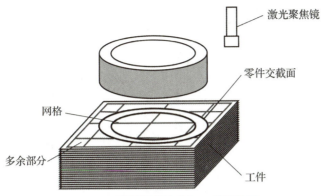

图 1 – 2　增材制造技术加工成型示意

该技术的优越性体现在它可以无须准备任何模具、刀具和工装夹具，直接接受产品设计 CAD 数据，快速制造出新产品的样件、模具或模型。因此，该技术的推广应用可以大大缩短新产品开发周期、降低开发成本、提高开发质量。由传统的"去除法"到今天的"增长法"，由有模制造到无模制造，这就是增材制造技术对制造业产生的革命性意义。

1.1.2　3D 打印技术的发展历程

3D 打印技术在过去的 30 年间经历了飞速的发展。20 世纪 80 年代，3D 打印还只是一个非商业化的技术，到 2014 年，它已经拥有了超过 40 亿美金的市值，到 2020 年，全球 3D 打印的市值已超过 200 亿美元。从最初的原型件制造到模具制造，再到当前最终零件的直接增材制造，这些跨越式的发展，不仅来自技术本身的进步与创新，也得益于技术人员对应用市场的不断开拓，以及上、下游支撑技术及产业的成熟与完善。

1. 第一阶段，思想萌芽

3D 打印的历史基础几乎可以追溯到 100 多年前——美国研究出了照相雕塑和地貌成形技术，当时人们利用 2D 图层叠加来成型三维地形图，随后产生了 3D 打印技术的 3D 打印核心制造思想。1892 年，J. E. Blaneher 的美国专利中，建议用分层制造法加工地形图，这种方法的基本原理是，将地形图的轮廓线压印在一系列蜡片上，接着按轮廓线切割蜡片，将其粘结在一起，然后将每一层面熨平，从而得到最终的三维地形图，其制作原理如图 1 – 3 所示。

1902 年，Carlo Baese 在他的美国专利中提出了用光敏聚合物制造塑料件的原理，这是现代第一种快速成型技术——立体平板印刷术（Stereo Lithography）的初始设想。

1940 年，Perera 提出了在硬纸板上切割轮廓线，然后将这些纸板粘结成 3D 地形图的方法。

1976 年，Paul L. Dimatteo 在他的美国专利（#3932923）中进一步明确地提出先用轮廓跟踪器将三维物体转化成许多二维轮廓薄片，然后用激光切割这些薄片（图 1 – 4），这些设想与现代另一种快速成型技术——层积实体制造（Laminated Object Manufacturing）的原理极为相似。

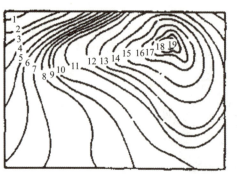

图 1-3　用分层制造法构成地形图

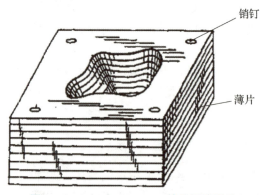

销钉

薄片

动画：分层制造法
构成地形图

图 1-4　Paul L. Dimatteo 的分层成型法

　　20 世纪 60 年代和 70 年代的研究工作验证了第一批现代增材制造工艺，包括 20 世纪 60 年代末的光聚合技术、1972 年的粉末熔融工艺，以及 1979 年的薄片叠层技术。然而，当时的增材制造技术尚处于起步阶段，几乎完全没有商业市场，对研发的投入也很少。到 20 世纪 80 年代末 90 年代初，增材制造相关专利和学术出版物的数量明显增多，出现了很多创新的增材制造技术。

2. 第二阶段，技术诞生

　　其标志性成果就是 5 种常规增材制造技术的提出。1986 年，美国的 Charles W Hull 发明了光固化成型技术，简称 SLA；1988 年，Feygin 发明了分层实体制造技术，简称 LOM；1989 年，Deckard 发明了激光粉末烧结技术，简称 SLS；1992 年，Crump 发明了熔融沉积制造技术，简称 FDM；1993 年，麻省理工学院的 Sachs 发明了 3D 喷印技术，简称 3DP。

3. 第三阶段，装备推出

　　1988 年，美国的 3D Systems 公司根据 Charle WHull 的专利，生产出了第一台增材制造装备 SLA250，开创了增材制造技术发展的新纪元。在此后的 10 年中，增材制造技术蓬勃发展，涌现出了十余种新工艺和相应的增材制造装备。1991 年，美国 Stratasys 的 FDM 装备、Cubital 的实体平面固化（Solid Ground Curing，SGC）装备和 Helisys 的 LOM 装备都实现了商业化。1992 年，美国 DTM 公司（现属于 3D Systems 公司）的 SLS 装备研发成功。1994 年，德国 EOS 公司推出了 EOSINT 型 SLS 装备。1996 年，3D Systems 公司使用喷墨打印技术，制造出其第一台 3DP 装备 Actua2100。同年，美国 Zcorp 公司也发布了 Z402 型 3DP 装备。总体上，美国在装备研制、生产销售方面占全球的主导地位，其发展水平及趋势基本代表了世界增材制造技术的发展历程。欧洲和日本也不甘落后，纷纷进行相关技术研究和装备研发。中国香港和中国台湾比中国内地起步早，台湾大学研制了 LOM 装备，香港生产力促进局、香港科技大学、香港理工大学和香港城市大学等拥有增材制造装备，重点进行技术研究与应用推广。中国内地自 20 世纪 90 年代初开始增材制造技术研发，以西安交通大学、华中科技大学、清华大学为代表的研究机构开始自主研制增材制造装备并在国内开展广泛应用。其中，以西安交通大学的 SLA 装备、华中科技大学的 LOM 和 SLS 装备以及清华大学的 FDM 装备最具代表性。

4. 第四阶段，大范围应用

随着工艺、材料和装备的日益成熟，增材制造技术的应用范围由模型和原型制造阶段进入产品快速制造阶段。早期增材制造技术受限于材料种类少及工艺水平低的限制，主要应用于模型和原型制造，如制造新型手机外壳模型等，因此统称为快速成型技术。目前，"3D 打印"这一更加亲民的概念为越来越多的人熟知，如今诸多快速成型和快速制造装备均以 3D 打印机的形象示人。最早的 3D 打印技术可被称为"经典 3D 打印技术"。"新兴 3D 打印技术"可以直接制造为人所用的功能部件及零件和传统工艺工具，包括电子产品绝缘外壳、金属结构件、高强度塑料零件、劳动工具、橡胶缓振制件、汽车及航空应用的高温陶瓷部件及各类金属模具等。金属零件的直接制造是增材制造技术由"快速成型"向"快速制造"转变的重要标志之一。2002 年，德国成功研制了选择性激光熔化增材制造装备，可成型接近全致密的精细金属零件和模具，其性能可达到同质锻件水平。同时，电子束熔化（EBM）、激光工程净成型（LENS）等一系列新技术与装备涌现出来。这些技术面向航天航空、武器装备、汽车/模具及生物医疗等高端制造领域，直接成型复杂和高性能的金属零部件，解决一些传统制造工艺面临的难加工甚至无法加工等制造难题。20 世纪 90 年代和 21 世纪前 10 年是增材制造技术的增长期。电子束熔化成型等新技术实现了商业化，而现有技术得到了改进。研究者的注意力开始转向开发增材制造相关软件。出现了增材制造的专用文件格式、增材制造的专用软件，如 Materialise 的 Magics。设备的改进和工艺的开发使增材制造产品的质量得到了很大提高，增材制造技术开始被用于工具甚至最终零件。

21 世纪前 10 年后期，金属增材制造技术在众多增材制造技术中脱颖而出，成为市场关注的重点。金属增材制造技术的设备、材料和工艺相互促进发展，多种不同的金属增材制造技术互相竞争，互相促进，不同的技术特点开始展现，应用方向也逐渐明朗。2003 年以来 3D 打印机的销售量逐渐增加，价格也开始下降。德国发布了一款迄今为止最高速的纳米级别微型 3D 打印机——Photonic Professional GT（图 1-5）。Photonic Professional GT 3D 打印机能制作纳米级别的微型结构，以较高的分辨率、较快的打印宽度，打印出不超过人类头发直径的三维物体。

同时，这款打印机还采用了基于双光子聚合的 3D 打印技术，让激光瞬时通过脉冲调制聚合光敏材料，制作出自我支撑的微型或纳米结构，以实现直接激光写入。此外，这款打印机可以以每秒超过 5 太位（terabit）的速度打印聚合物波导（polymer waveguides），堪称世界最高速，且它的精度可以达到在一根头发上打印出一个具有 10 个字母的公司名称。

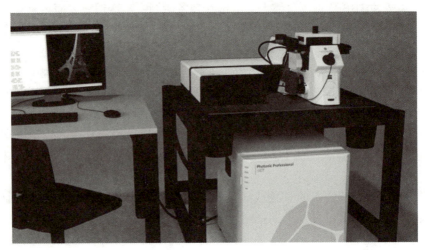

图 1-5　纳米级微型 3D 打印机——Photonic Professional GT

美国的通用电气（GE）公司在金属 3D 打印的航空应用方面做了开创性的工作。2018 年 10 月，通用电气公司在其位于亚拉巴马州的奥本工厂顺利生产了第 3 万个 3D 打印燃油喷嘴头（图 1-6）。这一新的设计与制造方法将传统喷嘴的 20 个部件变成了一个精密整体，实现了减重与耐用度的提高，同时降低了制造成本。

图 1-6　通用电气公司的 3D 打印燃油喷嘴头

目前，增材制造的应用范围正在迅速扩大，包括运动鞋部件、牙科陶瓷和航空航天部件的大规模生产，以及微流体、医疗设备和人工器官的制造。所使用的光诱导增材制造技术，由于其高度的时空控制而尤为成功，但这些技术仍然具有点状或层状生成的共同问题，如立体光刻、激光粉末床熔化、连续液体界面生产及其衍生品。立体 3D 打印是连续增材制造技术的方向。

2020 年 12 月，德国学者 Martin Regehly 和 Stefan Hecht 等介绍了 Xolography 3D 打印技术（图 1-7）。其原理是：不同波长的交叉光束在线性激发下，利用可见光光开关的光引发剂，诱导受限单体立体内的局部聚合。在此，研究者提出了一种立体 3D 打印工艺，在该工艺中，整个树脂的立体结构被保留，复杂的多组分物体是由周围的粘性流体基质制造和稳定的。与基于薄片的方法不同，悬垂特征的支撑结构需要精细的后处理，与层界面相关的各向异性消失了，脆弱的软物体可以凝固。这种方法实现了一个完整系统的一步制造，不需要后期装配，但仍然包含移动部件。到目前为止，两种不同的基于光的立体测量技术得到了最多的关注。为了制造高分辨率的微尺度物体，双光子光聚合是最先进的技术，并且已经实现了特征尺寸在 100 nm 以下物体的制造。一个主要的限制是立体产生率过低，这是由于潜在的非线性吸收过程硬化了树脂空间中的局部立体。对于宏观物体的立体增材制造，需计算轴向光刻旋转均匀的树脂立体，同时多个图像以确定的角度投射到目标材料。暴露的叠加层导致形成自由基的累积剂量分布，在 30~120 s 内固化厘米级尺寸的物体，并使其他区域低于聚合阈值。该技术需要树脂的非线性响应来定义阈值，目前它是由氧抑制过程介导的。据报道，打印物体的分辨率为 300 μm，在打印过程中，光线穿过部分或已经聚合的区域造成剂量波动。最近，一些学者试图在第二次打印同一物体时补偿这些影响，结果得到 80 μm 阳性和 500 μm 阴性的特征尺寸。

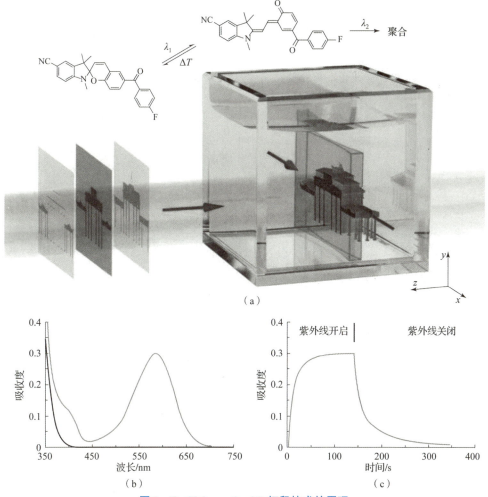

图 1 - 7　Xolography 3D 打印技术的原理

在此，研究者通过使用两束相交的不同波长的光，固化局部区域来消除上述非线性。这种方法被称为双色光聚合（Dual - Colour Photopolymerization，DCP），它是 Swainson 早期提出的。固化是由加入树脂的双色光引发剂介导的，光引发剂被第一波长激活，而对第二波长的吸收要么引发光聚合，要么抑制光聚合。研究者用一台3D打印机演示了上述概念，该3D打印机可以生成具有复杂结构特征以及机械和光学功能的三维物体。与最先进的立体打印方法相比，该技术的分辨率约为无反馈优化的计算轴向光刻的10倍，立体产生速率比双光子光聚合高4~5个数量级。该3D打印技术允许以最高25 μm的特征分辨率和最高55 mm³/s的凝固速度打印固体物体，同时可以打印出毫米到厘米，乃至微米大小特征的物体。它依赖由两束光线交会引发的化学反应。该技术仅需几秒钟就可以完成一次高分辨率的3D打印（图1-8）。

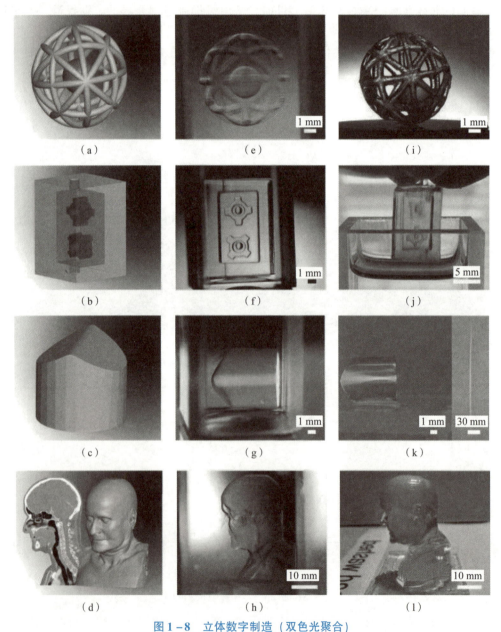

图1-8 立体数字制造（双色光聚合）

(a)~(d) 3D模型；(e)~(h) 制作；(i)~(l) 后处理

综上所述，Xolography 3D 打印技术将促进光引发剂和材料发展转向投影和光片技术的研究领域，以及大量依赖快速、高分辨率的立体 3D 打印的应用。

尽管已经取得了令人瞩目的成果，但增材制造技术还远未成为一个成熟的制造技术，仍有许多问题需要解决，还有许多工业应用领域值得探索。

在技术上，需要在热量输入、应力累积等方面实现更有效的过程控制，降低工艺开发的难度，提升产品性能与精度；在工程应用上，还需要考虑如何进一步降低设备与材料成本，提高成型效率，提高设备与工艺的稳定性，真正实现"傻瓜式"设备与"交钥匙"工程。所有这些，以及对创造性新技术的追求，都将是增材制造技术未来发展的方向。

1.1.3　增材制造技术在国内的发展状况

我国增材制造技术自 20 世纪 90 年代初开始发展，西安交通大学、清华大学、华中科技大学、北京隆源公司等在典型的成型设备、软件、材料等的研究和产业化方面获得了重大进展，接近国外产品水平。随后国内许多高校和研究机构也开展了相关研究，重点在金属成型方面开展研究，如西北工业大学、北京航空航天大学、南京航空航天大学、上海交通大学、大连理工大学、中北大学、中国工程物理研究院等单位都在做探索性的研究和应用工作。

课程思政案例：
3D 打印技术领域的"大国工匠"

其中西安交通大学开展料光固化快速成型、金属熔敷制造、生物组织制造、陶瓷光固化成型研究，建立了快速制造国家工程研究中心；西安交通大学在新技术研发方面主要开展了 LED 紫外快速成型机技术、陶瓷零件光固化制造技术、铸型制造技术、生物组织制造技术、金属熔覆制造技术和复合材料制造技术的研究，在陶瓷零件制造的研究中，研制了一种基于硅溶胶的水基陶瓷浆料光固化快速成型工艺，实现了光子晶体、一体化铸型等复杂陶瓷零件的快速制造。

西安交通大学与中国空气动力研究与发展中心及成都飞机设计研究所合作开展了风洞模型制造技术的研究，围绕测压模型、测力模型、颤振模型和气弹模型等进行了研究工作；设计了树脂—金属复合模型的结构方案，采用有限元方法计算校核树脂—金属复合模型的强度、刚度以及固有频率；通过低速风洞试验，研究了复合模型的气动特性，并与金属模型试验数据对比。强度校核试验显示，模型的整体性能良好，满足低速风洞的试验要求，其研制的复合模型在低速风洞试验下具有良好的前景。复合材料构件是航空制造技术未来的发展方向，西安交通大学研究了大型复合材料构件低能电子束原位固化纤维铺放制造设备与技术，将低能电子束固化技术与纤维自动铺放技术相结合，开发了一种无须热压罐的大型复合材料构件高效率绿色制造方法，可使制造过程能耗降低 70%，节省原材料 15%，并提高了复合材料成型制造过程的可控性、可重复性，为我国复合材料构件绿色制造提供了新的自动化制造方法与工艺。西安交通大学的主要贡献如下。

1998 年，LPS 激光快速成型机被认定为国家重点新产品；

1998 年，XH 激光快速成型光固化树脂被认定为国家重点新产品；

2000 年，CPS250 型激光快速成型机被认定为国家重点新产品；

2004年，SPS600固体激光快速成型机及光固化树脂被认定为国家重点新产品；2006年，SCPS紫外线快速成型机及光固化树脂诞生（图1-9）。

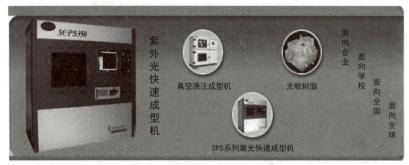

图1-9　西安交通大学自主研发的紫外线快速成型机及光固化树脂

华中科技大学开展了叠层实体制造、选择性激光烧结、金属烧结等技术研究（图1-10）；清华大学开展了多功能快速成型设备、熔融沉积制造设备、电子束制造设备、生物打印技术研究；北京隆源公司开展了选择性激光烧结设备研究；北京航空航天大学和西北工业大学开展了金属熔敷成型技术研究；中航625所开展了电子束成型制造研究；华南理工大学开展了激光金属烧结技术研究。国内的高校和企业通过科研开发和设备产业化改变了该类设备早期依赖进口的局面，通过20多年的应用技术研发与推广，在全国建立了20多个服务中心，设备用户遍布医疗、航空航天、汽车、军工、模具、电子电器、造船等行业，推动了我国制造技术的发展。作为一项正在发展中的制造技术，增材制造技术的成熟度还远不能同金属切削、铸、锻、焊、粉末冶金等制造技术相比，还有大量研究工作需要进行，包括激光成型专用合金体系、零件的组织与性能控制、应力变形控制、缺陷的检测与控制、先进装备的研发等，涉及从科学基础、工程化应用到产业化生产的质量保证各个层次的研究工作。

（a）　　　　　　　　（b）　　　　　　　　（c）

图1-10　华中科技大学自主研发的增材制造成型设备
（a）HRPL系统（SLA）光固化快速成型系统；（b）HRPS系统（SLS）粉末烧结快速成型系统；
（c）HRP系统（LOM）薄材叠层快速成型系统

大型整体钛合金关键结构件成型制造技术被国内外公认为对飞机工业装备研制与生产具有重要影响的核心关键制造技术之一。西北工业大学凝固技术国家重点实验室已经建立了系列激光熔覆成型与修复装备，可满足大型机械装备的大型零件及难拆卸零件的原位修复和再制造。西北工业大学应用该技术实现了C919飞机大型钛合金零件激光立体成型制造。民用飞机越来越多地采用大型整体金属结构，飞机零件主要是整体毛坯件和整体薄壁结构件，以传统成型方法制造非常困难。中国商用飞机有限责任公司决定采用先进的激光立体成型技术来解决C919飞机大型复杂薄壁钛合金结构件的制造问题。西北工业大学采用激光成型技术制造了最大尺寸达2.83 m的机翼缘条零件，最大变形量 <1 mm，实现了大型钛合金复杂薄壁结构件的精密成型，相比现有技术可大大提高制造效率和精度，显著降低生产成本。

北京航空航天大学在金属直接制造方面开展了长期的研究工作，突破了钛合金、超高强度钢等难加工大型整体关键构件激光成型工艺、成套装备和应用关键技术，解决了大型整体金属构件激光成型过程中零件变形与开裂的"瓶颈难题"和内部缺陷和内部质量控制及其无损检验关键技术，使飞机构件综合力学性能达到或超过钛合金模锻件，已研制生产出了我国飞机装备中迄今尺寸最大、结构最复杂的钛合金及超高强度钢等高性能关键整体构件，并在 C919 等重点型号飞机的研制生产中得到应用。

增材制造已成为先进制造技术的一个重要的发展方向，其发展趋势如下。①向复杂零件的精密铸造方向发展；②向金属零件直接制造方向发展，制造大尺寸航空零部件；③向组织与结构一体化制造方向发展。未来需要解决的关键技术包括精度控制技术、大尺寸构件高效制造技术、复合材料零件制造技术。增材制造技术的发展将有力地提高航空制造的创新能力，支撑我国由制造大国向制造强国发展。

我国在电子、电气增材制造技术上取得了重要进展：立体电路技术（SEA，SLS + LDS），如图 1 – 11 所示。电子电器领域的增材制造技术是建立在现有增材制造技术之上的一种绿色环保型电路成型技术，其电路板有别于传统二维平面型印制电路板。传统的印制电路板是电子产业的粮食，一般采用传统的不环保的减法制造工艺，即金属导电线路是蚀刻铜箔后形成的。新一代增材制造技术采用加法工艺，用激光先在产品表面镭射后，再在药水中浸泡沉积。这类技术与激光分层制造的增材制造技术相结合的一种途径是：在激光粉末烧结粉体中加入特殊组份，先 3D 打印（增材制造成型），再用微航 3D 立体电路激光机沿表面镭射电路图案，再化学镀成金属电路。

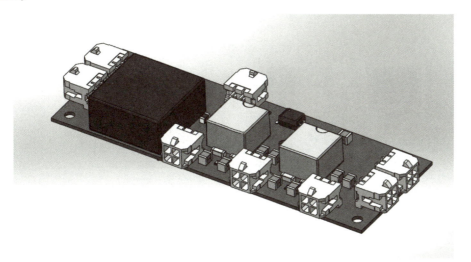

图 1 – 11　立体电路技术产品示意

学习单元 1.2　3D 打印技术的基本流程及原理

 学习目标

（1）了解 3D 打印技术的基本流程，能对具体的概念进行全面理解，并指出它在工业领域中应用的途径。

（2）能够分析各种 3D 打印成型工艺的成型原理、工艺过程。

视频：3D 打印技术的
基本流程及原理

1.2.1　3D 打印技术的基本流程

3D 打印技术是一种通过层叠制造工艺来创建实体的过程，本书叙述了多种从设计到终端产品的 3D 打印技术，尽管其最终呈现出来的是一件快速原型或者功能件，但其制造工艺流程（图 1-12）均是相同的（图 1-13）。

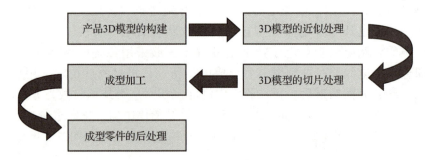

图 1-12　3D 打印制造工艺流程

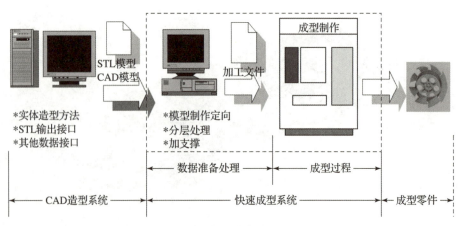

图 1-13　3D 打印成型技术的工艺流程（2D）

下面具体介绍 3D 打印基本流程，即从 CAD 设计，通过一系列步骤得到产品（图 1-14）。

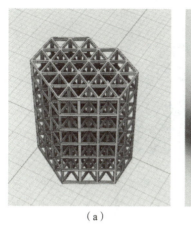
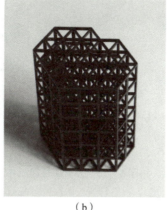

（a）　　　　　　　　　　（b）

图 1 – 14　CAD 设计及 3D 打印技术对应的产品

（a）CAD 设计；（b）3D 打印技术对应的产品

1. CAD 设计

制作数据模型是整个 3D 打印过程的第一步。获得数据模型的方法有两种，最常见的方法就是通过 CAD 进行计算机辅助设计，而适用于 3D 打印的既免费又专业的 CAD 程序有很多；另一种就是通过三维扫描进行逆向设计来获得三维模型。在进行 3D 打印设计时必须评估设计要素，根据不同的增材制造工艺，这些设计要素包含模型几何特征的极限值、是否需要支撑以及打孔等。

2. 转换格式和处理文件

与传统制造手段不同的是，3D 打印的一个关键步骤是将 CAD 模型转化为 STL 文件。STL 文件采用三角形（多边形）来呈现物体表面结构，本书将给出把 CAD 模型转化为 STL 文件的方法，STL 文件用于约束物理尺寸、水密性（曲面闭合）以及多边形数量。

STL 文件创建完成后将导入切片程序转化为 G 代码。G 代码是一种数控编程语言，在计算机辅助制造（CAM）中用于自动化机床控制（包括 CNC 机床和 3D 打印机）。切片程序允许设计师设定建造参数，如支撑、层厚以及建造方向。

3. 打印

3D 打印机通常包含很多小而复杂的零件，因此正确的保养和校准是保证打印精度的关键。在这一步中打印材料会被放入 3D 打印机，用于 3D 打印的未加工的材料往往保质期有限，因此需要小心处理。虽然有些 3D 打印工艺允许材料回收使用，但不定期更换而反复使用会导致材料性能降低。

很多 3D 打印设备在开始打印之后无须值守，3D 打印设备会按照程序自动运行，除非材料用完或者出现软件故障才会停止。

4. 取出打印件

对于一些 3D 打印技术，取出打印件就像将打印件（图 1 – 15）与构建平台分离一样简单；而对于一些工业机来说，当打印件沉浸在打印材料中或者与构建平台长在一起时，取出打印件需要较高的技术。在这些制作工艺下，移除打印件的步骤较复杂，往往需要技术高度熟练的操作人员在确定设备安全和环境可控的条件下进行操作。

图 1 - 15 从 3D 打印机中取出还未进行后处理的打印件

5. 后处理过程

后处理过程根据 3D 打印工艺的不同而有所不同，在后处理前需要进行紫外后固化，金属零件需要在退火炉中进行去应力退火，其他零件可以直接移除。对于需要支撑的 3D 打印技术，在后处理过程中需要去除支撑（图 1 - 16）。许多 3D 打印材料可以用砂纸打磨，或者使用其他技术如喷砂、高压气体清洁、抛光以及喷漆来满足最终使用效果。

图 1 - 16 去除支撑

1.2.2 3D 打印技术的基本原理

3D 打印技术是在计算机的控制下，基于离散、堆积的原理采用不同方法堆积材料，最终完成零件的成型与制造的技术。

从成型的角度看，零件可视为"点"或"面"的叠加。从 CAD 电子模型中离散得到"点"或"面"的几何信息，再与成型工艺参数信息结合，控制材料有规律、精确地由点到面，由面到体地堆积零件。

从制造的角度看，3D 打印技术根据 CAD 造型生成零件三维几何信息，控制多维系统，通过激光束或其他方法将材料逐层堆积而形成原型或零件（图 1 - 17）。

由以上讨论可知，3D 打印完全摆脱了传统的"去除"加工方法（即部分去除比工件大的材料并获得工件）。它采用一种新的"生长"加工方法（即逐步将一层小毛坯叠加成大工件）进行 CAD 和 CAM。它将 CAM、计算机数字控制（CNC）、精密伺服驱动、激光和材料科学等先进技术集成到一项新技术中。其基本思想是任何三维零件都

图 1-17   3D 打印技术基本原理示意

可以看作沿坐标方向叠加的许多等厚二维轮廓。根据在计算机上形成的产品的三维设计模型，CAD 系统中的三维模型可以切割成一系列平面几何信息，激光束有选择地切割一层纸（或一层液体树脂被固化，一层粉末材料被烧结），或者注射源有选择地喷射一层粘结剂或热熔材料，并形成每一段的轮廓并进入三维产品（图 1-18）。自 1988 年美国 3D 公司引进第一台商用 SLA 快速成型机以来，已有十多种不同的成型系统，包括光固化成型、激光粉末烧结、分层实体制造和熔融沉积制造。

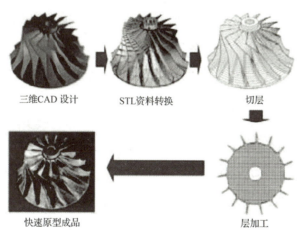

三维CAD 设计   STL资料转换   切层

快速原型成品   层加工

图 1-18   3D 打印实例示意

由于不需要传统的加工机床和模具，传统加工方法的成本仅为工作时间的 30% ~ 50%，成本为 20% ~ 35%，设计思想可以自动、直接、快速、准确地转化为具有一定功能或直接制造产品的模型，从而使产品设计得到快速的评价、修改和功能测试，大大缩短了产品的开发周期。3D 打印技术在企业新产品开发过程中的应用，可以大大缩短新产品开发周期，保证新产品投放市场的时间，提高企业对市场的快速反应能力，还可以降低开模风险和新产品开发成本，及时发现产品设计错误，及早改变，避免了后续工艺变更造成的大量损失，提高了新产品调试的一次性成功率。因此，3D 打印技术的应用已成为制造业新产品开发的重要战略。

学习单元 1.3　3D 打印技术的特点

学习目标

（1）了解 3D 打印技术的特点。

（2）能够指出 3D 打印技术与传统制造技术的不同。

（3）具有敬业精神、责任意识、竞争意识、创新意识。

1.3.1　3D 打印技术的特点概述

3D 打印技术不需要传统的刀具和夹具以及多道加工工序，在一台设备上可快速精密地制造出任意形状复杂的零件，从而实现了零件"自由制造"，解决了许多复杂结构零件的成型问题，并大大减少了加工工序，缩短了加工周期。产品结构越复杂，其制造速度的优势就越显著。3D 打印技术将一个实体的复杂的三维加工离散成一系列层片的加工，大大降低了加工难度。3D 打印技术具有以下特点。

（1）成型全过程快速，适合现代竞争激烈的产品市场。

（2）可以制造任意形状复杂的三维实体。

（3）用 CAD 模型直接驱动，实现设计与制造高度一体化，其直观性和易改性为产品的完美设计提供了优良的设计环境。

（4）成型过程无须专用夹具、模具、刀具，既节省了费用，又缩短了制作周期。

（5）技术高度集成，既是现代科学技术发展的必然产物，也是对各种相关技术的综合应用，带有鲜明的高新技术特征。

以上特点决定了 3D 打印技术主要适用于新产品开发、快速单件及小批量零件制造、形状复杂零件制造、模具与模型设计与制造，也适用于难加工材料制造、外形设计检查、装配检验和快速反求工程等。

1.3.2　3D 打印技术与传统制造技术的比较

3D 打印技术是一种快速成型技术，它是一种以数字化模型文件为基础，运用粉末状塑料、金属或可黏合材料，通过逐层打印的方法来构建物体的技术。3D 打印技术作为一种全新的制造技术，随着 CAD 技术的成熟与推广而日趋完善，目前已经得到广泛的应用。这里主要对 3D 打印技术与传统制造技术的不同进行分析与探讨。

1. 生产制造流程对比

传统制造技术有一整套严格严密的生产加工制造流程——首先进行概念设计，随后进行外观和结构设计，接下来进行图纸设计（目前均已使用 CAD 技术进行辅助设计），随后工作人员按照图纸使用数控机床对零件进行加工，最后

课程思政案例：
从节省资源出发的 3D 打印技术如何胜出传统制造技术

生成产品。如果所生产的产品是塑料等非金属产品，还需要进行模具设计，试模成功后方可进行大量生产。整个流程对操作者的专业技术知识要求非常高，如有一处环节产生问题，则会影响后续的很多相应环节，属于刚性生产，同时生产加工的环境比较恶劣。

3D打印技术的流程十分简单，首先使用计算机进行辅助设计（CAD），随后将数据传入3D打印机，进行简单的设置，完成打印后即可得到所加工产品。与传统制造技术相比，3D打印技术由于操作简单，对操作者的专业技术知识要求不高，而生产过程简单，生产的产品多样化，生产方式灵活，且工作环境良好，可以实现无图纸设计，生产方式较环保，因此得到广泛的关注。图1-19所示是传统制造技术与3D打印技术的操作流程对比。

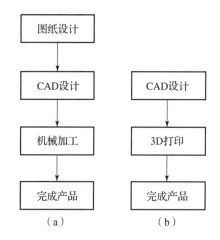

图1-19　传统制造技术与3D打印技术的操作流程对比
（a）传统制造技术；（b）3D打印技术

2. 综合技术对比

传统制造技术目前已经比较完善，可以满足绝大多数行业的要求，同时，传统制造技术也在升级转型，向现代制造技术进行转化和融合。传统制造技术的生产模式在现代制造技术中有很多体现，例如生产效率低，制造成本较高；劳动强度高，加工人员众多；加工周转频繁，生产工序多；工作环境较差并具有危险性；废品率较高，对材料有较多浪费等。

3D打印技术有以下特点：①无须进行图纸设计，可以利用先进的数字化建模软件进行前期的模型设计，利用CAD模型直接驱动，实现实体零件数字化；②材料利用率较高，无须在加工前对毛坯进行处理；③无须大型的自动化生产线，无须固定的生产制造车间，可降低生产成本；④无须传统的切削刀具、固定夹具、加工机床或模具，可直接按照模型数据生成实物产品，简单、方便、灵活，从而有效地缩短了产品研发周期；⑤能够将采用传统方法制造不便的复杂零件或产品轻松地制造出来；⑥加工生产环境安全无污染。可以看出，3D打印技术相比传统制造技术优势明显。表1-1是传统制造技术与3D打印技术的综合对比。

表 1-1　传统制造技术与 3D 打印技术的综合对比

对比项目	传统制造技术	3D 打印技术
加工原理	传统加工原理	分层打印、逐层叠加
产品材料	几乎所有材料	塑料、光敏树脂、金属等
技术特点	减材制造	增材制造
加工环境	较恶劣	良好、较环保
材料利用率	较低，有浪费	较高，超过 95%
产品强度	较高	相对较低
投入成本	高	低
适用行业	不受限	模具、玩具、样件等
生产周期	较长	短
生产规模	大规模、大批量	单件、小批量
绿色制造	实现较难	可实现
生产操作	复杂、有危险性	简单、操作安全
对操作人员的要求	具有专业知识	要求较低

学习单元 1.4　3D 打印技术的工艺种类

学习目标

（1）了解 3D 打印技术的材料分类。
（2）掌握 3D 打印技术的分类。

中国工程院关桥院士提出了"广义"和"狭义"的 3D 打印技术的概念。狭义的 3D 打印技术是指不同的能量源与 CAD/CAM 技术结合、分层累加材料的技术体系；广义的 3D 打印技术则是以材料累加为基本特征，以直接制造零件为目标的大范畴技术群（图 1-20）。如果按照加工材料的类型和方式分类，3D 打印技术又可以分为金属成型、非金属成型、生物材料成型等。

1.4.1　3D 打印技术的材料分类

3D 打印技术的材料成型是 3D 打印技术研发的关键内容。这不仅关系到成型部件的成型速度、尺寸精度，还直接影响原型制件的应用范围以及成型设备的选用。新的 3D 打印技术的出现往往与新材料的研发有密切的关系。

按照制造材料形态划分，3D 打印可划分为液体材料 3D 打印、粉末颗粒材料 3D 打印、薄膜材料 3D 打印和丝材 3D 打印等。

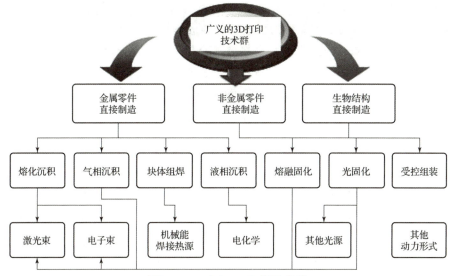

图 1–20 广义 3D 打印技术群

1. 液体材料 3D 打印

液体材料 3D 打印是以液体材料为原料，在一定的固化条件下完成的 3D 打印。可用于液体材料 3D 打印的材料包括有机高分子材料、无机非金属材料等，例如光敏液体树脂等材料。

2. 粉末颗粒材料 3D 打印

粉末颗粒材料 3D 打印是以粉末颗粒材料为原料，在一定热源条件下完成的 3D 打印。可用于粉末颗粒材料 3D 打印的材料包括金属有机高分子材料、无机非金属材料等。

3. 薄膜 3D 打印

薄膜 3D 打印是以带材、片材为原料，在一定条件下完成的 3D 打印。可用于薄膜 3D 打印的材料包括金属材料、有机高分子材料、无机非金属材料等。

4. 丝材 3D 打印

丝材 3D 打印是以丝材为原料，在一定热源条件下完成的 3D 打印。可用于丝材 3D 打印的材料包括金属、有机高分子材料等。

3D 打印技术常用的成型材料种类见表 1–2。

表 1–2　3D 打印技术常用的成型材料种类

材料形态	液态	固态		固态薄膜	固态丝材
		非金属	金属		
材料种类	光敏树脂	蜡粉	铜粉	覆膜纸	蜡丝
	丙烯酸基光固化树脂	光固化树脂	覆膜钢粉	覆膜塑料	ABS 丝
	环氧基光固化树脂	塑料粉	钢合金粉	覆膜陶瓷箔	其他塑料丝
	导电液	覆膜陶瓷粉	铜合金粉	覆膜金属箔	—
	纯净水	—	—	—	—

3D打印技术对成型材料的需求与3D打印的4个目标——概念性、功能测试、模具型和功能零件型相适应。概念性对成型材料的成型精度及物理、化学特性要求不高，但要求成型速度快，如对光固化树脂材料要求有较大的临界曝光率和较大的穿透深度和较低的黏度等。功能测试对成型材料的强度、刚度、耐热性、耐腐蚀性等有一定的要求，若用于可装配测试，则对成型材料的成型精度有更高的要求。模具型要求成型材料能够适应具体模具制造的要求，如消失模铸造用成型材料要求材料成型后易于去除废弃的材料。

1.4.2　3D打印技术的分类

目前，鉴于3D打印材料种类繁多，对3D打印技术的分类不尽统一和全面，现行标准给出的3D打印技术分类均以制造工艺为单一依据，不够详尽和全面，因此，本书参考现行标准，通过调研和分析国内外文献，以制造热源、制造工艺为依据，对3D打印技术进行全面、系统的分类。

1. 按照制造热源分类

1）激光3D打印

激光3D打印是利用高密度、高能量激光束为热源，在惰性气体保护环境中，在三维CAD模型分层的二维平面内，按照预定的加工路径将同步送进的粉末或丝材逐层熔化，从而分层成型的一种制造技术。激光3D打印分为激光选区3D打印和激光熔丝3D打印。激光3D打印主要适用于小尺寸、形状复杂的金属构件的精密快速成型，具有尺寸精度高、表面质量好、致密度高和材料浪费少的优势，已经成为金属零件3D打印成型领域中的重要技术之一。

激光选区3D打印是利用激光束，按照预定路径将预先铺设在二维截面上的金属粉末熔化，由下而上逐层熔化凝固形成实体零件。激光选区3D打印系统通常由激光系统、送粉系统、3D平台、真空系统等部分组成。激光选区3D打印工作原理示意如图1-21所示。首先将垫板及挡板置于3D平台上，送粉系统将金属粉末铺满于挡板内，激光系统发射激光，使金属粉末熔化随即凝固成型为3D打印堆积材料，3D平台按照预设路径在 $X-Y$ 平面上移动，形成单层粉末后3D平台再在 Z 方向进行移动，进行下一层3D打印，直至完成整个零件的制造。

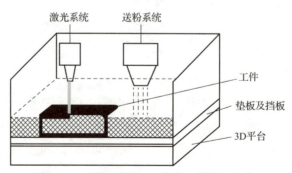

图1-21　激光选区3D打印工作原理示意

2）电子束3D打印

电子束3D打印是以高能电子束为热源，对金属材料连续扫描熔融，逐层熔化生成致密零件，其工艺原理同激光3D打印类似。

电子束3D打印是指在真空环境中，高能量、高密度的电子束轰击金属表面形成熔池，金属丝材通过送丝装置送入熔池并熔化，同时按照预先规划的路径运动，金属材料逐层凝固堆积，形成金属零件或毛坯。电子束3D打印工作原理示意如图1-22所示。其工作原理与激光3D打印类似，只是热源不同，因此这里不再详述。电子束3D打印的主要优点是沉积效率高，电子束可以实现数十千瓦大功率输出，可以达到很高的沉积速率，在真空环境中可有效避免空气中有害杂质在高温状态下影响金属冶金质量，适用于钛、铝等活性金属产品的制造。

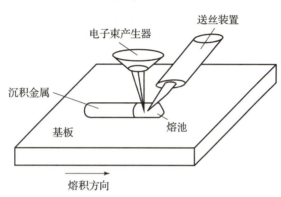

图1-22 电子束3D打印工作原理示意

3）电弧3D打印

电弧3D打印以电弧为热源（图1-23），采用逐层堆焊的方式制造金属实体构件。该技术主要基于TIG等焊接技术发展而来，成型零件由全焊缝构成，化学成分均匀，致密度高，相对开放成型环境对成型件尺寸无限制，成型速率高。但电弧3D打印的零件表面波动较大，成型件表面质量较低，一般需要二次表面机加工，相比激光3D打印和电子束3D打印，电弧3D打印技术的主要应用目标是大尺寸复杂构件的低成本、高效快速近净成型，由于其基于堆焊技术发展而来，所以具有成本低、效率高的优点。

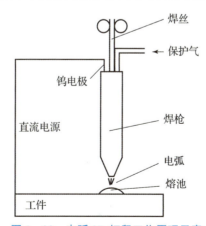

图1-23 电弧3D打印工作原理示意

2. 按照制造工艺分类

3D打印技术是一系列快速成型技术的统称，其基本原理都是叠层制造，由快速成

型机在 $X-Y$ 平面内通过扫描形式形成工件的截面形状，而在 Z 方向间断地做层面厚度的位移，最终形成三维制件。目前市场上的快速成型技术分为 3D 成型技术、熔融沉积制造技术、光固化成型技术、选择性激光烧结技术、叠层实体制造技术、DLP 激光成型技术和 UV 紫外线成型技术等。

1）3D 成型技术

采用 3D 成型技术的 3D 打印机使用标准喷墨打印技术，通过将液态连结体铺放在粉末薄层上，以打印横截面数据的方式逐层创建各部件，创建三维实体模型。采用这种技术打印成型的样品模型与实际产品具有同样的色彩，还可以将彩色分析结果直接描绘在模型上，模型样品所传递的信息量较大。

2）熔融沉积制造技术

熔融沉积制造技术是将丝状的热熔性材料加热熔化，同时三维喷头在计算机的控制下，根据截面轮廓信息，将材料选择性地涂敷在工作台上，材料快速冷却后形成一层截面。一层成型完成后，工作台下降一个高度（即分层厚度）再成型下一层，直至形成整个实体造型。其成型材料种类多，成型件强度高、精度高，主要适用于成型小塑料件。

3）光固化成型技术

光固化成型技术以光敏树脂为原料，通过计算机控制激光按零件的各分层截面信息在液态的光敏树脂表面进行逐点扫描，被扫描区域的树脂薄层产生光聚合反应而固化，形成零件的一个薄层。一层固化完成后，工作台下移一个层厚的距离，然后在原先固化好的树脂表面再敷上一层新的液态树脂，直至得到三维实体模型。该技术成型速度快，自动化程度高，可成形任意复杂形状，尺寸精度高，主要应用于复杂、高精度的精细工件快速成型。

4）选择性激光烧结技术

选择性激光烧结技术是通过预先在工作台上铺一层粉末材料（金属粉末或非金属粉末），然后让激光在计算机的控制下按照界面轮廓信息对实心部分粉末进行烧结，不断循环，层层堆积成型。该技术制造工艺简单，材料选择范围广，成本较低，成型速度快，主要应用于铸造业中快速模具的直接制作。

5）叠层实体制造技术

叠层实体制造技术又称为薄层材料选择性切割快速成型技术。叠层实体制造系统由激光器、光学系统、扫描系统、送纸系统、粘压系统、可升降工作台和控制系统组成。激光器、光学系统和扫描系统引导激光在纸上切割出模型的截面形状。送纸系统在计算机的控制下，自动送进纸张和回收废纸。粘压系统在计算机的控制下，使用热压辊通过压烫将上、下层纸粘贴在起。可升降工作台在计算机的控制下，每次下降一个纸厚高度。

6）DLP 激光成型技术

DLP 激光成型技术和光固化成型技术比较相似，不过它是使用高分辨率的数字光处理器（DLP）投影仪来固化液态光聚合物，逐层进行光固化，由于每层固化时通过幻灯片似的片状固化，所以速度比同类型的光固化成型技术速度更快。该技术成型精度高，在材料属性、细节和表面光洁度方面可匹敌注塑成型的耐用塑料部件。

7）UV 紫外线成型技术

UV 紫外线成型技术和光固化成型技术比较类似，不同的是它利用 UV 紫外线照射液态光敏树脂，逐层由下而上堆栈成型，在成型的过程中没有噪声产生，在同类技术中成型的精度最高，通常应用于精度要求高的珠宝和手机外壳等行业。

学习单元1.5　3D 打印技术的应用领域和应用趋势

学习笔记

学习目标

（1）掌握 3D 打印技术的应用领域。
（2）掌握 3D 打印技术的应用趋势。
（3）能根据专业领域的需要，运用多种媒介、多种方式采集、提炼、加工、整理信息，掌握专业所需的计算方法，并对专业问题进行分析、评价。

1.5.1　3D 打印技术的应用领域

以激光束、电子束、等离子或离子束为热源，加热材料使之结合，直接制造零件的方法，称为高能束流快速制造，它是 3D 打印技术领域的重要分支，在工业领域最为常见。在航空航天工业的 3D 打印技术领域，金属、非金属或金属基复合材料的高能束流快速制造是当前发展最快的研究方向。

经过 20 多年的发展，3D 打印经历了从萌芽到产业化、从原型展示到零件直接制造的过程，发展十分迅猛。美国专门从事 3D 打印技术咨询服务的 Wohlers 协会在 2012 年度报告中，对各行业 3D 打印技术的应用情况进行了分析。在过去的几年中，航空零件制造和医学应用是增长最快的应用领域。2012 年产能规模增长 25% 至 21.4 亿美元，2019 年产能规模达到 60 亿美元。3D 打印技术正处于发展期，具有旺盛的生命力，还在不断发展；随着技术发展，其应用领域也将越来越广泛。

高速、高机动性、长续航能力、安全高效、低成本运行等苛刻服役条件对飞行器结构设计、材料和制造提出了更高要求。轻量化、整体化、长寿命、高可靠性、结构功能一体化以及低成本运行成为结构设计、材料应用和制造技术共同面临的严峻挑战，这取决于结构设计、结构材料和现代制造技术的进步与创新。

首先，3D 打印技术能够满足航空武器装备研制的低成本、短周期需求。随着技术的进步，为了减小机体质量，延长机体寿命，降低制造成本，飞机结构中大型整体金属构件的使用越来越多。大型整体钛合金结构制造技术已经成为现代飞机制造工艺先进性的重要标志之一。美国 F－22 后机身加强框、F－14 和"狂风"的中央翼盒均采用了整体钛合金结构。大型金属结构传统制造方法是锻造后再机械加工，但能用于制造大型或超大型金属锻坯的装备较为稀缺，高昂的模具费用和较长的制造周期仍难满足新型号的快速低成本研制需求。另外，一些大型结构还具有复杂的形状或特殊规格，用锻造方法难以制造。而 3D 打印技术对零件结构尺寸不敏感，可以制造超大、超厚、复杂型腔等特殊结构。除了大型结构，还有一些具有极其复杂外形的中小型零件，如带有空间曲面及密集复杂孔道的结构等，用其他方法很难制造，而用高能束流快速制造技术可以实现零件的净成型，仅需抛光即可装机使用。在传统制造行业中，单件、小批量的超规格产品往往成为制约整机生产的瓶颈，而通过 3D 打印技术能够以相对较低的成本提供这类产品。

据统计，我国大型航空钛合金零件的材料利用率非常低，平均不超过 10%；同时，模锻、铸造还需要大量的工装模具，由此带来研制成本的上升。通过高能束流快速制造技术，可以节省材料 2/3 以上，数控加工时间缩短 1/2 以上，同时无须模具，从而能够将研制成本尤其是首件、小批量的研制成本大大降低，节省国家宝贵的科研经费。

通过大量使用基于金属粉末和丝材的高能束流快速制造技术生产飞机零件，从而实现结构的整体化，降低成本和缩短周期，达到"快速反应，无模敏捷制造"的目的。随着我国综合国力的提升和科学技术的进步，我国经济体已经处于世界经济体前列，与发达国家一样，保证装备研制速度、加快装备更新速度，急需要新型无模敏捷制造技术——金属结构快速成型直接制造技术。

其次，3D 打印技术有助于促进设计－生产过程从平面思维向立体思维转变。传统制造思维是先从使用目的形成三维构想，转化成二维图纸，再制造成三维实体。在空间维度转换过程中，差错、干涉、非最优化等现象一直存在，而对于极度复杂的三维空间结构，无论是三维构想还是二维图纸化均十分困难。CAD 为三维构想提供了重要工具，但虚拟数字三维模型仍然不能完全推演出实际结构的装配特性、物理特征、运动特征等诸多属性。采用 3D 打印技术，实现三维设计、三维检验与优化，甚至三维直接制造，可以摆脱二维制造思想的束缚，直接面向零件的三维属性进行设计与生产，大大简化设计流程，从而促进产品的技术更新与性能优化。在进行飞机结构设计时，设计者既要考虑结构与功能，又要考虑制造工艺，3D 打印的最终目标是解放零件制造对设计者的思想束缚，使飞机结构设计师将精力集中在如何更好地实现功能的优化，而非零件的制造上。在以往的大量实践中，利用 3D 打印技术，快速准确地制造并验证设计思想，这在飞机关键零部件的研制过程中已经发挥了重要的作用。3D 打印技术的另一个重要的应用是原型制造，即构建模型，其用于设计评估，例如风洞模型。通过 3D 打印技术迅速生产出模型，可以大大加快"设计－验证"迭代循环。

再次，3D 打印技术能够改造现有的技术形态，促进制造技术提升。利用 3D 打印技术提升现有制造技术水平的典型应用行业是铸造行业。利用 3D 打印技术制造蜡模可以将生产效率提高数十倍，而产品质量和一致性也得到大大提升；利用 3D 打印技术可以制作出用于金属制造的砂型，大大提高了生产效率和质量。在铸造行业采用 3D 打印快速制模已渐成趋势。

2012 年的 3D 打印设备市场延续近年的发展好形势，销售数量和收入的增加让销售商从中获益，进一步推动了美国股票价格的增长。2012 年，3D 打印技术通过出版物、电视节目，甚至电影的方式进入公众的视野。2012 年 4 月，在 Materialise 公司（比利时）的世界大会上，举办了一场时装秀，展示了以快速成型方法制造的帽子和饰品。

据调查，价格低于 2 000 美元的 3D 打印设备多用于科学研究或个人，对行业产值影响不大。行业发展主要依赖专业化 3D 打印设备性能的提高。目前，专业化 3D 打印设备主要销往美国市场。随着设计与制造市场的快速增长，快速成型制造行业得以发展。在美国明尼苏达州明尼阿波利斯市举行的年度快速成型会议上，Materialise 公司（比利时）的创始人兼首席执行官 Wilfried Vancraen 因其对快速成型行业的广泛贡献被授予行业成就奖。快速成型制造行业的发展情况总结如下。

（1）产业不断壮大。在快速成型制造行业中正在进行企业间的合并，兼并的对象主要是设备供应商、服务供应商以及其他相关企业。其中最引人注目的是 Z Corp. 公司被 3D Systems 公司收购，还有 Stratasys 公司与 Objet 公司合并。Delcam 公司（英国）收购了快速成型软件公司——Fabbify Software 公司（德国）的一部分。据预计，Fabbify Software 公司会在 Delcam 公司的设计及制造软件中增添快速成型应用项。3D Systems 公司购买了参数化 CAD 软件公司 Alibre 公司，以实现对 CAD 和 3D 打印的捆绑。2011 年 11 月，EOS 公司（德国）宣布该公司已经安装超过 1 000 台激光烧结成型机。同年 11 月初，3D Systems 公司在宣布收购 Huntsman 公司（美国）与光敏聚合物及数字快速成型机相关的资产，随后又宣布兼并 3D 打印机制造商 Z Corp. 公司，这次兼并花费了数亿美元。

（2）新材料、新器件不断出现。Objet 公司发布了一种类 ABS 的数字材料以及一种名为 VeroClear 的清晰透明材料。3D Systems 公司也发布了一种名为 Accura CastPro 的新材料，该种材料可用于制作熔模铸造模型。同期，Solidscape 公司（美国）也发布了一种可使蜡模铸造铸模更耐用的新型材料——plusCAST。2011 年 8 月，Kelyniam Global 公司（美国）宣布它正在制作聚醚醚酮（PEEK）颅骨植入物。利用 CT 或 MRI 数据制作的光固化头骨模型可以协助医生进行术前规划，在制作规划的同时，加工 PEEK 颅骨植入物。据估计，这种方法会将手术时间缩短 85%（图 1 - 24）。2011 年 6 月，Optomec 公司（美国）发布了一种可用于 3D 打印及保形电子的新型大面积气溶胶喷射打印头。Optomec 公司虽以生产透镜设备而为快速成型制造行业所熟知，但它的气溶胶喷射打印头却隶属于美国国防部高级研究计划局的介观综合保形电子（MICE）计划，该计划的研究成果主要应用在 3D 打印、太阳能电池以及显示设备领域。

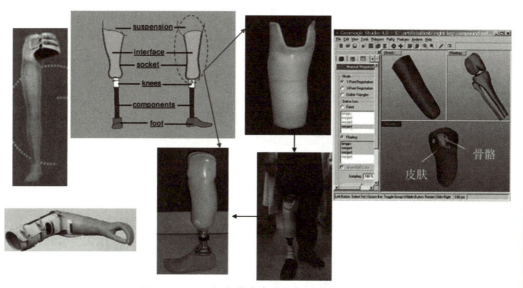

图 1 - 24　3D 打印技术在生物领域的应用示意

（3）新产品不断涌现。2011 年 7 月，Objet 公司发布了一种新型打印机——Objet260 Connex，该种打印机可以构建更小体积的多材料模型。2011 年 7 月，Stratasys 公司发布了一种复合型快速成型机——Fortus250mc，该成型机可以将 ABSplus 材料与一种可溶性支撑材料进行复合。Stratasys 公司还发布了一种适用于 Fortus400mc 及 900mc 的新型静态损耗材料——ABS－ESD7。2011 年 9 月，Bulidatron Systems 公司（美国）宣布推出基于 RepRap 的 Buildaron1 3D 打印机。这种单一材料 3D 打印机既可以作为一种工具箱使用（售价 1 200 美元），也作为组装系统使用（售价 2 000 美元）。Objet 公司引入了一种新型生物相容性材料——MED610，这种材料适用于所有 PolyJet 系统。刚性材料主要面向医疗及牙科市场。3D Systems 公司发布了一种基于覆膜传输成像的打印机——PROJET1500，同时也发布了一种从二进制信息到字节的 3D 触摸产品。2012 年 1 月，MakerBot 公司（美国）推出了售价 1 759 美元的新机器 MakerBot Replicator，与它的前身相比，该机器可以打印更大体积的模型，并且第二个塑料挤出机的喷头可以更换，从而挤出更多颜色的 ABS 或 PLA。3D Systems 公司推出了一种名为 Cube 的单材料、消费者导向型 3D 打印机，其售价低于 1 300 美元。该机器装有无线连接装置，从而具有从 3D 数字化设计库中下载 3D 模型的功能。美国国防部与 Stratasys 公司签订了 100 万美元的 uPrint3D 打印机订单，以支持美国国防部的 DoD's STARBASE 计划，该计划的目的是吸引青少年对科学、技术、工程、数学以及先进制造技术中快速成型制造的兴趣。2012 年 2 月，EasyClad 公司（法国）发布了 MAGIC LF600 大框架快速成型机，该成型机可构建大体积模型，并具有两个独立的 5 轴控制沉积头，从而可具有图案压印、修复及功能梯度材料沉积的功能。3D Systems 公司推出了一种可用于 CAD 程序，如 Solidworks，Pro/Engineer 的插件——Print3D。通过 3D Systems' ProParts 服务机构，这种插件可对零件及装配体进行动态的零件成本计算。2012 年 3 月，BumpyPhoto 公司（美国）正式推出了一款彩色 3D 照片浮雕。先输入数字照片，再在 24 位色打印机 ZPrinter 上打印，就能形成 3D 照片浮雕。其价格也从最初的 79 美元（3D 照片）变为 89 美元（3D 刻印图样）。Stratasys 公司和 Optomec 公司展出了带有保形电子电路（利用的是 Optomec's Aerosol Jet 公司的技术）的熔化沉积打印的机翼结构。

（4）新标准不断更新。2011 年 7 月，ASTM F42 发布了一种专门的快速成型制造文件格式（AMF），新格式包含材质、功能梯度材料、颜色、曲边三角形及其他 STL 文件格式不支持的信息。同年 10 月，ASTM 与国际标准化组织（ISO）宣布，ASTM F42 与 ISO 技术委员会 261 将在快速成型制造领域进行合作，该合作将减少重复劳动量。此外，ASTM F42 还发布了关于坐标系统与测试方法的标准术语。

1.5.2　3D 打印技术的应用趋势

（1）向日常消费品制造方向发展。3D 打印是国外近年来的发展热点。3D 打印设备称为 3D 打印机，其作为计算机一个外部输出设备应用。它可以直接将计算机中的三维图形输出为三维彩色物体。3D 打印技术在科学教育、工业造型、产品创意、工艺美术等领域有着广泛的应用前景和巨大的商业价值。其发展方向是提高精度、降低成本、发展高性能材料。

（2）向功能零件制造发展。采用激光或电子束直接熔化金属粉，逐层堆积金属，即金属直接成型技术。利用该技术可以直接制造复杂结构的金属功能零件，制件力学性能可以达到锻件性能指标。其发展方向是进一步提高精度和性能，同时向陶瓷零件的增材制造技术和复合材料的增材制造技术发展（图1-25）。

图1-25　3D打印制备功能零件

（3）向智能化装备发展。目前3D打印设备在软件功能和后处理方面还有许多问题需要解决，例如，在成型过程中需要加支撑，软件的智能化和自动化程度需要进一步提高；在制造过程中，工艺参数与材料的匹配性需要智能化；加工完成后的粉料或支撑需要去除。这些问题直接影响3D打印设备的使用和推广，3D打印设备智能化是其走向普及的保证。

（4）向组织与结构一体化制造发展。实现从微观组织到宏观结构的可控制造，例如在制造复合材料时，将复合材料组织设计制造与外形结构设计制造同步完成，在微观到宏观尺度上实现同步制造，实现结构体的"设计—材料—制造"一体化。支撑生物组织制造、复合材料等复杂结构零件的制造，给制造技术带来革命性的发展。

3D打印技术代表制造技术发展的趋势，产品从大规模制造向定制化制造发展，满足社会多样化需求。3D打印的优势在于制造周期短，适合单件个性化制造、大型薄壁件制造、钛合金等难加工易热成型零件制造、结构复杂零件制造，在航空航天、医疗等领域，以及产品开发，计算机外设发展和创新教育等方面具有广阔的发展空间。

3D打印技术的应用，为许多新产业和新技术的发展提供了快速响应制造技术。例如，3D打印技术在生物假体与组织工程上的应用，为人工定制化假体制造、三维组织支架制造提供了有效的技术手段；在汽车车型快速开发和飞机外形设计方面提供了快速制造技术，加快了产品设计速度。国外3D打印技术在航空领域的应用量超过12%，而它在我国航空领域的应用量则非常低。3D打印技术尤其适合航空航天产品中的单件小批量零部件的制造，具有成本低和效率高的优点，在航空发动机的空心涡轮叶片、风洞模型制造和复杂精密结构件制造方面具有巨大的应用潜力。因此，3D打印技术是实现创新型国家的锐利工具。

3D打印技术目前主要应用于产品研发（图1-26）。3D打印技术还存在很多问题，如使用成本高（10~100元/g）、制造效率低（例如金属材料成型效率为100~3 000 g/h）、制造精度尚不能令人满意。其工艺与装备研发尚不充分，尚未进入大规模工业应用阶段。应该说目前 3D 打印技术是传统大批量制造技术的一个补充。任何技术都不是万能的，传统技术仍然有强劲的生命力，3D 打印技术应该与传统技术优选、集成，以形成新的发展增长点。对于 3D 打印技术需要加强研发、培育产业、扩大应用，通过形成协同创新的运行机制，积极研发、科学推进，使之从产品研发模式走向批量生产模式，引领应用市场发展，改变人们的生活。

图 1－26　采用 3D 打印工艺制作的结构陶瓷制品和金属制件

3D 打印技术以其制造原理的优势成为具有巨大发展潜力的制造技术。随着材料适用范围的扩大和制造精度的提高，3D 打印技术将给制造技术带来革命性的发展。美国奇点大学（Singularity University）学术与创新中心副主席 Vivek Wadhwa 在华盛顿邮报上发表文章（2012 年 1 月 11 日）"为何该轮到中国为制造业担忧？"（*Why it's China's turn to worry about manufacturing*）。他认为"新技术的出现很可能导致中国在未来 20 年中出现美国在过去 20 年所经历的空心化"，引领技术之一是以 3D 打印为代表的数字化制造技术。他认为今天简单的 3D 打印技术只能制作出相对粗糙的物体，这类设备正在快速发展，成本不断降低，功能不断提高，到 21 世纪 20 年代中期，美国人能够在分子级别上制作精确的三维物体。他的观点或许值得我们借鉴，如果我们想要在未来的竞争中立于不败之地，那么今天就要毫不松懈地追赶和创新。

学习单元 1.6　技能训练：理光 D450Plus 设备操作训练

1. 实训目的
（1）以理光 D450Plus 设备为例，了解 3D 打印设备的工作流程。
（2）掌握理光 D450Plus 设备的打印流程。
（3）树立安全文明生产和 5S 管理意识。
（4）养成自觉对设备进行日常维护保养的素养。

2. 设备工具
理光 D450Plus。

3. 操作步骤
1）加载模型
（1）单击加载模型图标。
（2）找到模型所在的位置。
（3）选择单个或多个模型（图 1－27），支持 STL、PLY、WRL、OBJ、WJP 格式。

（4）单击"确定"按钮。

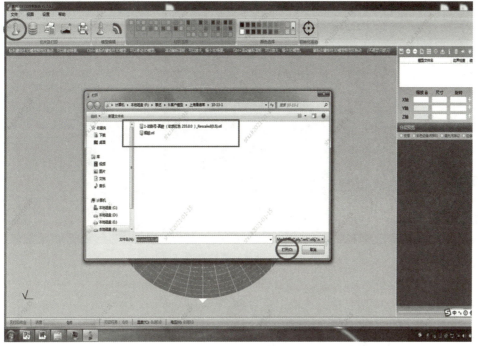

图 1 - 27 选择模型

2）摆放模型

（1）选择单个或多个模型（"Ctrl + A"组合键）。

（2）按住 Ctrl 键并按住鼠标右键把模型移动到打印平台。

（3）根据需要可以对单个模型进行缩放、旋转操作（图 1 - 28）。

（4）如需对多个模型进行整体缩放则需要借助其他软件进行操作。

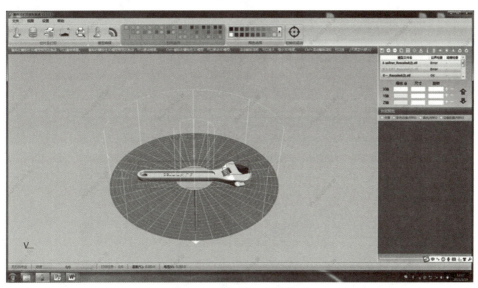

图 1 - 28 缩放、旋转模型

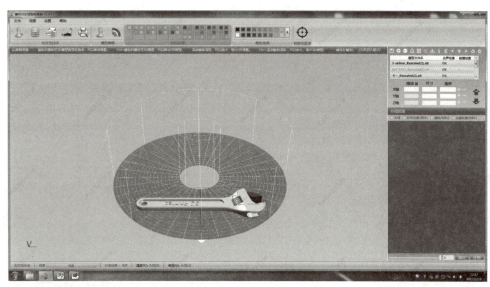

图 1-28　缩放、旋转模型（续）

3）为模型上色

（1）单击单个模型名称，选取上色对象。

（2）选择颜色，进入颜色模式。

（3）根据实际需求通过 Window 调色板或输入 RGB 值为模型上色。

（4）单击"确定"按钮，模型上色成功（图 1-29）。

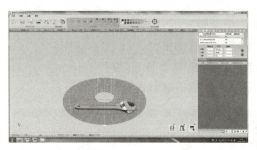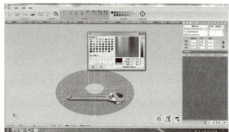

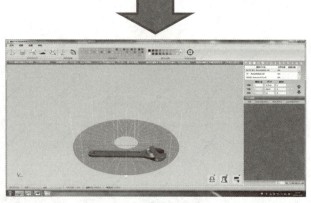

图 1-29　为模型上色

4）模型分层及打印

（1）单击模型分层图标，弹出相应对话框。

（2）等待（立即打印）图标从灰色变为绿色。

（3）单击"立即打印"按钮，弹出打印列表窗口。

（4）设备开始打印。

（5）等待模型打印完成。

（6）软件自动弹出提示（作业已完成）。

（7）需要等待设备打印完成即可停止（图1-30）。

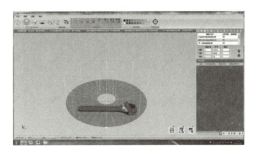

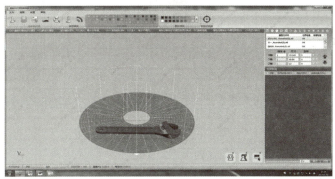

图1-30　模型分层及打印

4. 学习评价

学习效果考核评价表见1-3。

表1-3　学习效果考核评价表

评价指标	评价要点	评价结果				
		优	良	中	及格	不及格
理论知识	理光D450Plus设备工作原理及成像原理					
技能水平	1. 三维数据模型的拟合与加载导入					
	2. 三维模型的摆放、上色及分层					
	3. 理光D450Plus设备的打印操作					

评价指标	评价要点	评价结果				
		优	良	中	及格	不及格
安全操作	理光 D450Plus 设备的安全维护及后续保养					

总评	评别	优	良	中	及格	不及格	总评得分
		90~100	80~89	70~79	60~69	<60	

小贴士

进行安全文明生产和遵守管理制度是保障人员和设备安全、防止工伤和设备损坏的根本措施，操作人员应按要求进行各项操作。

5. 设备安全维护及保养

3D 打印机维护保养点检记录表如图 1−31 所示。

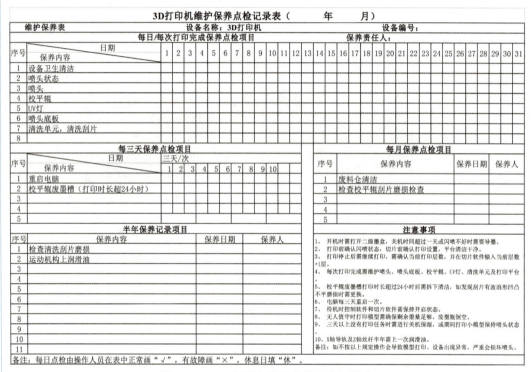

图 1−31　3D 打印机维护保养点检记录表

小贴士

定期正确地对设备进行维护保养可以维持设备的使用精度，延长设备的寿命，因此应按要求对设备进行维护保养。

6. 项目拓展训练

学习工单见表 1−4。

表1-4　学习工单

任务名称	FLX 系列软质材料心脏模型彩色打印		日期	
班级			小组成员	
任务描述	1. 用 UG 设计一个心脏的三维模型，并采用彩色打印机对应的切片软件对模型完成切片设计； 2. 使用理光 D450Plus 设备打印出心脏模型，并完成相应的后处理工序； 3. 要求作品的后处理支撑去除干净，打磨平整，作品外观质量完好 			
任务实施步骤				
评价细则	专业能力	基础知识掌握（10分）		素质能力	正确查阅文献资料（10分）
		UG 图纸设计（10分）			严谨的工作态度（10分）
		切片文件设计（10分）			语言表达能力（10分）
		设备运行掌握（20分）			团队协作能力（20分）
	成绩				

学有所思

　　本学习情境主要讲述了 3D 打印技术的概念、工作过程以及其应用领域和发展历程。当今 3D 打印技术的发展趋势是完善现有工艺和提高制件成型精度、探索新的工艺方法、发展新材料、拓展新的应用领域。3D 打印技术已经在汽车制造、机械工业、国防工业、生物科技等领域获得更加广泛的应用。

思考题

1 – 1 快速成型技术的定义是什么？

1 – 2 简述快速成型技术、增材制造技术、3D 打印技术之间的关系。

1 – 3 简述 3D 打印技术发展历程。

1 – 4 3D 打印技术的原理是什么？

1 – 5 3D 打印技术的主要特点是什么？

1 – 6 3D 打印技术与传统制造技术有哪些不同？

1 – 7 3D 打印技术有哪些类型？请选择一种分类标准对 3D 打印技术进行分类。

1 – 8 3D 打印技术的发展趋势是什么？

学习情境 2 增材制造技术的数据处理及关键技术

情境导入

增材制造成型需要前端的 CAD 数字模型支持，也就是说，所有的成型制造方法都是由 CAD 数字模型直接驱动的。CAD 数字模型必须被处理成增材制造成型系统所能接受的数据格式，而且在原型制作之前或制作过程中还需要进行叠层方向的切片处理。图 2-1 所示是利用软件对三维数据模型进行切片处理的页面。想知道如何获得三维数据模型，又应当怎样利用软件对三维数据模型进行处理，以保证顺利获得增材产品吗？那么请进入本学习情境。

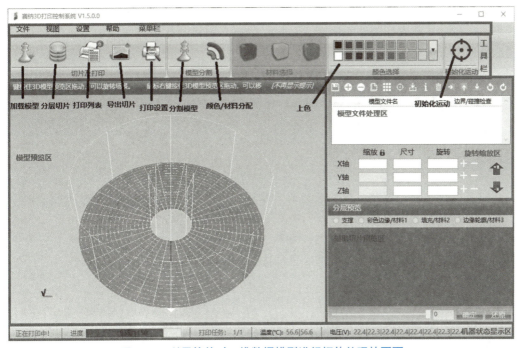

图 2-1 利用软件对三维数据模型进行切片处理的页面

有一点需指出，样件反求以及来源于 CT 等的医学模型的数据都需要转换成 CAD 模型或直接转换成 RP 系统可以接收的数据。因此，在原型制作之前以及原型制作过程中需要进行大量的数据准备和处理工作，数据的充分准备和有效的处理决定了原型制作的效率、质量和精度。因此，在整个增材制造成型的实施过程中，数据的准备是必

需的，数据的处理是十分必要和重要的。

内容摘要

采用 3D 打印技术进行产品制作时，首先需要准备好前期的三维 CAD 数据模型。目前，几乎所有增材制造的加工制造方法的前期加工数据来源都是三维 CAD 数据模型，该模型经过适当的切片处理后直接驱动增材制造设备进行零件的加工与制作。

当前，大多数人选择获取三维实体数据资料的途径是借助三维建模软件设计与制作所需的三维实体模型。目前，三维建模软件的种类繁多，其基本上都具有两大类功能：实体建模和曲面建模。三维建模软件的恰当、合理的使用，对所需设计的产品的三维数据资料的快速制作以及后期快速成型工艺都具有很大的影响，有时可有效缩短前处理时三维建模的时间，达到事半功倍的效果。

三维 CAD 数据处理所使用的软件不同，所采用的数据格式也不同。同时，不同的快速成型系统采用不同的数据格式与文件，这些都会给数据的交换、资源的共享造成一定的障碍，因此，要寻找一种合适的中间格式。能有效识别的中间数据格式有 TG-ES、STEP、STL、SLC 等，其中 STL 格式是应用最广泛的通用格式。

必须首先将三维 CAD 数据模型处理成设备能够接受的数据格式，并且在成型制作之前进行分层切片处理。数据的充分制备、有效处理在一定程度上决定了成型制件的效率、质量，甚至成型制件的精度，因此，在整个增材制造工艺实施中，三维 CAD 数据的处理十分重要。

学习单元 2.1　三维建模软件的种类

学习目标

（1）了解通用三维建模软件及行业三维建模软件的行业需求。

（2）掌握通用三维建模软件及行业三维建模软件的市场应用范围。

（3）让前沿科技照亮青春梦想，培养求真务实的科学精神、精益求精的工匠精神、不拘一格的创新精神，树立读书报国、科技强国的理想信念。

三维建模软件种类繁多，通常可分为两大类：通用三维建模软件和行业三维建模软件。以下分别介绍这两种类型的三维建模软件。

2.1.1　通用三维建模软件

1. Maya 软件

Maya 软件是 Autodesk 旗下的著名三维建模和动画软件。Maya 软件可以大大提高电影、电视、游戏等领域开发、设计、创作的工作效率，同时改善了多边形建模质量，通过新的运算法则提高了性能，多线程支持功能可以充分利用多核心处理器的优势，新的 HLSL 着色工具和硬件着色 API 则可以大大增强新一代主机游戏的外观，另外，Maya 软件在角色建立和动画制作方面也更具弹性。图 2-2 所示是 Maya 2015 的工作界面，它为模拟、效果、动画、建模、着色和渲染提供了强大的新工具集。

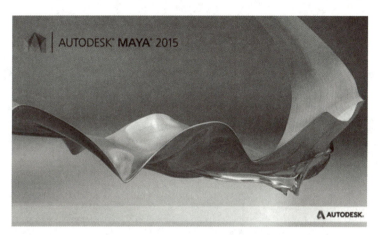

图 2-2　Maya 2015 的工作界面

Maya 是顶级三维动画软件，国外绝大多数视觉设计企业都在使用 Maya 软件，在国内该软件也越来越普及。由于 Maya 软件功能强大，体系完善，所以国内很多三维动画制作人员开始使用 Maya 软件，很多公司开始利用 Maya 软件作为其主要的创作工具。在很多大城市和经济发达地区，Maya 软件已成为三维动画软件的主流。Maya 软件的应用领域极其广泛，比如《星球大战》系列、《指环王》系列、《蜘蛛侠》系列、《哈利·波特》系列、《木乃伊归来》、《最终幻想》、《精灵鼠小弟》、《马达加斯加》、《怪物史瑞克》系列以及《金刚》等的三维动画效果均由 Maya 软件制作。

2. 3Ds Max 软件

3D Studio Max，常简称为 3D Max 或 3Ds Max，是 Discreet 公司开发的（后被 Autodesk 公司合并）基于 PC 系统的三维动画渲染和制作软件。其前身是基于 DOS 操作系统的 3D Studio 系列软件。在 Windows NT 出现以前，工业级的 CG 制作被 SGI 图形工作站所垄断。3D Studio Max + Windows NT 组合的出现降低了 CG 制作的门槛，首先运用于计算机游戏中的动画制作，后来更进一步参与影视特效制作。在 Discreet 3Ds Max 7 后，其正式更名为 Autodesk 3Ds Max，最新版本是 3Ds Max 2021。

3. Rhino 软件

Rhino 软件的英文全名为 Rhinoceros，中文意为"犀牛"。该软件于 1998 年 8 月正式上市，是美国 Robert McNeel & Assoc. 公司开发的强大的 PC 专业三维造型软件。Rhino 具有比传统网格建模更为优秀的 NURBS（Non – Uniform Rational B – Spline）建模方式，也有类似 3DS Max 软件的网格建模插件 T – Spline，其发展理念是以 Rhino 为系统，不断开发各种行业的专业插件、多种渲染插件、动画插件、模型参数及限制修改插件等，使之不断完善，发展成一个通用型的设计软件。除此之外，Rhino 软件的图形精度高，能输入和输出几十种文件格式，所绘制的模型能直接通过各种数控机器加工或成型制造出来，如今已被广泛应用于建筑设计、工业制造、机械设计、科学研究和三维动画制作等领域。Rhino 软件工作界面如图 2-3 所示。

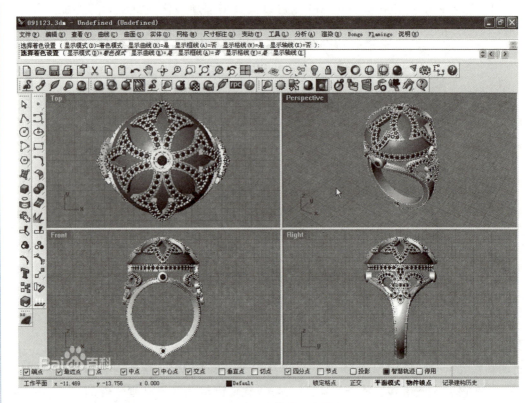

图 2-3　Rhino 软件工作界面

Rhino 软件的特点如下。

（1）Rhino 软件以集百家之长为一体作为发展理念，它拥有优秀的 NURBS 建模方式，也有网格建模插件 T-Spline，使建模方式有了更多的选择，从而能创建出更逼真、生动的造型。

（2）Rhino 软件配有多种行业的专业插件，熟练地掌握好 Rhino 软件常用工具的操作方法、技巧和理论后，再学习这些插件就相对容易上手。根据各设计行业的特点和需求把相应的专业插件加载至 Rhino 软件中，即可使其变成一个非常专业的软件，这就是 Rhino 软件能立足于多种行业的主要因素，它非常适合从事多行业设计和有意转行的设计人士使用。

（3）Rhino 软件配有多种渲染插件，弥补了自身在渲染方面的缺陷，可制作出逼真的效果图。

（4）Rhino 软件配有动画插件（图 2-4），能轻松地为模型设置动作，从而通过动态完美地展示作品。

（5）Rhino 软件配有模型参数及限制修改插件，为模型的后期修改带来巨大的便利。

（6）Rhino 软件能输入和输出几十种不同格式的文件，其中包括二维、三维软件的文件格式，还包括成型加工和图像类文件格式。

（7）Rhino 软件对建模数据的控制精度非常高，因此能通过各种数控成型机器进行

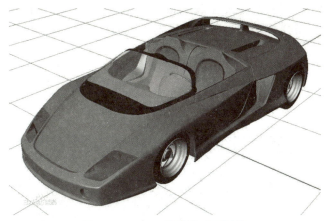

图 2 - 4　Rhino 软件的动画插件

加工或直接制造，这是它在精工行业中的巨大优势。

（8）Rhino 软件是一个"平民化"的高端软件，相对于其他同类软件而言，它对计算机的操作系统没有特殊选择，对硬件配置要求也并不高，在安装上更不像其他同类软件那样动辄需要几百兆磁盘空间，Rhino 软件只占用二十几兆磁盘空间，其操作更是易学易懂。

4. SketchUp 软件

SketchUp 软件又名"草图大师"，是一款用于创建、共享和展示三维模型的软件。SketchUp 软件通过一个使用简单、内容详尽的颜色、线条和文本提示指导系统，让用户不必输入坐标就能跟踪位置和完成相关建模操作。

SketchUp 软件是一套直接面向设计方案创作过程的设计工具，其创作过程不仅能够充分表达设计师的思想，而且完全满足与客户即时交流的需要，它使设计师可以直接在计算机上进行十分直观的构思，是三维建筑设计方案创作的优秀工具。在 SketchUp 中建立三维模型就像使用铅笔在图纸上作图一样方便。SketchUp 软件能自动识别线条，并自动捕捉。其建模流程简单明了，即画线成面，然后挤压成型，这也是建筑建模最常用的方法。SketchUp 软件是一款适合设计师使用的软件，因为它的操作不会成为用户的障碍，用户可以专注于设计本身。

通过对 SketchUp 软件的熟练运用，用户可以借助其简便的操作和丰富的功能完成建筑、风景、室内、城市、图形和环境设计，土木、机械和结构工程设计，小到中型的建设和修缮的模拟及游戏设计和电影电视的可视化预览等诸多工作。

SketchUp 软件有多个版本，从 SketchUp 5.0 以后，该软件被谷歌公司收购，继而开发出 Google SketchUp 6.0 及 7.0 等版本，可以配合谷歌公司的 Google 3D warehouse（在线模型库）及 Google Earth（谷歌地球）软件等与世界各地的爱好者及使用者一同交流学习，同时还可与 AutoCAD、3Ds Max 等多种软件对接，实现协同工作。

5. Blender 软件

Blender 软件是一款开源的跨平台全能三维动画制作软件，提供从建模、动画、材质、渲染到音频处理、视频剪辑等一系列动画短片制作解决方案。

Blender 软件拥有在不同工作环境下使用的多种用户界面，内置绿屏抠像、摄像机反向跟踪、遮罩处理、后期结点合成等高级影视解决方案，同时内置有卡通描边（FreeStyle）和基于 GPU 技术的 Cycles 渲染器。Blender 软件以 Python 为内建脚本，支持多种第三方渲染器。

Blender 软件可以被用来进行三维可视化，也可以用于创作广播和电影级品质的视频，另外其内置的实时三维游戏引擎让制作独立回放的三维互动内容成为可能。

Blender 软件工作界面如图 2-5 所示。

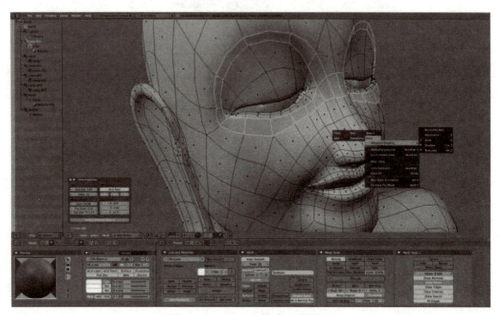

图 2-5　Blender 软件工作界面

Blender 软件的特点如下。

（1）具有完整集成的创作套件。Blender 软件提供了全面的三维创作工具，包括建模（Modeling）、UV 映射（UV - Mapping）、贴图（Texturing）、绑定（Rigging）、蒙皮（Skinning）、动画（Animation）、粒子（Particle）和其他系统的物理学模拟（Physics）、脚本控制（Scripting）、渲染（Rendering）、运动跟踪（Motion Tracking）、合成（Compositing）、后期处理（Post - production）和游戏制作。

（2）具有跨平台支持功能。其基于 OpenGL 的图形界面在任何平台上都是一样的（而且可以通过 Python 脚本自定义），可以工作在所有主流的 Windows（10、8、7、Vista）、Linux、OS X 等操作系统上。

（3）高质量的三维架构带来了快速高效的创作流程。

（4）每次版本发布都会在全球有超过 20 万次的下载量。

（5）体积小巧，便于分发。

2.1.2　行业三维建模软件

1. UG 软件

UG（Unigraphics NX）是 Siemens PLM Software 公司出品的一个产品工程解决方案，它为用户的产品设计及加工过程提供了数字化造型和验证手段。UG 软件针对用户的虚拟产品设计和工艺设计的需求，并且满足各种工业化需求，提供了经过实践验证的解决方案。UG 同时也是"用户指南"（User Guide）和"普遍语法"（Universal Grammar）的缩写。

UG 软件是一个交互式 CAD/CAM 系统，它功能强大，可以轻松实现各种复杂实体及造型的建构。UG 软件在诞生之初主要基于工作站，但随着 PC 硬件的发展和个人用户的迅速增长，其在 PC 上的应用取得了迅猛的增长，已经成为模具行业三维设计的主流应用。

UG 软件的开发始于 1969 年，它是基于 C 语言开发实现的。UG 软件是一个在二维和三维空间无结构网格上使用自适应多重网格方法开发的一个灵活的数值求解偏微分方程的软件工具。

一个给定过程的有效模拟需要来自应用领域（自然科学或工程）、数学（分析和数值数学）及计算机科学的知识。然而，所有这些技术在复杂应用中的使用并不是太容易。这是因为组合所有方法需要巨大的复杂性及交叉学科的知识。一些非常成功的解偏微分方程的技术，特别是自适应网格加密（adaptive mesh refinement）方法和多重网格方法在过去的 10 年中已被数学家进行了深入研究，同时随着计算机技术的巨大进展，特别是大型并行计算机的开发带来了许多新的可能。

UG 软件使企业能够通过新一代数字化产品开发系统实现向产品全生命周期管理转型的目标。UG 软件包含了企业中应用最广泛的集成应用套件，用于产品设计、工程和制造的全范围开发过程。

如今制造业所面临的挑战是，通过产品开发的技术创新，在持续的成本缩减以及收入和利润逐渐增加的要求之间取得平衡。为了真正地支持革新，必须评审更多的可选设计方案，而且在开发过程中必须根据以往的经验更早地做出关键性的决策。

UG 软件是新一代数字化产品开发系统，它可以通过过程变更来驱动产品革新。UG 软件的独特之处是其知识管理基础，它使工程专业人员能够推动革新以创造出更大的利润。UG 软件可以管理生产和系统性能知识，根据已知准则来确认每一设计决策。UG 软件工作界面如图 2-6 所示。

UG 软件建立在为客户提供无与伦比的解决方案的成功经验的基础之上，这些解决方案可以全面地提高设计过程的效率，削减成本，并缩短产品进入市场的时间。通过再一次将注意力集中于跨越整个产品生命周期的技术创新，UG 软件的成功已经得到了充分的证实。这些目标使 UG 软件通过无可匹敌的全范围产品检验应用和过程自动化工具，把产品制造早期的从概念到生产的过程都集成到一个实现数字化管理和协同的框架中。

2. Creo 软件

Creo（PRO/E）是美国 PTC 公司于 2010 年 10 月推出的 CAD 设计软件包。Creo 是整合了 PTC 公司的 Pro/Engineer 软件的参数化技术、CoCreate 软件的直接建模技术和 ProductView 软件的三维可视化技术的新型 CAD 设计软件包，是 PTC 公司闪电计划所推出的第一个产品。Creo 软件工作界面如图 2-7 所示。

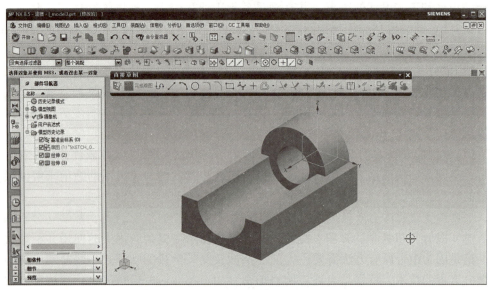

图 2 - 6　UG 软件工作界面

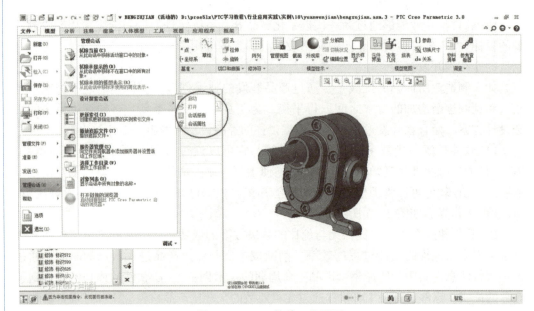

图 2 - 7　Creo 软件工作界面

作为 PTC 公司闪电计划中的一员，Creo 软件具备互操作性、开放、易用三大特点。在产品生命周期中，不同的用户对产品开发有不同的需求。不同于其他解决方案，Creo 软件旨在消除 CAD 行业中几十年来迟迟未能解决的问题。

（1）解决机械 CAD 领域中未解决的重大问题，包括基本的易用性、互操作性和装配管理问题。

（2）采用全新的方法实现解决方案（建立在 PTC 公司的特有技术和资源的基础上）。

（3）提供一组可伸缩、可互操作、开放且易于使用的机械设计应用程序。

（4）为设计过程中的每一名参与者适时提供合适的解决方案。

Creo 软件的特点如下。

Creo 在拉丁语中意为"创新"。Creo 软件的推出是为了解决困扰制造企业在应用 CAD 软件方面的四大难题。CAD 软件已经应用了几十年，三维软件也已经出现了二十多年，似乎技术与市场逐渐趋于成熟。但是，制造企业在 CAD 软件应用方面仍然面临四大核心问题。

（1）易用性问题。

CAD 软件虽然已经在技术上逐渐成熟，但是其操作还是很复杂，宜人化程度有待提高。

（2）互操作性问题。

不同的 CAD 软件造型方法各异，包括特征造型、直觉造型等，二维设计还在广泛应用。不同的 CAD 软件相对独立，操作方式完全不同，对于用户来说，鱼和熊掌不可兼得。

（3）数据转换问题。

数据转换问题依然是困扰制造企业的大问题。一些厂商试图通过图形文件的标准来锁定用户，导致用户的数据转换成本升高。

（4）配置需求问题。

用户需求的差异往往会导致复杂的配置，而大大延长产品交付的时间。

Creo 软件的推出，正是为了从根本上解决以上制造企业在 CAD 软件应用中面临的核心问题，从而真正将制造企业的创新能力释放出来，帮助制造企业提升研发协作水平，提高 CAD 软件应用效率，为制造企业创造价值。

3. CATIA 软件

CATIA 是 Computer Aided Tri – dimensional Interface Application 的缩写。CATIA 软件是世界上一种主流的 CAD/CAE/CAM 一体化软件，其工作界面如图 2 – 8 所示。在 20 世纪 70 年代法国达索飞机公司（Dassault Aviation）成为其第一个用户，CATIA 软件也应运而生。1982—1988 年，CATIA 软件相继发布了 1 版本、2 版本、3 版本，并于 1993 年发布了功能强大的 4 版本，现在的 CATIA 软件分为 V5 版本和 V6 版本两个系列。为了使 CATIA 软件易学易用，Dassault Systemes 公司于 1999 年发布了 V5 版本，V5 版本较 V4 版本界面更友好，功能也更强大，并且开创了 CAD/CAE/CAM 软件的一种全新风格。V6 是 Dassault Systemes 公司于 2008 年发布的最新 CATIA 软件版本系列。V6 版本较 V5 版本，在用户界面、兼容性、云集成等方面有较大提升，并且增强了产品协同设计和生命周期管理、DMU 数字样机等功能。但是，基于 V5 版本的易用性及持续的版本迭代改进，目前国内大型企业仍主要采用 V5 版本进行产品设计。

法国达索飞机公司是世界著名的航空航天企业。其产品以幻影 2000 和阵风战斗机最为著名。CATIA 软件的产品开发商 Dassault Systemes 公司成立于 1981 年，而如今其在 CAD/CAE/CAM 以及 PDM 领域内的领导地位已得到世界范围内的承认。其销售利润从最开始的 100 万美元增长到现在的近 20 亿美元。其雇员人数由 20 人发展到 2 000 多人。

CATIA 软件是法国 Dassault Systemes 公司的 CAD/CAE/CAM 一体化软件，居世界 CAD/CAE/CAM 领域的领导地位，广泛应用于航空航天、汽车制造、造船、机械制造、电子电器、消费品行业，它的集成解决方案覆盖所有的产品设计与制造领域，其特有的 DMU 电子样机模块功能及混合建模技术更是推动着企业竞争力和生产力的提高。CATIA 软件提供方便的解决方案，迎合所有工业领域的大、中、小型企业的需要，从

图 2-8　CATIA 软件工作界面

大型的波音 747 飞机、火箭发动机到化妆品的包装盒，几乎涵盖了所有的制造业产品。在世界上有超过 13 000 位用户选择了 CATIA 软件。CATIA 软件源于航空航天业，但其强大的功能得到各行业的认可，在欧洲汽车行业已成为事实上的标准。CATIA 软件的著名客户包括波音、克莱斯勒、宝马、奔驰等一大批知名企业。其客户群体在世界制造业中具有举足轻重的地位。波音飞机公司使用 CATIA 软件完成了整个波音 777 的电子装配，创造了业界的一个奇迹，从而也确定了 CATIA 软件在 CAD/CAE/CAM 行业内的领先地位。

CATIA V5 版本是 IBM 公司和 Dassault Systemes 公司长期以来在为数字化企业服务过程中不断探索的结晶。围绕数字化产品和电子商务集成概念进行系统结构设计的 CATIA V5 版本，可为数字化企业建立一个针对产品整个开发过程的工作环境。在这个环境中，可以对产品开发过程的各个方面进行仿真，并能够实现工程人员和非工程人员之间的电子通信。产品整个开发过程包括概念设计、详细设计、工程分析、成品定义和制造乃至成品在整个生命周期中的使用和维护。CATIA V5 版本具有以下特点。

1）重新构造新一代体系结构

为确保 CATIA 产品系列的发展，CATIA V5 新的体系结构突破传统的设计技术，采用了新一代的技术和标准，可快速地适应企业的业务发展需求，使用户具有更大的竞争优势。

2）支持不同应用层次的可扩充性

CATIA V5 对于开发过程、功能和硬件平台可以进行灵活的搭配组合，可为产品开发链中的每个专业成员配置最合理的解决方案。允许任意配置的解决方案可满足从最小的供货商到最大的跨国公司的需要。

3）与 Windows NT 和 UNIX 硬件平台的独立性

CATIA V5 是在 Windows NT 平台和 UNIX 平台上开发完成的，并在所有它所支持的硬件平台上具有统一的数据、功能、版本发放日期、操作环境和应用支持。CATIA V5 在 Windows NT 平台的应用可使设计师更加简便地同办公应用系统共享数据，而 UNIX 平台上 Windows NT 风格的用户界面，可使用户在 UNIX 平台上高效地处理复杂的工作。

4）专用知识的捕捉和重复使用

CATIA V5 结合了显式知识规则的优点，可在设计过程中交互式捕捉设计意图，定义产品的性能和变化。隐式的经验知识变成了显式的专用知识，提高了设计的自动化程度，降低了设计错误的风险。

5）使现存客户平稳升级

CATIA V4 和 V5 具有兼容性，两个系统可并行使用。对于现有的 CATIA V4 用户，CATIA V5 年引领他们迈向 NT 世界。新的 CATIA V5 用户可充分利用 CATIA V4 成熟的后续应用产品，组成一个完整的产品开发环境。

4. Fe-Safe 软件

Fe-Safe 是世界上最先进的高级疲劳耐久性分析软件，是基于有限元模型的疲劳寿命分析软件包。它由英国 Safe Technology 公司开发和维护，于 2013 年被 Dassault Systemes 公司收购，作为其 Simulia 品牌下的疲劳耐久性分析软件系统。Safe Technology 公司是设计和开发耐久性分析软件的技术领导者，在软件开发过程中，进行了大量材料和实际结构件的试验验证。在疲劳耐久性分析产品和服务中，Fe-Safe 软件是旗舰性的产品。Fe-Safe 软件的新版本引入了超过 100 项功能的改进，保持了最高级耐久性分析软件的领军地位，分析速度有了显著的提高，并且添加了很多新特征和一些独特的功能，功能更加强大。用户界面的改进，使 Fe-Safe 软件更容易使用。

Fe-Safe 软件已经被广泛应用在众多领域——从空间站、飞机发动机到汽车、火车；从空调、洗衣机等家电产品到电子通信系统；从舰船到石化设备；从内燃机、核能、电站设备到通用机械等各个领域。目前世界上很多知名公司把 Fe-Safe 作为标准的耐久性分析工具，比如 Caterpillar Incorporation、Cummins Incorporation、International Truck & Engine Company、Dana Corp.、SKF 和 Rolls Royce 等公司。

5. TOSCA 软件

TOSCA 软件是先进的模块化无参结构优化系统，可以对复杂结构进行拓扑、外形和条纹优化，得到更加轻量、坚固、耐久的结构设计。它采用了无参结构优化算法，不需要对模型参数化，不但减少了建模工作量，而且使结构的优化更具弹性。TOSCA 拓扑优化（Topology）在初始设计的基础上合理地分配质量，得到最轻量化的设计；形状优化（Shape）通过改变结构表面的局部形状以降低结构局部应力，延长疲劳寿命；条纹优化（Bead）寻找薄板结构上加强筋的最优位置和形状，以提高结构刚度，提高本征频率。TOSCA 软件通过迭代求解过程进行优化，在每次优化循环中通过调用外部求解器计算结构响应，使用户可自由选择熟悉的求解器和前后处理环境。TOSCA 软件与 ANSA 软件合作开发的 TOSCA-ANSA 前处理环境，完全集成了 ANSA 软件的前处理优势和便利，在一个前处理环境中就可完成优化问题设置、优化过程控制以及结果验证等一系列工作。

6. SolidWorks 软件

SolidWorks 是 Dassault Systemes 公司的子公司，专门负责研发与销售机械设计软件的视窗产品，总部位于美国马萨诸塞州。

Dassault Systemes 公司负责系统性的软件供应，并为制造厂商提供具有 Internet 整合能力的支援服务。该集团提供涵盖整个产品生命周期的系统，包括设计、工程、制造和产品数据管理等各个领域中的最佳软件系统，著名的 CATIA V5 就出自该公司。目前 Dassault Systemes 公司的 CAD 产品的市场占有率居世界前列。

SolidWorks 软件工作界面如图 2 – 9 所示。

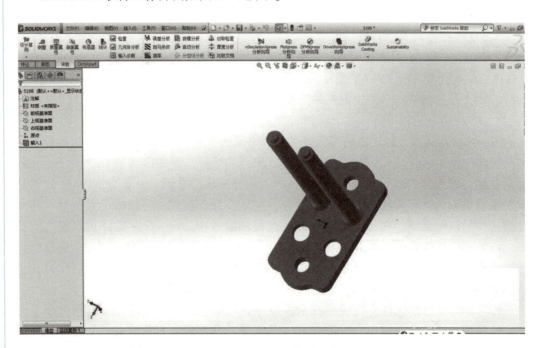

图 2 – 9　SolidWorks 软件工作界面

SolidWorks 公司成立于 1993 年，由 PTC 公司的技术副总裁与 CV 公司的副总裁发起，总部位于马萨诸塞州的康克尔郡，当初的目标是在每一个工程师的桌面上提供一套具有生产力的实体模型设计系统。SolidWorks 公司在 1995 年推出第一套 SolidWorks 三维机械设计软件，在 2010 年已经拥有位于全球的办事处，并经由 300 家经销商在全球 140 个国家进行销售与分销该产品。1997 年，Solidworks 公司被法国 Dassault Systemes 公司收购，SolidWorks 软件成为 Dassault Systemes 中端主流市场的主打品牌。

SolidWorks 软件是世界上第一个基于 Windows 开发的三维 CAD 系统，由于技术创新符合 CAD 技术的发展潮流和趋势，SolidWorks 公司于两年间成为 CAD/CAM 产业中获利最高的公司。良好的财务状况和用户支持使 SolidWorks 公司每年都有数十乃至数百项技术创新，SolidWorks 公司也获得了很多荣誉。SolidWorks 在 1995—1999 年获得全球微机平台 CAD 系统评比第一名；从 1995 年至今，已经累计获得 17 项国际大奖，其中仅从 1999 年起，美国权威的 CAD 专业杂志 CADENCE 连续 4 年授予 SolidWorks 软件最佳编辑奖，以表彰 SolidWorks 软件的创新、活力和简明。至此，SolidWorks 所遵循的易用、稳定和创新三大原则得到了全面的落实和证明，使用它，设计师大大缩短了设计时间，使产品快速、高效地投向市场。

由于 SolidWorks 公司出色的技术和市场表现，它不仅成为 CAD 行业的一颗耀眼的明星，也成为华尔街青睐的对象，终于在 1997 年被法国 Dassault Systemes 公司以 3.1 亿美元的高额市值全资并购。SolidWorks 公司原来的风险投资商和股东以 1 300 万美元的风险投资，获得了高额的回报，创造了 CAD 行业的世界纪录。被并购后的 Solid-Works 公司以原来的品牌和管理技术队伍继续独立运作，成为 CAD 行业一家高素质的专业化公司，SolidWorks 软件也成为 Dassault Systemes 最具竞争力的 CAD 产品。

由于使用了 Windows OLE 技术、直观式设计技术、先进的 parasolid 内核（由剑桥大学提供）以及良好的与第三方软件的集成技术，SolidWorks 软件成为全球装机量最大、最好用的三维建模软件。资料显示，目前全球发放的 SolidWorks 软件使用许可约 28 万，涉及航空航天、机车、食品、机械、国防、交通、模具、电子通信、医疗器械、娱乐、日用品/消费品、离散制造等分布于全球 100 多个国家的约 31 000 家企业。在教育市场上，每年来自全球 4 300 所教育机构的近 145 000 名学生学习 SolidWorks 软件的培训课程。

据世界著名的人才网站检索，与其他三维 CAD 系统相比，与 SolidWorks 软件相关的招聘广告比其他软件的总和还要多，这比较客观地说明了越来越多的工程师使用 SolidWorks 软件，越来越多的企业雇佣 SolidWorks 人才。据统计，全世界用户每年使用 SolidWorks 软件的时间已达 5 500 万 h。

7. AutoCAD 软件

AutoCAD（Autodesk Computer Aided Design）是 Autodesk 公司首次于 1982 年开发的自动 CAD 软件，用于二维绘图、详细绘制、文档设计和基本三维设计，现在已经成为国际上广为流行的绘图工具。AutoCAD 软件具有良好的用户界面，通过交互菜单或命令行方式进行各种操作。它的多文档设计环境让非计算机专业人员也能很快地学会使用。AutoCAD 软件具有广泛的适应性，可以在各种操作系统支持的微型计算机和工作站上运行。

8. Cimatron 软件

Cimatron 是著名软件公司——以色列 Cimatron 公司旗下产品，Cimatron 公司在中国的子公司是思美创（北京）科技有限公司。多年来，在世界范围内，从小的模具制造工厂到大公司的制造部门，Cimatron 公司的 CAD/CAM 解决方案已成为企业装备中不可或缺的工具。

Cimatron 公司自从 1982 年创建以来，它的创新技术和战略方向使其在 CAD/CAM 领域处于公认的领导地位。作为面向制造业的 CAD/CAM 集成解决方案的领导者，它承诺为模具、工具和其他制造商提供全面的、性价比最优的软件解决方案，使制造循环流程化，加强制造商与外部销售商的协作，以极大地缩短产品交付时间。今天，在世界范围内的 4 000 多用户使用 Cimatron 公司的 CAD/CAM 解决方案为各种行业制造产品。这些行业包括汽车、航空航天、计算机、电子电器、消费类商品、医药、军事、光学仪器、通信和玩具等。

9. CAXA 软件

CAXA 公司的前身是创立于 1992 年的北京华正软件工程研究所。1998 年，北京航空航天大学、青岛海尔集团和美国 C – MOLD 公司在北京华正软件工程研究所的基础上成立了北京北航海尔软件有限公司（负责研发）和北京数码大方科技有限公司（负责运营）。2000 年，北航海尔软件有限公司、美国 IRONCAD 公司及上海宏正信息科技有限公司组成 CAXA 联盟。2004 年 4 月，美国 IRONCAD 公司被北航海尔软件有限公司兼并成为其在美国的研发部分。2004 年 11 月，北航海尔软件有限公司和法国 Dassault Systemes 公司建立联合研发中心，结成 PLM 战略联盟。CAXA 公司是为制造业提供"产品创新和协同管理解决方案"的软件供应商，为制造企业提供从需求、订单、设计、工艺、制造直至维护等产品全生命周期的信息化解决方案（PLM）。CAXA 公司拥有自己的核心技术，开发具有自主知识产权的软件产品，始终坚持"以用户的需求为目标，以用户的满意为标准，为用户创造价值"的原则，服务于中国制造业。CAXA 系列 CAD/CAM 软件在国内工程技术领域有着广泛的应用，并被国内 1 000 多所院校选为工程教育和培训软件，截至 2004 年年底，CAXA 系列 CAD/CAM 软件已累计销售超过 15 万套。

10. 中望 CAD 软件

中望 CAD 是国产 CAD 平台软件的领导品牌。其界面、操作习惯和命令方式与AutoCAD保持一致，文件格式也可高度兼容，并具有国内领先的稳定性和速度，是 CAD 正版化的首选解决方案。

课程思政案例：
36 年打磨迭代，
中望 CAD 构筑国产
三维 CAD 软件新未来

广州中望龙腾软件股份有限公司（以下简称"中望龙腾"）是国家高新技术企业，国际 CAD 联盟 ITC 在中国大陆的首位核心成员，中国最大、最专业的 CAD 平台软件供应商之一。该公司于 1998 年正式注册，原名"广州中望龙腾科技发展有限公司"。由于在专业软件领域优秀的品牌影响力，该公司于 2006 年 9 月被推荐为第一批参与"广州高新技术产业开发区非上市股份有限公司进入代办系统进行股份转让试点"的单位，于 2007 年 1 月顺利完成股份改制，并正式更名为"广州中望龙腾软件股份有限公司"。该公司总部位于广州，在北京、上海、武汉设立了分支机构。中望龙腾是中国最专注的 CAD 平台软件供应商，拥有 15 年 CAD 行业经验、近 300 名锐意进取的高科技人才，始终致力于为企业提供最优秀的 CAD 正版解决方案。2001 年，中望龙腾震撼推出主打产品：具有完全自主知识产权的中望 CAD 平台软件。中望 CAD 兼容目前普遍使用的 AutoCAD，功能和操作习惯与之基本一致，但具有更高的性价比和更贴心的本土化服务，深受用户欢迎，被广泛应用于通信、建筑、煤炭、水利水电、电子、机械、模具等领域，成为企业 CAD 正版化的最佳解决方案。中望 CAD 不断成就和进步，凭借专注的产品策略、创新的技术、世界级的品质与服务，赢得了不分国界的信赖——中望 CAD 不仅成为目前中国 CAD 平台软件的首席品牌和领导者，而且实现了国产 CAD 平台软件在国际市场上零的突破，已经畅销美国、法国、南非、巴西等世界五大洲的 65 个国家和地区，支持中、英、法、日、德、俄等 10 种语言，全球正版用户数突破100 000。京移通信、中讯邮电、河南电力、包头钢铁、广州本田、台达电子、德力西集团、凤凰光学等中国乃至世界 500 强的翘楚纷纷选择中望 CAD，与中望龙腾携手并进。打造世界一流的 CAD 软件，为企业提供成本最合理的世界级品质的 CAD 正版化解决方案是一直是中望龙腾的使命。中望人正努力把中望CAD打造成享誉世界的中国CAD，把中望龙腾打造成立足国内、全球运作的国际性CAD软件公司，推动中国乃至世界知识产权的进步，为民族软件行业争光。

学习单元2.2　三维建模软件的特点及选用原则

学习目标

（1）了解通用三维建模软件及行业三维建模软件的技术特点。

（2）掌握通用三维建模软件及行业三维建模软件的选用原则。

2.2.1　三维建模软件的特点

通用三维建模软件和行业三维建模软件的特点比较分别见表2-1、表2-2。

表2-1　通用三维建模软件的特点比较

特点	通用三维建模软件				
	Maya	3Ds Max	Rhino	Blender	SketchUp
软件特点	三维建模、着色和渲染、影视动画	三维建模、着色和渲染，支持三维立体摄影机	创建、编辑、转换numbs曲线及曲面，支持多边形网格和点云	建模、动画、内建脚本、渲染器、游戏引擎	三维建模，可直观进行设计
易掌握程度	不易掌握	易学易用	易学易用	不易掌握	简单
兼容性	3Ds Max	Maya	3Ds Max	Maya	3Ds Max、AutoCAD
导出格式	IGS、OBJ、AVI、PSD、SGI、TIFF、GIF	AVI、DXF、PSD、TIFF、JPG、DWG、JPG、STL	OBJ、DXF、JGES、STL、JPG、TIFF、PSD	TGA、JPG、AVI、GIF、TIFF、PSD	DWG、DFX、3DS、OBJ、AVI
商业价格	价格较高	价格适中	价格低	价格适中	价格低
应用领域	动漫制作、影视制作	动画片制作、建筑效果图制作、建筑动画制作	动画制作、机械制造、工业设计	音频处理及视频剪辑、动画片制作	建筑规划、园林景观设计、室内以及工业设计

表2-2　行业三维建模软件的特点比较

特点	行业三维建模软件							
	Creo	UG	CATIA	Cimatron	SolidWorks	CAXA	AutoCAD	中望CAD
软件特点	可全参数建模	可全参数建模、CAM能力强	具有特有的高次Bezier曲线曲面设计功能，集CAD/CAE/CAM于一体	三维建模自动化	可全参数化建模、装配，可直接生产工程图	国标标准	具有二维绘图和二次开发功能	具有全面的机械化标准，图形编辑转换功能不如国外软件
易掌握程度	易掌握	适中	不易掌握	适中	易学易用	易掌握	简单	简单
兼容性	UG、SolidWorks、CATIA	CATIA、Cimatron、	UG、Cimatron、	AutoCAD、UG、CATIA、Creo	UG、CATIA、Creo	AutoCAD	CATIA、CAXA	CAXA
导出格式	IGES、STEP、HP、STL	IGES、STEP、HP、STLCATIA	IGES、STEP、HP、STL、DXF	IGES、DFX、HP、STL、DWG、CATIA	DFX、HP、STL、DWG、	DWG、DXF、EXB	DWG、DXF、EXB等	DWG、DXF、EXB等
商业价格	价格较高	价格较高	价格较高	价格较高	价格低	价格较高	价格低	价格较高
应用领域	装备制造、电子电器、汽车、国防军工、航空航天、工程建设、教育	机械、电子、航空、汽车、仪器仪表、模具、造船、消费品	装备制造、电子电器、汽车、工程建设、教育	装备制造、工程建设、教育	装备制造、电子电器、汽车、国防军工、航空航天、工程建设、教育	装备制造、工程建设、教育	汽车、国防军工、航空航天、工程建设、教育	装备制造、电子电器、汽车、国防军工

2.2.2　三维建模软件的选用原则

1. 通用三维建模软件的选用原则

当涉及创造令人难以置信的艺术品时，根据作品风格、技能水平和预算选择合适的三维建模软件是有帮助的。

那么如何选择合适的三维建模软件呢？一般来说，任何类型的三维建模工作都需要大约 16 GB 或更多的内存。大多数通用三维建模软件需要大约 5 GB 的磁盘空间来安装，但是还需要考虑到渲染。此外，强烈建议购买最好的显卡，如果拥有快速处理器和大量内存，则在显示复杂的三维场景时不容易延迟。

Maya 被视为 CG 的行业标准，它拥有一系列无与伦比的工具和功能。它的工具包非常复杂，需要时间学习。

Maya 擅长建模、纹理、灯光和渲染，它的庞大功能包括粒子、头发、实体物理、布料、流体模拟和角色动画。用户可能永远不会接触它的某些功能，因此需要根据自己的特定需求来判断该软件是否适合自己。

Maya 软件并不便宜。对于那些有时间、技能和耐心来掌握它的人来说，学习 Maya 是一项不错的投资。

Maxon 公司的 Cinema 4D 软件已经存在多年，它在运动图形、可视化和插图领域享有很高的声誉。它是一个专业的、复杂的软件，其以整体稳定性和易上手性而闻名。

Cinema 4D 拥有一个蓬勃发展的社区，拥有庞大的在线图书馆教程，当用户购买该软件或支付年度 Maxon 服务协议（MSA）时，就可以免费成为 Cineversity 网站的会员。

Cinema 4D 的参数化建模工具非常好，用户可以通过一系列廉价的插件添加更多的功能。其最新版本还引入了体积建模功能。

Cinema 4D 的永久许可证并不便宜，但可以始终使用 Prime 并随着时间的推移进行升级。Maxon 公司还以较低的成本提供学生执照。

SideFX 公司的 Houdini 软件广泛应用于视觉特效行业，可创造一系列惊人的三维图像。Houdini 软件基于节点的程序方法，为数字艺术家提供了前所未有的灵活控制功能。这种节点工作流并不是每个人都喜欢，但是 Houdini 软件也有更传统的工具用于直接与屏幕上的多边形交互。

与 Maya 一样，这种级别的功能和非标准工作流可能很难掌握。幸运的是，SideFX 公司提供了 Houdini Apprentice，这是 Houdini 软件的一个免费版本，学生、艺术家和业余爱好者可以使用它实施个人的非商业项目。Houdini Apprentice 使用户可以访问屡获殊荣的 Houdini FX 的几乎所有功能。功能齐全的 Houdini Indie 也为小工作室提供了一个经济实惠的商业选择。

2. 行业三维建模软件的选用原则

目前国内乃至世界范围内，CATIA、UG、Creo 是主流的大型三维建模软件，它们在国内主要应用于航空、航天、兵器、船舶、汽车电子及工程机械装备制造等行业，这些软件功能强大，但价格极高。

AutoCAD 是建模入门软件，简单易学，平面作图能力强大，适合三维制图的初学者使用。其缺点是无法修改模型前期的数据，只能撤销重建，三维建模能力弱，建模过程中视角无法自由变换，增加了建模难度。

SolidWorks 是现今机械制造领域较为常用的三维建模软件之一，但其普及率不及ProE 和 UG。相对于其他两款软件，SolidWorks 相对简单易学，但是功能却弱了少许，适合制作简单的零件模型，对于已初步学习 AutoCAD 的人来说，SolidWorks 能够更快上手，但是 SolidWorks 对于制作复杂零件模型力不从心，另外它并不具备某些功能，但是图纸上这些数据又必须体现。

Rhino ceros（犀牛）是一款造型软件，与以上两款软件相比，它并不是真正的机械结构设计软件，这是因为：①Rhino ceros 所设计制作的模型精度无法与专业机械设计软件相比；②Rhino ceros 不能体现零件的每一个细节，而零件要求标注一定要精准，体现物体的属性，以方便加工。

对于将要从事机械设计的人来说，应尽量深入学习 AutoCAD，因为它的很多功能其他软件并不具备，而且 AutoCAD 的平面作图能力确实很强大。另外，能够熟练使用专业设计软件后尽量抛弃造型软件，不然可能养成一些不好的习惯。

学习单元 2.3　增材制造技术前期的数据来源

学习目标

（1）了解增材制造技术前期数据的两种来源。
（2）掌握采用概念设计进行三维数据 CAD 建模的方法。
（3）掌握使用逆向工程技术对数据进行三维拟合的步骤。

目前，基于数字化的产品快速设计有两种主要途径：一种是根据产品的要求或直接根据二维图纸在 CAD 软件平台上设计产品三维模型，这常被称为概念设计；另一种是在仿制产品时用扫描机对已有的产品实体进行扫描，得到三维模型，这常被称为逆向工程。基于数字化的产品快速设计基本途径如图 2 - 10 所示。

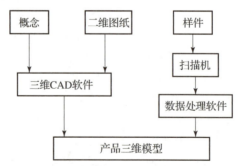

图 2 - 10　基于数字化的产品快速设计基本途径

2.3.1　概念设计

目前产品设计已经大面积地直接采用 CAD 软件来构造产品三维模型，也就是说，产品的现代设计已基本摆脱传统的图纸描述方式，而直接在三维造型软件平台上进行。目前，几乎尽善尽美的商品化 CAD/CAM 一体化软件为产品造型提供了广阔的空间，使设计者的概念设计能够随心所欲，且特征修改也十分方便。目前，应用较多的具有三维造型功能的 CAD/CAM 软件主要有 UG、Pro/E、CATIA、Cimatron、Delcam、Solidedge、MDT 等。随着计算机硬件的迅猛发展，许多原来基于计算机工作站开发的大型 CAD/CAM 系统已经移植于个人计算机上，这反过来促进了 CAD/CAM 软件的普及，当今流行的 CAD 软件如图 2-11 所示。

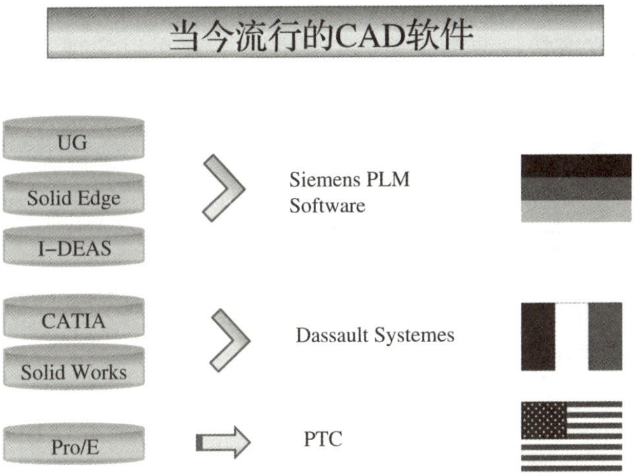

图 2-11　当今流行的 CAD 软件

这些软件根据产品性能及应用领域的不同大致可分为 CAD、CAM、CAD/CAM 三大类：

1. CAD 类

CAD 类软件主要用于二维设计，以工程制图为主。主要提供零件库，符号库，完美的尺寸、公差标注等，如 AutoCAD、国内大部分自主版权开发的或二次开发的符合国情的 CAD 软件、Solid Edge、SolidWorks、CAXA 等。

2. CAM 类

CAM 类软件主要侧重于三维建模，以提供完整的加工功能为主，大量应用于各企业，特别是中小型企业的制造部门，如 Cimatron、SurfCAM、Mastercam 等。

3. CAD/CAM 类

CAD/CAM 类软件是大型集成化系统，其不但兼有 CAD、CAM 两类软件之长，还集成有 CAE、CAPP、PDM 等分析、工艺、产品资料管理的功能。其对系统资源要求高、价格高、功能完整，大多局限于航空航天、汽车、兵工、船舶等大型企业，如 Pro/E、UG、CATIA 等。

2.3.2　反求工程

反求工程（又称逆向技术）是一种产品设计技术再现过程，即对一项目标产品进行逆向分析及研究，从而演绎并得出该产品的处理流程、组织结构、功能特性及技术规格等设计要素，以制作出功能相近，但又不完全一样的产品。逆向工程源于商业及军事领域中的硬件分析。其主要目的是在不能轻易获得必要的生产信息的情况下，直接通过成品分析推导出产品的设计原理。

反求工程不是传统意义上的"仿制"，而是综合应用现代工业设计的理论方法、生产工程学、材料学和有关专业知识，进行系统的分析研究，进而快速开发制造出高附加值、高技术水平的新产品。反求工程对于难以用 CAD 设计的零件模型以及活性组织和艺术模型的数据摄取是非常有利的工具，对快速实现产品等的改进和完善或参考设计具有重要的工程应用价值。尤其是该项技术与快速成型技术结合，可以实现产品的快速三维复制，经过 CAD 重新建模修改或快速成型工艺参数的调整，还可以实现零件或模型的变异复原，如图 2-12 所示。

动画：反求工程技术
应用开发流程图

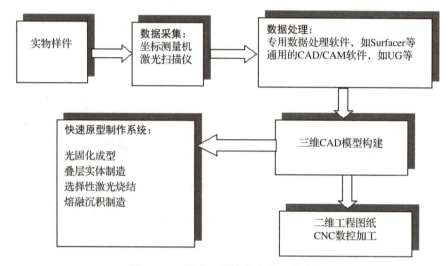

图 2-12　反求工程技术应用开发流程

反求工程是对产品设计过程的一种描述。在 2007 年年初，我国相关的法律为反求工程正名，承认了反求工程技术用于学习研究的合法性。

在工程技术人员的一般概念中，产品设计过程是一个从设计到产品的过程，即设计人员首先在大脑中构思产品的外形、性能和大致的技术参数等，然后在详细设计阶段完成各类数据模型，最终将这个模型转入研发流程，完成产品的整个设计研发周期。这样的产品设计过程称为"正向设计"过程。反求工程产品设计可以认为是一个从产品到设计的过程。简单地说，反求工程产品设计就是根据已经存在的产品，反向推出产品设计数据（包括各类设计图或数据模型）的过程。从这个意义上说，反求工程在工业设计中的应用已经很久了。比如早期的船舶工业中常用的船体放样设计就是反求工程的很好实例。

随着计算机技术在各个领域的广泛应用，特别是软件开发技术的迅猛发展，基于某个软件，以反汇编阅读源码的方式去推断其数据结构、体系结构和程序设计信息成为反求逆向工程技术关注的主要对象。软件反求工程技术的目的是研究和学习先进的技术，特别是在没有合适的文档资料，而又很需要实现某个软件的功能的时候。也正因为这样，很多软件为了垄断技术，在安装软件之前，要求用户同意不进行反求工程研究。

软件反求工程有多种实现方法，主要为如下 3 种。

（1）分析通过信息交换所得的数据。该方法最常用于协议反求工程，涉及使用总线分析器和数据包嗅探器。在接入计算机总线或网络并成功截取通信数据后，可以对总线或网络行为进行分析，以实现具有相同行为的通信。该方法特别适用于设备驱动程序的求反工程。有时，由硬件制造商特意制作的工具，如 JTAG 端口或各种调试工具，也有助于嵌入式系统的求反工程。对于微软公司的 Windows 系统，受欢迎的底层调试器为 SoftICE。

（2）反汇编，即使用反汇编器，把程序的原始机器码翻译成便于阅读理解的汇编代码。这适用于任何计算机程序，对不熟悉机器码的人特别有用。流行的相关工具有 OllyDebug 和 IDA。

（3）反编译，即使用反编译器，尝试通过程序的机器码或字节码，重现高级语言形式的源代码。

反求工程常用的扫描机有传统的坐标测量机（Coordinate Measurement Machine，CMM）、激光扫描机（Laser Scanner）、零件断层扫描机（Cross Section Scanner）以及 CT（Computer Tomography）和 MRI（Magnetic Resonance Imaging）等。采用反求工程方法进行产品快速设计，需要对样品进行数据采集和处理，具体内容如图 2-13 所示。反求工程中工作量较大的环节是离散数据的处理。一般来说，反求工程系统应携带具有一定功能的数据拟合软件，或借助常规的 CAD/CAM 软件（如 UGII、Pro/E 等），以及独立的曲面拟合与修补软件（如 Surfacer 等）。

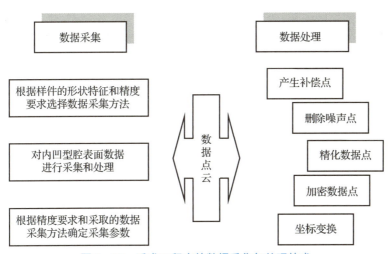

图 2-13　反求工程中的数据采集与处理技术

1. 反求工程相关操作软件

1）Imageware

Imageware 由美国 EDS 公司出品，是最著名的反求工程软件，被广泛应用于汽车、航空航天、消费家电、模具、计算机零部件等设计与制造领域。该软件拥有广大的用户群，国外有宝马、波音、通用电气、克莱斯勒、福特、雷神、丰田等著名国际大企业，国内则有上海大众、上海交大、上海 DELPHI、成都飞机制造公司等大企业。

以前该软件主要被应用于航空航天和汽车工业，因为这两个领域对空气动力学性能要求很高，在产品开发的开始阶段就要认真考虑空气动力性。常规的设计流程是首先根据工业造型需要设计出结构，制作出油泥模型之后将其送到风洞实验室去测量空气动力学性能，然后根据试验结果对模型进行反复修改直到获得满意的结果为止，如此所得到的最终油泥模型才是符合需要的模型。为了将油泥模型的外形精确地输入计算机成为电子模型，需要采用反求工程软件。首先利用坐标测量仪器测出模型表面点阵数据，然后利用反求工程软件（如 Imageware）进行处理即可获得所需曲面，如图 2 – 14 所示。

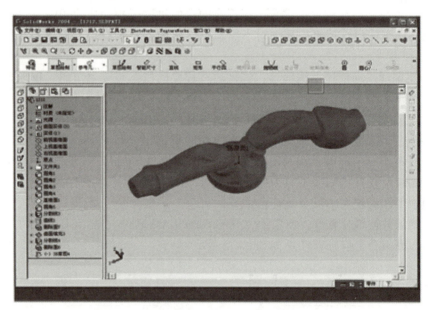

图 2 – 14　Imageware 软件界面及其曲线处理

随着科学技术的进步和人们消费水平的不断提高，其他许多行业也开始纷纷采用反求工程软件进行产品设计。以微软公司生产的鼠标器为例，就其功能而言，只需要有三个按键就可以满足使用需要，但是，怎样才能让鼠标器的手感最好，而且经过长时间使用也不易产生疲劳感却是生产厂商需要认真考虑的问题。因此，微软公司首先根据人体工程学制作了几个模型并交给使用者评估，然后根据评估意见对模型直接进行修改，直至修改到令人满意为止，最后将模型数据利用反求工程软件 Imageware 生成 CAD 数据。当产品推向市场后，由于外观新颖、曲线流畅，再加上手感很好，符合人体工程学原理，所以迅速获得用户的广泛认可，产品的市场占有率大幅上升。

2）Imageware Surfacer

Imageware Surfacer 软件是 SDRC（Structural Dynamics Research Corporation）公司推出的反求工程软件，是对产品开发过程前后阶段的补充，是专门用于将扫描数据转换成曲面模型的软件。它处理数据的流程遵循点—曲线—曲面原则，简单清晰，易于使用。其流程如下。

（1）点过程。

①读入点阵数据。

Imageware Surfacer 软件可以接收几乎所有的三坐标测量数据，此外还可以接收其他格式的数据，如 STL、VDA 等。

②将分离的点阵对齐（如果需要）。

有时候由于零件形状复杂，一次扫描无法获得全部数据，或零件较大而无法一次扫描完成，这就需要移动或旋转零件，这样会得到很多单独的点阵。Imageware Surfacer 软件可以利用诸如圆柱面、球面、平面等特殊的点信息将点阵准确对齐。

③对点阵进行判断，去除噪声点（即测量误差点）。

由于受到测量工具及测量方式的限制，有时会出现一些噪声点，Imageware Surfacer 软件有很多工具来对点阵进行判断并去除噪声点，以保证结果的准确性。

④通过可视化点阵观察和判断，规划如何创建曲面。

一个零件是由很多单独的曲面构成的，对于每一个曲面，可根据特性判断用什么方式构成。例如，如果曲面可以直接由点的网格生成，则可以考虑直接采用这一片点阵；如果曲面需要采用多段曲线蒙皮，则可以考虑截取点的分段。提前作出规划可以避免以后走弯路。

⑤根据需要创建点的网格或点的分段。

Imageware Surfacer 软件提供了很多种生成点的网格和点的分段的工具，这些工具使用起来灵活方便，还可以一次生成多个点的分段。

（2）曲线创建过程。

①判断和决定生成何种类型的曲线。

曲线可以是精确通过点阵的，也可以是光顺的（捕捉点阵代表的曲线主要形状），或介于两者之间。

②创建曲线。

根据需要创建曲线，可以改变控制点的数目来调整曲线。控制点增多则形状吻合度高，控制点减少则曲线较为光顺。

③诊断和修改曲线。

可以通过曲线的曲率来判断曲线的光顺性，可以检查曲线与点阵的吻合度，还可以改变曲线与其他曲线的连续性（连接、相切、曲率连续）。Imageware Surfacer 软件提供了很多工具来调整和修改曲线。

（3）曲面创建过程。

①判断和决定生成何种曲面。

同曲线一样，可以考虑生成更准确的曲面、更光顺的曲面（例如 class 1 曲面），或两者兼顾，可根据产品设计需要来决定。

②创建曲面。

创建曲面的方法很多，可以用点阵直接生成曲面（Fit free form），可以用曲线通过蒙皮、扫掠、4 个边界线等方法生成曲面，也可以结合点阵和曲线的信息来创建曲面。还可以通过谱如圆角、过桥面等生成曲面。

③诊断和修改曲面。

比较曲面与点阵的吻合度，检查曲面的光顺性及与其他曲面的连续性，同时可以进行修改，例如可以让曲面与点阵对齐，可以调整曲面的控制点让曲面更光顺，或对曲面进行重构等处理。

英国 Triumph Motorcycles 有限公司的设计工程师 Chris Chatburn 说："利用 Imageware Surfacer 软件可以在更短的时间内完成更多的设计循环次数，这样可以缩短 50% 的设计时间。"

Imageware Surfacer 软件提供了在反求工程、曲面设计和曲面评估方面最好的功能，它能接收各种不同来源的数据，通过三维点数据能够生成高质量曲线和曲面几何形状。该软件能够进行曲面检定，分析曲面与实际点的距离，可以进行着色、反射或曲率分析，还可以对曲线和曲面进行即时交换式形状修改。

Imageware Surfacer 软件具有扫描点处理、曲面制造、曲面分析、曲线处理以及曲面处理等功能模块。图 2 – 15 所示是 Imageware Surfacer 软件界面及其曲线处理。

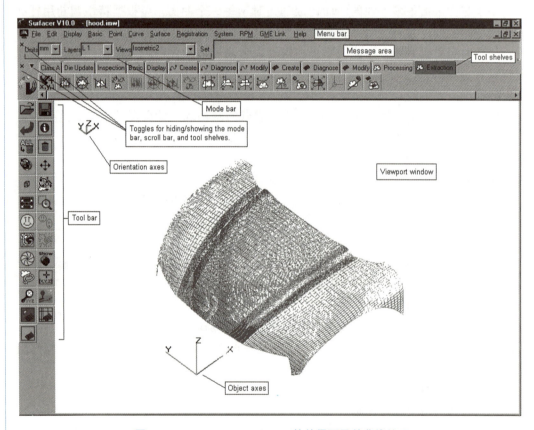

图 2 – 15　Imageware Surfacer 软件界面及其曲线处理

反求工程对于企业制造过程来说是非常重要的。如何从企业仅有的样件、油泥模型、模具等"物理世界"快速地过渡到计算机可以随心所欲进行处理的"数字世界"，这是制造业普遍面临的实际问题。

Imageware Surfacer 软件特别适用于以下情况。

（1）企业只能拿到真实零件而没有图纸，又要求对此零件进行分析、复制及改型。

（2）在汽车、家电等行业要分析油泥模型，对油泥模型进行修改，得到满意结果后将此模型的外型在计算机中建立数字模型。

（3）对现有的零件工装等建立数字化图库。

（4）在模具行业，往往需要用手工修模，修改后的模具型腔数据必须能及时地反映到相应的 CAD 设计之中，以便最终制造出符合要求的模具。

学习笔记

此外，Imageware Surfacer 软件的快速成型模块能够快速利用数字化数据或其他系统的曲面几何形状生成原型，从而缩短了进行数字化、生成 CAD 模型直至最后生成原型这一过程的周期，而且该软件模块可以直接根据产品的 STL 文件自动制作出该产品的模具模型。

3）Geomagic Studio

由美国雨滴（Raindrop）公司出品的反求工程和三维检测软件 Geomagic Studio 可轻易地从扫描所得的点云数据创建出完美的多边形模型和网格，并可自动转换为 NURBS 曲面。该软件也是除了 Imageware 软件以外应用最为广泛的反求工程软件。

4）CopyCAD

CopyCAD 软件是由英国 DELCAM 公司出品的功能强大的反求工程系统软件，它能允许从已存在的零件或实体模型中产生三维 CAD 模型。该软件为来自数字化数据的 CAD 曲面的产生提供了复杂的工具。CopyCAD 软件能够接受来自坐标测量机床的数据，同时跟踪机床和激光扫描器。

CopyCAD 软件简单的用户界面允许用户在尽可能短的时间内进行生产，并且能够快速掌握其功能，即使初次使用者也能做到这点。CopyCAD 软件的用户将能够快速编辑数字化数据，产生高质量的复杂曲面。CopyCAD 软件可以完全控制曲面边界的选取，然后根据设定的公差自动产生光滑的多块曲面，同时能够确保连接曲面之间的正切的连续性。

5）RapidForm

RapidForm 软件是韩国 INUS 公司出品的全球四大反求工程软件之一。RapidForm 软件提供了新一代运算模式，可实时通过点云数据运算出无接缝的多边形曲面，这使它成为三维扫描后处理的最佳接口。RapidForm 软件能够提升工作效率，扩大三维扫描设备的运用范围，改善扫描品质。

值得注意的是，在美国及其他许多国家，只要合理地取得制品或制法就可以对其进行反求工程。专利是公开发表的，因此专利不需要反求工程就可进行研究。反求工程的动力之一就是确认竞争者的产品是否侵权。

为了实现互用性（例如，支持未公开的文件格式或硬件外围）而对软件或硬件系统进行的反求工程被认为是合法的，虽然专利持有者经常反对并试图打压其他人以任何目的对其产品进行反求工程。

学习单元2.4　三维 CAD 模型前处理的关键技术

学习目标

（1）了解三维 CAD 模型的表达方法。

（2）了解快速成型系统数据接口格式。

（3）能够利用 UG 软件对三维 CAD 模型进行 STL 数据格式的预处理。

（4）掌握 STL 文件的程序规则及其常见错误的处理方式。

（5）养成收集、查阅完成工作任务所需要的信息，并对信息进行整理和分析的素养。

2.4.1　快速成型前期数据的预处理

在计算机或工作站上，用三维 CAD 软件，根据产品的要求、可以设计其三维模型，或将已有的产品的二维三视图转换成三维模型。

1. 三维 CAD 模型的表达方法

1）构造型立体几何表达法（Constructive Solid Geometry，CSG）

该方法采用布尔运算法则（并、交、减），将一些简单的三维几何基元（如立方体、圆柱体、环、锥体）加以组合，变化成复杂的三维模型实体。该方法的优点是易于控制存储的信息量，所得到的实体真实有效，并且能方便地修改实体的形状。该方法的缺点是可用于产生和修改实体的算法有限、构成图形的计算量很大、比较费时。

视频：三维 CAD 模型的表达方法

2）边界表达法（Boundary/Representation，Brep）

该方法根据顶点、边和面构成的表面来精确地描述三维模型实体。该方法的优点是能快速地绘制立体或线框模型。该方法的缺点是其数据是以表格形式出现的。空间占用量大；修改设计不如 CGS 法简单（例如，要修改实心立方体上的一个简单孔的尺寸，必须先以填实的方式删除这个孔，然后才能绘制一个新孔）；所得到的实体不一定总是真实有效，可能出现错误的孔洞和颠倒现象；描述缺乏唯一性。

3）参数表达法（Parameter Representation）

对于自由曲面，难以用传统的几何基元进行描述，故可用参数表达法。该方法借助参数化样条、贝塞尔（bezier）曲线和 B 样条来描述自由曲面，它的每一个 X、Y、Z 坐标都呈现参数化形式。各种参数表达格式的差别仅在于对曲线的控制水平，即局部修改曲线而不影响临近部分的能力，以及建立几何体模型的能力。参数表达法中较好的一种方法是非一致有理 B 样条法，它能表达复杂的自由曲面，允许局部修改曲率，能准确地描述几何基元。为了综合以上方法的优点，目前，许多 CAD 系统常采用 CSG、Brep 和参数表达法的组合表达法。

4）单元表达法（Cell Representation）

单元表达法起源于分析（如有限元分析）软件，在这些软件中，要求将表面离散成单元。典型的单元有三角形、正方形或多边形，在快速成型技术中采用的三角形近似（将三维模型转化成 STL 格式文件）就是单元表达法在三维表面上的一种应用形式。

2. RP 系统数据接口格式

当前，快速成型系统辅助设计软件产生的模型文件输出格式有多种，主要分二维、三维两种层片数据格式。其中常见的二维层片数据格式有 SLC、CLI、HPGL 等；常见的三维层片数据格式有 IGES、HPGL、STEP、DXF 和 STL 等，如图 2-16 所示。其中 STL 是最早用于 CAD 与 CAPP 间数据交换的文件格式，并且得到了广泛的应用。目前，快速成型系统大多是基于 STL 格式设计的。

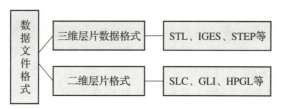

图 2-16　快速成型系统辅助设计软件产生的模型文件输出格式

1）二维层片数据格式

（1）SLC。

SLC 格式是 Materialise 公司为获取快速成型三维模型分层切片后的数据而制定的一种存储格式。SLC 文件是 CAD 模型的 2.5 维的轮廓描述，由 Z 方向上的一系列逐步上升的横截面组成，这些横截面由内、外边界的轮廓线围合成实体。

SLC 格式的截面轮廓依旧只是对实体截面的一种近似，因此精度不高，此外，该格式的计算较为复杂、文件庞大、生成也比较费时。

（2）CLI。

CLI 格式是目前快速成型设备普遍接受的一种数据格式，它是三维模型分层后加工路径的数据文件存储格式，也可以分为 ASCII 码和二进制码两种格式。

CLI 文件主要由头文件和几何数据两部分组成。头文件主要记录计量单位、文件创建日期、总层数及用户数据。几何数据部分主要记录用于描述二维截面的层、描述多边形轮廓线的多线段、填充线等数据单元。

与 SLC 格式不同，CLI 格式直接对二维层片信息进行描述，因此 CLI 文件中的错误较少且类型单一，而且 CLI 文件规模较 STL 文件小得多。CLI 格式把直线段作为基本描述单元，因此降低了轮廓精度，且零件无法重新定向。

（3）HPGL。

HPGL（HP GraPhics Language）是一种用来控制自动绘图机的语言格式，它已被广泛地接受，成为一项事实标准。HPGL 文件的基本构成是描述图形的矢量，用 X 和 Y 坐标来表示矢量的起点与终点，以及绘图笔相应的拾起和放下。一些快速成型系统也用 HPGL 文件来驱动它们的成型头。

2）三维层片数据格式

（1）IGES。

IGES（International Graphics Exchange Standard）是大多数 CAD 系统采用的一种美国标准，可支持不同文件格式间的转化。

（2）STEP。

STEP（Standard for The Exchange of Product）是一种正在逐步国际标准化的产品数据交换格式。目前，典型的 CAD 系统都能输出 STEP 文件。有些快速成型技术的研究工作者正试图借助 STEP 格式，不经 STL 格式的转化，直接对三维 CAD 模型进行切片处理，以便提高快速成型的精度。

（3）LEAF。

LEAF 是以多层扫描的方式对模型进行扫描的格式。LEAF 文件通过二叉树形式来表示三维模型的分层，该文件的最顶层是包括一系列部件的堆层制造文件（Layer Manufacture Technology，LMT），这一系列部件可能依次包含在其他的部件中，多义线和二维实体构成了最终层信息。多义线是由连续的直线段连接而成的，并且为封闭的有序链，其最后一点也即第 1 点。同一层的子对象继承了相应的父对象特性，并且是通过相同的 Z 值得到的。LEAF 文件的优点是独立性良好，且 CSG（Constructive Solid Geometry）模型可以用其来直接切片，其缺点是结构非常复杂，不能直接导入快速成型系统。

（4）RPI。

RPI 格式可从 STL 格式中获取。RPI 文件由实体集构成，定义了边、面片等实体类型，并将其拓扑信息引入。语法定义以及对应的数据构成了实体部分。其中，语法定义部分包括记录号、实体名以及实体的结束标志。由字段组成的记录存放着所有的数据，每一个记录都与语法定义部分相对应。因此，RPI 文件的优点是冗余性好、结构紧凑，并且提供了基本 CSG 描述。其缺点是后续处理比较复杂，且不能识别近似实体的曲面。

STL 是由 3D Systems 软件公司创立、原本用于立体光刻 CAD 软件的文件格式。它有一些别称，如"标准三角语言"（Standard Triangle Language）、"标准曲面细分语言"（Standard Tessellation Language）、"立体光刻语言"（Stereolithography Language）和"立体光刻曲面细分语言"。许多套装软件支持 STL 格式，它被广泛用于快速成型、3D 打印和 CAM。STL 文件仅描述三维物体的表面几何形状，没有颜色、材质贴图或其他常见三维模型的属性。STL 格式有文字和二进制码两种形式。二进制码形式因较简洁而较常见。

课程思政案例：C++STL 的发展历程是怎样的?

STL 文件描述原始非结构化三角网格的由表面单位法线和由右手定则排序的顶点，用三维三角形笛卡儿坐标系表示。STL 坐标必须是正数，没有尺度信息，且计量单位任意。

2.4.2　STL 文件的预处理

STL 文件的主要优势在于表达简单清晰，只包含相互衔接的三角形片面节点坐标及其外法向矢量。STL 文件的实质是用许多细小的空间三角形面来逼近还原 CAD 实体模型，这类似实体数据模型的表面有限元网格划分，如图 2-17 所示。STL 模型的数据是通过给出三角形法向量的 3 个分量及三角形的 3 个顶点坐标来实现的。STL 文件记载了组成 STL 实体模型的所有三角形面。

1. STL 格式的形式

1）文字形式（ASCII）

ASCII STL 文件起初主要是为了检验 CAD 界面而设计开发的，但是由于其所占空间太大，所以在实际中没有太大的应用，主要用来调试程序。图 2-18 所示是 ASCII STL 文件的语法格式。

ASCII STL 文件的特点如下。

（1）能被人工识别并被修改。

（2）文件占用空间大（一般 6 倍于以二进制码形式存储的 STL 文件）。

视频：STL 文件格式

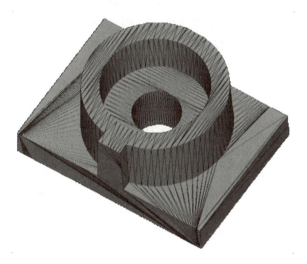

图 2 – 17　采用 STL 格式描述的 CAD 模型

2）二进制码形式

二进制码 STL 文件采用 IEEE 类型整数和浮动型小数，如图 2 – 19 所示。二进制码 STL 文件用 84 字节的头文件和 50 字节的后述文件来描述一个三角形。

solid name_of_object	
facet normal x y z	
outer loop	
vertex x y z	
vertex x y z	
vertex x y z	
endloop	
endfacet	
facet normal x y z	
outer loop	
vertex x y z	
vertex x y z	
vertex x y z	
endloop	
endfacet	
⋯⋯⋯⋯⋯	
endsolid name_of_object	

# of bytes	description
80	有关文件、作者姓名和注释信息
4	小三角形平面的数目
	facet 1
4	float normal x
4	float normal y
4	float normal z
4	float vertex1 x
4	float vertex1 y
4	float vertex1 z
4	float vertex2 x
4	float vertex2 y
4	float vertex2 z
4	float vertex3 x
4	float vertex3 y
4	float vertex3 z
2	未用(构成 50 个字节)
	facet 2

图 2 – 18　ASCII STL 文件的语法格式　　　图 2 – 19　STL 格式的二进制码形式

　　注意到每个面目录都是 50 个字节，如果所生成的 STL 文件是由 10 000 个小三角形构成的，则再加上 84 字节的头文件，该二进制码 STL 文件的大小便是 84 Byte + 50 × 10 000 Byte = 500 084 Byte ≈ 0.5 MB。若在同样的精度下，采用 ASCII 形式输出该 STL 文件，则此时的 STL 文件的大小约为 6 × 0.5 MB = 3.0 MB。

2. STL 文件的精度

　　STL 文件采用小三角形来近似逼近三维实体模型的外表面，小三角形数量的多少直接影响近似逼近的精度。显然，精度要求越高，选取的三角形应该越多。但是，对于面向快速成型制造的 CAD 模型的

视频：STL 文件
的精度

STL 文件，过高的精度要求是不必要的。因为过高的精度要求可能超出快速成型系统所能达到的精度指标，而且三角形数量的增多会引起计算机存储容量的增加，同时带来切片处理时间的显著延长，有时截面的轮廓会产生许多小线段，不利于激光头的扫描运动，导致生产效率降低和表面不光洁。因此，从 CAD/CAM 软件输出 STL 文件时，选取的精度指标和控制参数应该根据 CAD 模型的复杂程度以及快速成型精度要求的高低进行综合考虑。

不同的 CAD/CAM 系统输出 STL 文件的精度控制参数是不一致的，但最终反映 STL 文件逼近 CAD 模型的精度指标表面上是小三角形的数量，实质上是三角形平面逼近曲面时的弦差大小。弦差指的是近似三角形的轮廓边与曲面之间的径向距离。从本质上看，用有限的小三角面的组合来逼近 CAD 模型表面，是原始模型的一阶近似，它不包含邻接关系信息，不可能完全表达原始设计意图，离真正的表面有一定的距离，而在边界上有凹凸现象，因此无法避免误差。

以具有典型形状的圆柱体和球体为例，表 2 - 3、表 2 - 4 说明了选取不同小三角形数量时的近似误差。从弦差、表面积误差以及体积误差的对比可以看出，随着小三角形数量的增多，同一模型采用 STL 格式逼近的精度会显著提高，而不同形状特征的 CAD 模型，在相同的精度要求下，最终生成的小三角形数量的差异很大。

表 2 - 3　用小三角形近似表示圆柱体的误差

小三角形数量	弦差/%	表面积误差/%	体积误差/%
10	19.1	6.45	24.32
20	4.89	1.64	6.45
30	2.19	0.73	2.90
40	1.23	0.41	1.64
100	0.20	0.07	0.26

表 2 - 4　用小三角形近似表示球体的误差

小三角形数量	弦差/%	表面积误差/%	体积误差/%
20	83.49	29.80	88.41
30	58.89	20.53	67.33
40	45.42	15.66	53.97
100	19.10	6.45	24.32
500	3.92	1.31	5.18
1000	1.97	0.66	2.61
5000	0.39	0.13	0.53

3. STL 文件的规则要求

为了保证小三角形面片所表示的模型实体的唯一性，STL 文件必须遵循一定的规则，否则这个 STL 文件就是错误的，具体规则如下。

1）取向规则

STL 文件中的每个小三角形面片都是由 3 条边组成的，而且具有方向性。3 条边按逆时针顺序由右手定则确定面的法向矢量指向所描述的实体表面的外侧。相邻的小三角形的取向不应出现矛盾，如图 2-20 所示。

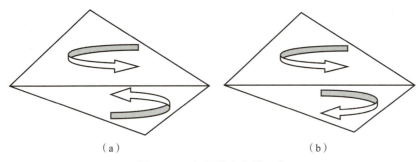

（a）   （b）

图 2-20 切面的方向性示意
（a）正确；（b）错误

2）点点规则

每个小三角形必须也只能跟与它相邻的小三角形共享两个点，也就是说，不可能有一个点落在其旁边小三角形的边上。错误点示意如图 2-21 所示。

因为每一个合理的实体面至少应有 1.5 条边，因此下面的 3 个约束条件在正确的 STL 文件中应该得到满足。

（1）面数必须是偶数；

（2）边数必须是 3 的倍数；

（3）2×边数 = 3×面数。

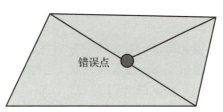

图 2-21 错误点示意

3）取值规则

STL 文件中所有的顶点坐标必须是正的，零和负数都是错误的。然而，目前几乎所有的 CAD/CAM 软件都允许在任意的空间位置生成 STL 文件，唯有 AutoCAD 软件还要求必须遵守这个规则。

STL 文件不包含任何刻度信息，坐标的单位是任意的。很多快速成型前处理软件是以实体反映的绝对尺寸值来确定尺寸的单位。STL 文件中的小三角形通常是以 Z 值增大的方向排列的，以便切片软件的快速解算。

4）充满规则（合法实体化规则）

STL 文件不得违反充满规则，即在三维模型的所有表面上，必须布满小三角形平面，不得有任何遗漏（即不能有裂缝或孔洞），不能有厚度为零的区域，外表面不能从其本身穿过等。

4. 常见的 STL 文件错误

像其他 CAD/CAM 常用的交换数据一样，STL 文件也经常出现数据错误和格式错误，其中最常见的错误如下。

1）遗漏

尽管在 STL 文件标准中没有特别指明所有的 STL 文件所包含的面必须构成一个或多个合理的法定实体，但是正确的 STL 文件所含有的点、边、面和构成的实体数量必须满足如下欧拉公式：

$$F - E + V = 2 - 2H$$

其中，F（Face）、E（Edge）、V（Vertix）、H（Hole）分别表示面数、边数、点数和实体中穿透的孔洞数。

出现遗漏的原因一般有如下 2 个：一是 2 个小三角形片面在空间中交叉 [图 2 – 22（a）]，这种情况主要是在低质量的实体布尔运算生成 STL 文件的过程中产生的；二是 2 个连接表面三角形化不匹配，如图 2 – 22（b）所示。

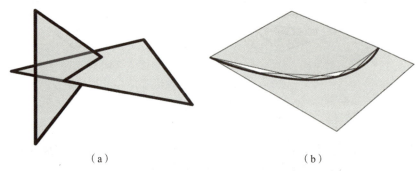

（a）   （b）

图 2 – 22 遗漏错误产生原因示意

2）退化面

退化面是 STL 文件中另一个常见的错误。它不像上面所说的错误一样，它不会造成快速成型加工过程的失败。这种错误主要包括以下 2 种类型。

（1）点共线 [图 2 – 23（a）]。或者是不共线的面在数据转换过程中形成了三点共线的面。

（2）点重合 [图 2 – 23（b）]。或者是在数据转换运算时出现这种情况。

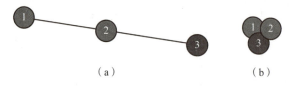

（a）   （b）

图 2 – 23 退化面形成示意

尽管退化面并不是很严重的问题，但这并不是说它可以被忽略。一方面，退化面的数据要占空间；另一方面，也是更重要的方面，这些数据有可能使快速成型前处理的分析算法失败，并且使后续的工作量加大并造成困难。图 2 – 24 所示便是由划分小三角形面而产生无穷多退化面的示例。

3）模型错误

这种错误不是在 STL 格式转换过程中形成的，而是由 CAD/CAM 系统中原始模型的错误引起的，这种错误将在快速成型制造过程中表现出来。

4）错误法矢面

在进行 STL 格式转换时，未按正确的顺序排列构小三角形的顶点会导致计算所得法向矢量的方向相反。为了判断是否错误，可将怀疑有错的三角形的法向矢量方向与相邻的一些三角形的法向矢量进行比较。

5. STL 文件的浏览和编辑

为了保证有效地进行快速原型的制作，对 STL 文件进行浏览和编辑是十分必要的。目前，已有多种用于浏览和编辑（修改）STL 文件及与快速成型数据处理相关的专用软件，见表 2-5。

图 2-24 由划分小三角形面而产生无穷多退化面的示例

表 2-5 与快速成型数据处理相关的专用软件

软件名称	开发商	网站（www）	输入数据接口	输出数据接口	操作系统
3D View 3.0	Actify Inc.	actify. com	IGES, STL, VDA - FS VRML, CATIA …	VRML	Windows
RP Workbench	BIBA	biba. unibremen. de	VDA - FS, STL, DXF CLI, SLC	STL, DXE, VRML, CLI SLC, HPGL	Windows
Rapid Tools	DeskArtes Oy	deskartes. fi	STL, VDA - FS, IGES	STL, VDA - FS, IGES, CLI, SLI	Wndows, UNIX
Rapid Prototyping Module	Imageware Corp.	iware. com	IGES, STL, DXF VDA - FS, VRMLSLC	IGES, STL, DXF VDA - FS, VRML, SLC	Windows, UNIX
Magics RP	Materialise N. V.	materialise. com	STL, DXF, optional VDA, IGES	STL, DXF, VRML, SLC; SSL, CLI, SLI	Windows
SolidView/RP	Master Solid Concepts Inc.	solidconcepts. com	IGES, VDA, FS, STL VRML, 3DS, DXF	IGES, VDA, FS, STL VRML, 3DS DXF	Windows
Rapid View	ViewTec AG	viewtec. ch	STL, TDF, DXF, 3DS VRML	STL, TDF, DXF, 3DS VRML	Windows, UNIX

在上述众多 STL 文件浏览与编辑软件中，Materialise 公司开发的 Magics RP 软件提供了能完善处理 STL 文件的功能，该软件一般包含 5 个主要模块：STL 文件诊断和修复模块、加工取向模块、分层模块、层片路径规划模块、显示模块。

1）STL 文件诊断和修复模块

该模块主要用于检查和分析 STL 文件中存在的错误并进行修复，基于 CAD 模型直接分层的数据处理软件不需要此模块。快速成型工艺对 STL 文件的正确性和合理性有较高的要求，主要是保证 STL 模型无裂缝、空洞、悬面、重叠面和交叉面，如果不纠正这些错误，会造成分层后出现不封闭的环和歧义现象。错误原因的查找和自动修复一直是快速成型软件领域研究的重要方向。

2）加工取向模块

零件加工时的成型方向对零件制造的精度有很大影响，因此，在选择成型方向时，要综合考虑加工设备的空间要求、成型效率、支撑添加以及排样合并等因素。

3）分层模块

分层模块是数据处理中的关键模块。按照来源数据的格式，分层可分为 CAD 模型直接分层与 STL 模型分层；按照分层方式，还可分为等厚度分层及自适应分层。

4）层片路径规划模块

该模块用于填充分层后得到的截面轮廓，它将界面轮廓向实体区域内偏移一个光斑半径，然后对填充方式进行设计，不同的填充方式会影响零件的精度、强度以及加工时间。

5）显示模块

该模块可以显示每层轮廓，并与用户进行交互。

学习单元 2.5　增材制造技术前处理工艺流程

学习目标

（1）了解增材制造技术前处理工艺流程。

（2）掌握三维数据模型定向、排列及合并的方法。

（3）能够对三维数据模型进行分割及拼合。

（4）能够对三维数据模型进行支撑的添加。

（5）掌握对三维数据模型进行分层的方法。

（6）掌握增材制造技术的扫描路径。

（7）养成认真负责、严谨细致的工匠品质。

（8）能与他人进行有效的沟通和交流，具备较强的团队协作意识。

快速成型产品的制作需要三维数据模型的支持，但来源于 CAD 软件或反求工程的三维模型数据必须保存为快速成型系统所能接受的数据格式，并在快速成型前进行叠层方向上的分层处理。可见，大量的数据准备与处理工作对快速成型来说是必不可少且十分重要的。

快速成型前处理是以三维 CAD 模型或其他三维数据模型为基础，使用分层处理软件将模型离散成截面数据，然后输送到快速成型系统的过程，其基本流程如图 2－25 所示。快速成型技术的一般数据处理流程为：将通过 CAD 系统或反求工程获得的三维数据模型以快速成型软件能接受的数据格式保存，然后使用分层软件对模型进行 STL 文件处理、工艺处理、分层处理等操作，生成模型的各层面扫描信息，最后以快速成型设备能接受的数据格式输出到相应的快速成型设备中。

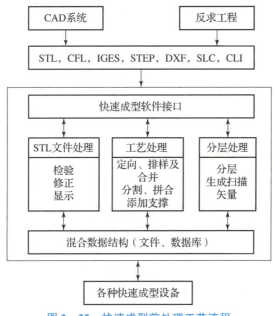

动画：增材制造前处理工艺流程

图 2 - 25　快速成型前处理工艺流程

2.5.1　成型方向的选择

在快速成型过程中，成型方向是原型制作精度、时间、成本、强度及所需支撑多少的重要影响因素，因此在快速成型之前，首先要选择一个最优化的成型（分层）方向，如图 2 - 26 所示。

图 2 - 26　手机面板的两种成型方向

选择成型方向主要需考虑以下几条原则。

（1）使垂直面数量最大化。

（2）使法向上的水平面最大化。

（3）使原型中孔的轴线平行于加工方向的数量最大化。

（4）使平面内曲线边界的截面数量最大化。

（5）使斜面的数量最小化。

（6）使悬臂结构的数量最小化。

在进行工艺处理时，需要根据原型的具体用途来确定成型方向。如果制作该原型的主要目的是评价外观，那么选择成型方向时，首先考虑的应是保证原型表面的质量；如果制作原型的主要目的是进行装配检验，那么选择成型方向时，首先考虑的则是装

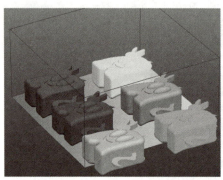

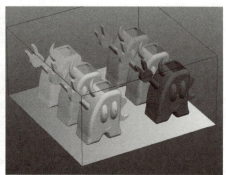

配的成型精度，表面质量可通过后处理的打磨操作改善。根据原型精度要求和成型设备的加工空间，合理安排原型的摆放位置和成型方向，以使成型空间得到最大利用，提高成型效率。必要时需将一个原型分解成多个部分分别成型，也可将多个 STL 模型调入，合并成一个 STL 模型并保存。

2.5.2 排样与合并

排样是根据原型的精度要求和成型设备的加工空间大小，合理安排原型的摆放位置，使成型空间得到最大化利用的一种方法，可以有效提高成型效率，如图 2 – 27 所示。

图 2 – 27 模型的排样示意

合并是指将多个 STL 模型合并保存为一个 STL 模型，这样可以同时加工多个 STL 模型。一个原型制作的时间是各层制作时间的总和，而每层的制作时间包括扫描时间和辅助时间。由于制作单个原型和多个原型所需的辅助时间基本接近，所以可以通过一次制作多个原型来减少制作每个原型的辅助时间，提高成型效率。

2.5.3 原型的分割与拼合

原型的分割与拼合的意义为：在实际快速成型过程中，如果所要制作的原型尺寸相对于快速成型系统台面尺寸过大或过小，就必须对 STL 模型进行剖切处理或者进行拼合处理。拼接可以将多个尺寸相对偏小的 STL 模型合并成一个 STL 模型，并在同一工作台上同时成型。目的是节省快速成型机的机时，降低成型费用，提高成型效率。如果一个 STL 模型的尺寸超过了成型机工作台尺寸而无法一次成型，可采用分割 STL 模型的方法将一个 STL 模型分成多个 STL 模型，而后在成型机上依次加工，再将加工好的各个部分粘合还原成整体原型，这样解决了快速成型机加工尺寸范围有限的问题。

下面介绍 STL 文件的分割原理和算法。

1. 分割基本原理

STL 文件分割的基本原理是将一个 STL 文件分成两个新的 STL 文件，即用多个面将一个 STL 模型分成若干个部分，每个部分重新构成一个 STL 模型，每个新 STL 文件对应一个新生成的 STL 模型。

具体地说，分割就是用 1 个平面将一个空间物体分成 2 个部分，实际上是平面与空间物体的求交问题。分割后的每个部分必须要有构成完整的三维实体模型几何信息。

由于快速成型系统中处理的三维实体模型是由许多空间三角形逼近的表面模型，所以分割实质上就是将若干个空间三角形以1个平面为界，分成若干个空间三角形集合。位于平面不同侧面的空间三角形集合构成不同的小实体。但是，每个小实体均缺少一个封闭面，存在一个"空间"，就像一个桶缺少一个盖子一样，因此，必须生成一个封闭面，将每一个实体完全封闭。

三维实体表面与切割平面相交的交线是截面轮廓线，显然，截面轮廓线不可能直接构成一个面，必须将截面轮廓的内环和外环之间的区域、单个外环内的区域用三角形网格填充封闭，形成轮廓截面，这个轮廓截面就是实体的封闭面。加入该封闭面，每个实体就可以形成一个完整独立的三维CAD实体模型。至此，1个实体被分割成2个实体。

2. 分割基本算法

分割过程中有以下4个基本模块。

1）分割过程前置处理

对于任意一个空间三角形来说，它与切割平面的位置关系不外乎3种情况：位于平面之上、位于平面之下、与平面相交，如图2-28所示。位于平面之上的空间三角形构成一个集合，位于平面之下的空间三角形构成另一个空间三角形的集合。若空间三角形与平面相交，其交点可能是一条线段，也可能是一个点。若空间三角形中的任意顶点与平面相交，则在以后的处理过程中会遇到很多麻烦，为此需采用切片高度摄动法，即将空间三角形沿平面法向方向向上或向下移动一个极小的位移量，以保证空间三角形中的任意顶点不落在平面上，确保空间三角形与平面相交为一条线段或根本不相交，这是在切片过程中必须解决的问题。

所有与平面相交的空间三角形构成一个空间三角形集合，其中的每个空间三角形必须变成3个空间三角形。因为与平面相交的空间三角形被平面分成2个部分：一部分为空间三角形，另一部分为平面四边形。在STL文件中不能出现平面四边形，必须将平面四边形变成2个空间三角形，如图2-28（d）所示。

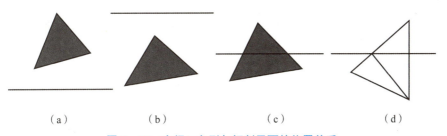

（a）　　　　　（b）　　　　　（c）　　　　　（d）

图2-28　空间三角形与切割平面的位置关系

（a）位于平面之上；（b）位于平面之下；（c），（d）与平面相交

2）轮廓截面的形成

切片以STL文件为基础，首先读入STL文件，将STL模型与平面求交，得出平面内的交线，再经过数据处理生成截面轮廓线。由于STL模型是由大量的小三角形平面片组成的，所以切片问题实质上是平面与平面求交的问题。在对其进行切片处理后，其每一个切片界面都由一组封闭的轮廓线组成。如果切片界面上的某条封闭轮廓线变

成一条线段，则切片平面切到一条边上；如果界面上的某条封闭轮廓线变成一点，则切片平面切到一个顶点上。这些情况将影响后续工作的进行，需采用切片高度摄动法（即将小三角形沿平面法向方向向上或向下移动一个极小的位移量）来避免这种影响。

3）轮廓三角形网格化

切片后的轮廓封闭线由若干个封闭的有向内、外环构成。为了保证轮廓界面是新STL模型的一部分，必须对其进行三角形面化处理，使内、外环之间区域或单独外环中的区域用三角形网格填充，这样才能使分割的2个部分都是完整的立体图形。

平面网格化的形成算法有很多，采用平面上的有界区域的任意多边形 Delaunay 三角划分法可以实现轮廓截面的三角形网格化。这种方法能对凸域内的三角形进行划分，具有三角剖分结果唯一、程序简单、运行稳定可靠的优点，能有效地对给定的有界区域进行三角形划分，形成三角形网格。

任意多边形 Delaunay 三角划算法如下所述。

设内、外环总边数为 N，外环按逆时针方向，内环按顺时针方向，第 M 条边的起点序号为 Lm1，终点序号为 Lm2。

（1）若 $N=3$，则该多边形为一个三角形，划分结束，退出；否则令 $M=1$，转入（2）。

（2）令 $M=M+1$，若 Lm2 在有向线段 L11、L12 之左，则转入（3）；否则转入（2）。

（3）判断当前多边形的其余各边是否与线段 L11Lm2 或 L12Lm2 相交，若是则转入（2），否则转入（4）。

（4）保存节点 Lm2 到候选节点链表中，若 $M=N$，则转入（5），否则转入（2）。

（5）从候选节点链表中找到节点 L0，使它与节点 L11、L12 组成的角 L11L0L12 的角度最大，则节点 L0、L11、L12 可以构成一个 Delaunay 三角形，同时对多边形修正如下。

①若线段 L11L0 与 L12L0 都不是当前多边形的边界线段，则令 $N=N+1$，L0 = L12，Ln1 = L12，转入（1）。

②若线段 L11L0（或 L12L0）是当前三角形的第 K 条边，而线段 L12L0（或 L11L0）不是当前多边形的边，则令 $N=N-1$，L11 = L0（或 L12 = L0），Lk1 = Ln1，Lk2 = Ln2，转入（1）。

③若线段 L11L0 与 L12L0 分别是当前多边形的第 K 条边和第 J 条边，则将线段 L11L12、第 K 条边和第 J 条边从当前多边形中去掉，$N=N-3$，转入（1）。

4）一个空间三角形转化为多个空间三角形

切片时，STL 模型与切片平面相交，许多空间三角形被切片平面分成两部分：一部分为三角形，另一部分可能为空间三角形，也可能为平面四边形。图 2-29（a）所示为平面四边形位于切片平面之下；图 2-29（b）所示为平面四边形位于切片平面之上；图 2-29（c）所示为原空间三角形恰好被分成两个空间三角形。将上述平面四边形的对角线相连可形成两个新的空间三角形。这些生成的空间三角形构成了新 STL 模型不可缺少的一部分。

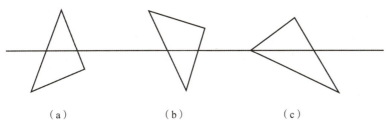

（a）   （b）   （c）

图 2 – 29　一个空间三角形被切片平面分成多个空间三角形

目前，国际上部分 STL 浏览和编辑软件具有 STL 文件的分割功能，如 SolidView/RP、Magics RP 等。国内部分从事快速成型技术研究的高校也在开发专用的 STL 文件的分割与拼合软件。山东大学模具工程技术研究中心开发的软件即可实现 STL 文件的分割与拼合。

2.5.4　添加支撑

视频：添加支撑

快速成型工艺能加工任意复杂形状的零件，但其层层堆积的特点决定了原型在成型过程中必须具有支撑（支撑起到固定原型制件的作用）。快速成型中的支撑相当于传统加工过程中的夹具，对成型中的原型制件起固定作用，如图 2 – 30 所示。因此，必须手动设置添加支撑或通过软件自动添加支撑。在分层制造过程中，当后加工的截面大于先加工出的截面时，上层截面露出的部分就会由于无支撑结构且未及时固化而悬浮于空中，从而影响原型制件的成型精度，更严重者可能使原型制件不能成型。

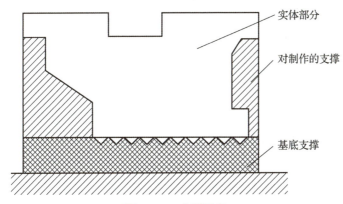

图 2 – 30　支撑示意

有些快速成型工艺的支撑是在成型过程中自然产生的，如叠层实体制造工艺中切碎的纸、激光粉末烧结工艺中未烧结的材料以及 3D 喷印工艺中未黏结的粉末都可以成为后续层的支撑。

对于光固化成型工艺和熔融沉积制造工艺，则必须由人工添加支撑或者通过软件自动添加支撑，否则会出现悬空而发生塌陷或变形，影响零件原型的成型精度，甚至使零件不能成型。

对制件的支撑是为了避免制件某些部位出现悬空而发生塌陷或变形，影响制件的成型精度，或者导致无法成型。

支撑的添加方法有手工添加和软件自动添加两种。手工添加方法因质量难以保证，工艺规划时间长且不灵活，目前已经很少应用。

按作用的不同，支撑可分为基底支撑和对零件原型的支撑两种。基底支撑的主要作用有以下3个方面。

①便于将零件从工作台上取出。

②保证预成型的制件处于水平位置，消除工作台不平整所引起的误差。

③有利于减小或消除翘曲变形。

添加支撑的方法有手工和软件自动添加两种，手工添加法因质量难保证、工艺规划时间长和不灵活，应用很少。

添加支撑时，需注意考虑以下因素。

（1）支撑的强度和稳定性。

支撑是为原型提供支撑和定位的辅助结构，良好的支撑必须保证足够的强度和稳定性，使自身和其承载原型不会变形或偏移，保证零件原型的精度和质量。

（2）支撑的加工时间。

支撑加工必然要消耗一定时间，在满足支撑作用的前提下，加工时间越短越好。因此，在满足强度的前提条件下，支撑应尽可能小，以加大支撑扫描间距，从而缩短支撑成型时间。

目前，许多FDM成型机已经采用双喷头进行成型，一个喷头加工实体材料，另一个喷头加工支撑材料，实体材料和支撑材料并不相同，如此不仅可以节省加工时间，也便于去除支撑材料。

（3）支撑的可去除性。

制件制造完成后，需将支撑和本体分开。如果制件和支撑黏结过分牢固，不但不易去除，还会降低制件的表面质量，甚至可能在去除支撑时破坏制件。显然，支撑与制件的结合部分越小，越容易去除支撑，故两者结合部位应尽可能小。在不发生翘曲变形的条件下，建议将结合部分设计成锯齿形以方便去除支撑。

目前，熔融沉积制造工艺普遍使用水溶性支撑材料，成型完毕后将制件置于水中，支撑即可熔化，去除支撑非常方便。

2.5.5　三维数据模型的分层处理

三维数据模型的分层处理是快速成型数据处理中最核心的部分，分层处理的效率、速度及精度直接关系到快速成型能否成功。

分层是将模型以层片的方式描述，无论模型多复杂，对每一层而言都只是一组二维轮廓线的几何数据。快速成型中三维数据模型的分层处理就是对已有的三维数据模型进行分层，将其转换为快速成型系统所能接受的层片数据文件或兼容的中间格式数据文件。在对三维数据模型进行分层处理前，首先需要选择一个合理的分层方向以及一个合适的分层厚度，这两者是影响分层处理结果的重要因素。

快速成型系统中切片处理极为重要。切片的目的是将模型以片层方式描述。通过这种描述，无论零件多么复杂，对每一层来说却是很简单的平面。切片处理是将计算机中的几何模型变成轮廓线表述。这些轮廓线代表了片层的边界，轮廓线是由一系列的环路组成的，由许多点组成一个环路。切片软件的主要任务是接受正确的 STL 文件，并生成指定方向的截面轮廓线和网格扫描线，如图 2-31 所示。

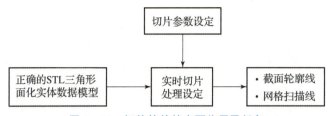

图 2-31　切片软件的主要作用及任务

快速成型数据处理技术的分层算法按使用的数据模型格式，可分为基于 STL 模型的分层和 CAD 模型直接分层；按照分层方法则可分为等厚度分层和自适应分层。

1. 基于 STL 模型的分层

1987 年，鉴于当时计算机软/硬件技术相对落后，3D Systemes 公司的 Albert 顾问小组参考 FEM（Finite Elements Method）单元划分和 CAD 模型着色的三角化方法对任意曲面 CAD 模型作小三角形平面近似，开发了 STL 格式，由此建立了从近似模型中进行切片获取截面轮廓信息的统一方法并沿用至今。多年以来，STL 格式受到越来越多的 CAD 系统和快速成型设备的支持，成为快速成型行业事实上的标准，极大地推动了快速成型技术的发展。它实际上就是三维数据模型的一种单元表示法，它以小三角形面为基本描述单元来近似模型表面。

切片是几何体与一系列平行平面求交的过程，切片的结果将产生一系列以曲线边界表示的实体截面轮廓，组成一个截面的边界轮廓环之间只存在 2 种位置关系：包容或相离。切片算法与输入几何体的表示格式密切相关。STL 格式采用小三角形平面近似实体表面，这种表示法最大的优点就是切片算法简单易行，只需要依次与每个小三角形求交即可。

STL 文件因其特定的数据格式而存在数据冗余、文件庞大及缺乏拓扑信息等缺点，也因数据转换和前期的 CAD 模型的错误，有时出现悬面、悬边、点扩散、面重叠、孔洞等错误，诊断与修复困难。同时，使用小三角形平面来近似三维曲面，还同时存在下列问题：存在曲面误差；大型 STL 文件的后续切片将占用大量的机时；当 CAD 模型不能转化成 STL 模型或者转化后存在复杂错误时，重新造型将使快速原型的加工时间与制造成本增加。正是由于这些原因，不少学者发展了其他切片方法。

2. CAD 模型直接分层

与基于 STL 模型的分层相比，直接对原始 CAD 模型进行分层更容易获得高精度的模型。而 CAD 模型直接分层算法可以从任意复杂的三维 CAD 模型中直接获得分层数据，并将其存储为快速成型系统能接受或兼容的文件格式，驱动快速成型系统工作，完成原型加工。

基于 STL 模型的分层与 CAD 模型直接分层的比较如图 2-32 所示。

CAD 模型直接分层，就是用一组平行的分层平面对三维 CAD 模型进行分层，其实质是将分层平面与三维 CAD 模型相交并记录下交线数据，也就是所需要的二维轮廓数据。

具体步骤如下。

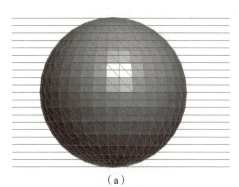 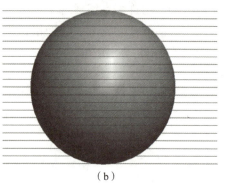

（a）　　　　　　　　　　　　　（b）

图 2 - 32　基于 STL 模型的分层与 CAD 模型直接分层的比较

（a）基于 STL 模型的分层；（b）CAD 模型直接分层

（1）在确定分层方向后，做出剖切基准线及剖分平面，确定相关尺寸（实体高度、切片厚度）并以程序自动循环出的层数作为剖切循环次数。

（2）开始分层，程序自动循环直至分层完毕。在分层过程中，每切一次都应该保存二维轮廓数据，以供后置的编程软件读取并生成扫描路径，最终传送到快速成型系统中，进行轮廓加工。

在加工高次曲面时，CAD 模型直接分层方法明显优于基于 STL 模型的分层方法。相比较而言，使用原始 CAD 模型进行直接分层具有如下优点。

（1）能缩短快速成型的前处理时间。

（2）无须 STL 文件的检查和纠错过程。

（3）降低模型文件的规模，对于远程制造的数据传输很重要。

（4）直接采用快速成型系统的曲线插补功能，可提高制件的表面质量。

（5）可提高制件的精度。

CAD 模型直接分层也存在一些潜在的问题和缺点，简述如下。

（1）难以为模型自动添加支撑，且需要复杂的 CAD 软件环境。

（2）文件中只有单个层面的信息，没有体的概念。

（3）在获得直接分层文件之后，不能重新指定模型加工方向或旋转模型，因此需要设计者具备更专业的知识，在设计时就考虑好支撑的添加位置，并明确最优的分层方向与厚度。

CAD 模型直接分层的处理对象是精确的三维 CAD 模型，因此可以避免许多 STL 格式的局限性所导致的问题，但各类 CAD 系统往往互不兼容，造成 CAD 模型直接分层的通用性较差，相关学者目前正在研究改进方法。

3. 等厚度分层

等厚度分层就是用等间距的平面对三维数据模型进行分割，并计算每一个切割平面与三维数据模型的交线，最终得到的封闭交线就是每一层截面的轮廓边界。

对三维 CAD 模型来说，最终得到的封闭交线是等间距的分层平面与零件几何模型的交线，而对 STL 模型来说，最终得到的封闭交线是等间距的分层平面与若干个小三角形平面之间的交线，形成的轮廓线则由这一系列交线的线段集来表示，如图 2 - 33 所示。

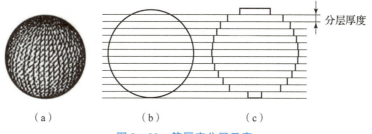

（a）　　　　　　　　（b）　　　　　　　　（c）

图 2 – 33　等厚度分层示意

（a）实体模型；（b）分层前的剖面图；（c）分层后的剖面图

从图 2 – 33 可以看出，快速成型的叠加制造原理会不可避免地导致原型表面出现所谓的"阶梯效应"，如图 2 – 34 所示。阶梯效应会对制件的某些性能造成影响，主要体现在以下三个方面。

（1）对制件结构强度的影响。

对壳体制作的等厚度分层会导致圆角处层与层之间结合强度下降，但如果都采用最薄的层厚度切片，则加工时间会成倍增加。

（2）对制件表面精度的影响。

分层的厚度会导致制件出现阶梯状表面，影响制件表面的光滑度，使制件表面质量变差。

（3）导致制件局部体积缺损（或增加）。

圆角过渡表面的法向矢量与成型方向夹角越小，制件的体积缺损就越严重。

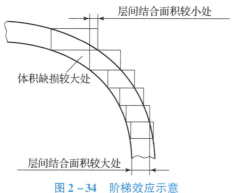

图 2 – 34　阶梯效应示意

4. 自适应分层

自适应分层是为了解决等厚度分层中存在的问题而出现的，它可以根据制件轮廓的表面形状自动改变分层厚度，以满足制件表面的精度要求。当制件表面倾斜较大时，选择较小的分层厚度以提高成型精度，反之，则选择较大的分层厚度以提高加工效率。

自适应分层与等厚度分层的比较如图 2 – 35 所示。

目前，自适应分层算法可归纳为两类，一类是基于相邻层面积变化的算法，另一类是基于分层高度处三维实体轮廓表面曲率的算法。

基于相邻层面积变化的算法，即根据相邻两个层片的面积变化情况来决定分层高度，在当前层片面积与前一层片的面积比的绝对值大于（小于）一定值时改变分层厚度。

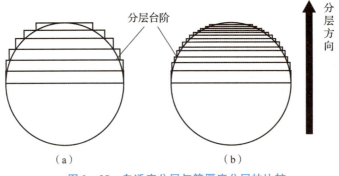

分层台阶

分层方向

（a）   （b）

图 2 - 35　自适应分层与等厚度分层的比较

（a）等厚度分层；（b）自适应分层

课程思政案例：
国内自主研发切片
文件—创想三维
HALOT - ONE
正式上线满足
你的奇思妙想

基于分层高度处三维实体轮廓表面曲率的算法，即在确定某一层的分层厚度时，首先计算系统允许的最大分层高度下的各相交三角形面片上生成的最大阶梯高度，当最大阶梯高度大于所要求的值时，则减小分层高度，直到所选取的分层高度使所有相交三角形面片上生成的最大阶梯高度都小于一定值时，就将此高度作为这一层的分层高度。可见，这种算法需要进行非常多次的试切处理，增加了计算量，影响处理速度。

2.5.6　层片扫描路径规划

快速成型技术是一种离散的分层制造技术，零件三维模型分层处理后得到的只是模型的截面轮廓，在后续过程中需要根据每层片截面轮廓信息生成扫描路径，包括轮廓扫描的路径和填充扫描的路径，如图 2 - 36 所示。

视频：层片扫描
路径规划

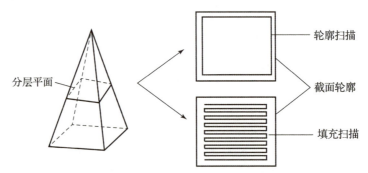

分层平面

轮廓扫描

截面轮廓

填充扫描

图 2 - 36　截面轮廓的扫描路径

截面轮廓的扫描路径有可能自相交，形成无效环。如果不对这些无效环进行处理，就有可能生成错误的加工路径，甚至无法生成填充扫描路径，严重影响制件的尺寸和形状。

在快速成型过程中，喷头或激光头会以一定扫描路径对轮廓内部的实体进行填充，这一过程称为填充扫描，它占用了快速成型加工的大多数时间。在一个封闭轮廓区域内进行填充扫描时，有以下几种扫描方式可供选择。

1. 平行扫描

平行扫描是快速成型中最基本，也是最常用的填充扫描路径，采用此种方式进行填充扫描时，所有的扫描线均平行，扫描线的方向可以是 X 方向、Y 方向或 X/Y 双向，如图 2 – 37 所示。

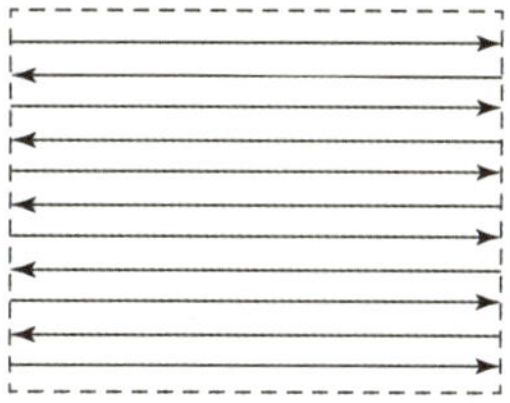

平行扫描类似于计算机图形学中的多边形填充算法，它用水平扫描线自上到下（或自下到上）扫描由多条首尾相连的线段构成的多边形，计算扫描线与多边形的相交区间，用区间的起点和终点控制扫描长度，从而得到一条扫描路径，如此反复，即可将多边形的区域填充完毕。

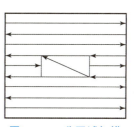

图 2 – 37 平行扫描

对单独一条扫描线进行计算的步骤如下。

（1）求交——计算扫描线与多边形各边的交点。

（2）排序——将所有交点按递增顺序进行排序。

（3）交点配对——将排序后的交点配对，如将第一个交点与第二个交点配对，将第三个交点与第四个交点配对，等等。每对交点就代表扫描线与多边形的一个相交区间。

（4）生成扫描线——由已经配对的起点和终点得到区域内的一条扫描线。

平行扫描方式简单且容易实现，但也有一些缺点。

首先，扫描过程中的启停次数随着制件的复杂度而增加，比如 SLS 设备需要光开关，即当扫描到制件实体部分时光开关打开，扫描到非实体部分时光开关关闭，而频繁的开关操作会缩短激光器寿命。

其次，平行扫描是沿一个方向将一整个层片扫描完毕，每条扫描线的方向相同，这就意味着每条扫描线的收缩应力方向一致，这增加了翘曲变形的可能性。

2. 分区域扫描

平行扫描虽然简单易行，稳定可靠，但扫描效果差，制件极易产生翘曲变形，而用于激光扫描时，不仅会在扫描中产生大量空行程，而且需要不断地开闭光开关，效率较低。

分区域扫描在一定程度上克服了扫描线过长、光开关频繁开闭的问题。它将整个层片划分为若干个区域，然后在划分好的区域内分别进行往返扫描，填充完一个区域后，再进行下一个区域的填充。分区域扫描可以显著提高制件的成型效率，在制件精度、强度等均能满足要求的情况下，应优先选用此种高效的扫描方式，如图 2 – 38 所示。

分区域扫描遇到空行程时，扫描线会在局部区域折返扫描，这种方式可以大量减少空行程，但仍不能完全克服平行扫描导致的翘曲变形。因为分区域扫描虽然将一个大的层片分成了若干个小区域，区域之间的转移通过跳转实现，但对于每个小区域来说，其采用的仍然是平行扫描路径，所以分区域扫描虽然可以使原型的总体收缩应力有所减小，但在每个小区域中仍然存在平行扫描的缺陷。

图 2 – 38 分区域扫描

3. 偏置扫描

偏置扫描沿平行于轮廓边界的方向进行，即沿每个边的等距线扫描，如图 2 – 39 所示。

理论上，偏置扫描较前几种扫描方式要好。

首先，偏置扫描的扫描线会在扫描过程中不断改变方向，使收缩所引起的内引力方向分散，减少翘曲变形的可能。

其次，偏置扫描在某一方向上的扫描线较短，因此在收缩率相同的条件下，扫描的收缩量较小。

最后，偏置扫描的扫描头可以连续不断地走完一层的每个点，因此可以不需要光开关，减少启停次数。

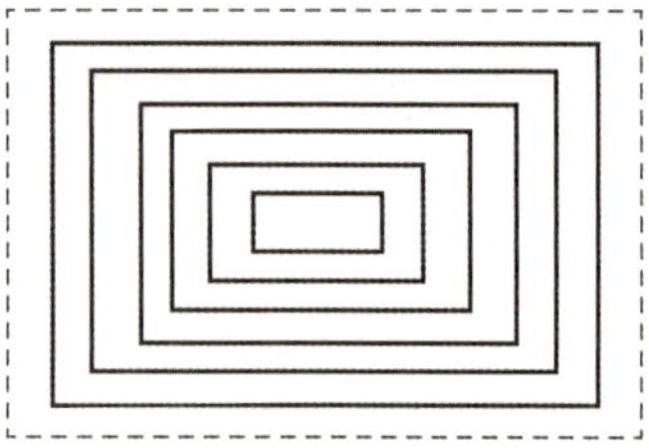

图2-39 偏置扫描

4. 分形扫描

分形扫描的扫描路径由短小的折线组成，它克服了平行扫描中单向扫描和扫描线过长的缺点，使扫描过程温度均匀，减小了产生翘曲变形的应力，但该方式的扫描速度较慢，激光需要频繁加减速，精度不高，而且存在频繁跨越非实体空腔的缺点。分形扫描如图2-40所示。

实践证明，选择不同的扫描方式，对制件的成型精度、表面质量、内部性能和成型速度都有很大影响。因此，如何根据模型的分层信息规划最合理的扫描路径，在整个快速成型加工过程中起着至关重要的作用。

图2-40 分形扫描

学习单元2.6 技能训练：三维扫描仪操作训练

1. 实训目的

（1）掌握三维扫描仪的工作原理及操作方法。

（2）掌握三维扫描仪的成像原理。

（3）能独立完成产品扫描。

（4）养成严格执行与职业活动相关的、保证工作安全和防止意外发生的规章制度的素养。

（5）养成认真细致地分析、解决问题的素养。

（6）能与他人进行有效的交流和沟通，具备较强的团队协作意识。

2. 设备工具

天远三维扫描仪OKIO。

3. 操作步骤

1）三维扫描仪

三维扫描仪是利用一定方法获取物体表面三维数据的设备。三维扫描方法主要分为接触式扫描和非接触式扫描两大类。天远三维扫描仪OKIO属于光学非接触式三维扫描仪。

2）图像采集

图像采集由相机和图像采集卡完成。

相机参数调整对话框如图2-41所示，可以对相机曝光时间和扫描背景参数进行调节。

图 2-41　相机参数调整对话框

同步调节：勾选"同步调节"复选框后，调节一台相机的曝光和背景值，另一相机的参数会和前者保持一致。

曝光：通过控制相机快门速度来调整图像亮度，范围为1~10，数值越大图像越亮，曝光时间不可随意调节，需按技术人员的指导设定数值。

背景：勾选该复选框后，可实时查看被删除的背景区域，蓝色区域被认为是背景，不会采集该区域的数据，可以通过滑动光标调节数值大小，效果如图2-42所示，如果想扫描出深色的数据，可以将数值调小，如果想多删除深色背景，可以将数值调高。

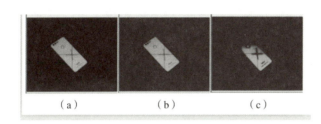

| （a） | （b） | （c） |

图 2-42　调节值不同带来的差异
（a）调节值过小；（b）调节值适中；（c）调节值过大

3）设备型号的调节

调节型号之前打开设备的左、右上盖，在相机左侧（相机和操作者指向同一个方向）有2个螺丝，松动2个螺丝可以调节相机上下移动，相机的底部也有2个固定的螺丝，可以调节相机左右移动（在设备大小型号切换时使用）。

在设备底部有3组定位孔，如图2-43所示，内侧定位孔为小型号使用，中间定位孔为中型号使用，外侧定位孔为大型号使用。例如将大型号调整为小型号时，需要将两台相机从外侧定位孔移动到内侧定位孔并重新调整相机视角。

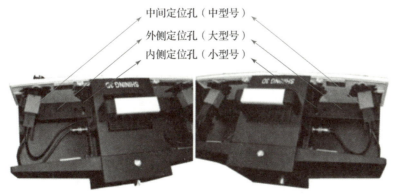

中间定位孔（中型号）
外侧定位孔（大型号）
内侧定位孔（小型号）

图 2-43　设备型号的调节示意

4）相机镜头的调节

相机镜头有清晰度和光圈两项参数需要调节，如图 2-44 所示，松开"1"上的两个旋钮，旋转外圈"A"可调节相机镜头的清晰度，松开"2"上的两个旋钮，旋转内圈"B"可调节相机镜头光圈的大小。

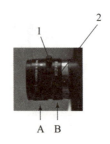

图 2-44　相机镜头的调节示意

5）三维数据格式

常见的三维数据格式有 ASC、STL、DXF、IGES、OBJ 等。本设备测量输出结果为 ASC、STL 和 DGM 格式文件，通过与其他软件结合，可以得到用户所需的文件格式。

5. 学习评价

学习效果考核评价见表 2-6。

表 2-6　学习效果考核评价

评价指标	评价要点	评价结果				
		优	良	中	及格	不及格
理论知识	三维扫描仪的工作原理及成像原理					
技能水平	1. 三维扫描仪的图像数据采集					
	2. 三维扫描仪的调节					
	3. 将采集的逆向数据拟合为三维数据模型					
安全操作	三维扫描仪相机镜头的安装、调节及测试					
总评	评别	优	良	中	及格	不及格	总评得分
		90~100	80~89	70~79	60~69	<60	

小贴士

通过填写学习效果考核评价表，分析问题，查阅资料，制定解决问题的方案，然后解决问题，完成加工任务，进行自检与总结。

6. 项目拓展训练

学习工单见表 2-7。

表 2-7　学习工单

任务名称	天远三维扫描仪 OKIO 的图像数据采集及其逆向拟合练习	日期	
班级		小组成员	

任务描述	1. 用天远三维扫描仪 OKIO 的手柄扫描仪扫描零件。 2. 将采集的逆向数据拟合为三维数据模型。 3. 要求作品封闭，数据完整
任务实施步骤	

评价细则	专业能力	基础知识掌握（10分）		素质能力	正确查阅文献资料（10分）	
		扫描零件（10分）			严谨的工作态度（10分）	
		三维数据拟合（10分）			语言表达能力（10分）	
		完成封闭图形（20分）			团队协作能力（20分）	
	成绩					

学有所思

目前三维建模软件种类繁多，主要分为两大类：通用三维建模软件和行业三维建模软件。本学习情境详述了这两大类软件的特点与比较，为提供设计人员理论参考和选用原则。

快速成型技术的一般数据处理流程为：将通过 CAD 软件或反求工程获得的三维数

据模型以快速成型分层软件能接受的数据格式保存，然后使用分层软件对模型进行 STL 文件处理、工艺处理、层片文件处理等操作，生成模型的各层面扫描信息，最后以快速成型设备能接受的数据格式输出到相应的快速成型设备中。

快速成型业界最常用的 3 种数据接口格式为：三维面片模型格式，如 STL 格式和 CFL 格式；CAD 三维数据格式，如 STEP 格式、IGES 格式和 DXF 格式；二维层片数据格式，如 SLC 格式和 CLI 格式。

快速成型的数据处理主要包括以下内容：STL 文件处理、快速成型前工艺处理、数据模型分层处理以及层片扫描路径规划。

对三维数据模型的分层处理是快速成型数据处理中最核心的部分。分层处理的效率、速度及精度直接关系到快速成型能否成功。

快速成型数据处理技术中的分层算法按照使用的数据格式可分为基于 STL 模型的分层和 CAD 模型直接分层；按照分层方法可以分为等厚度分层和自适应分层。

三维数据模型经过分层处理后得到的只是模型的截面轮廓，在后续处理过程中，还需要根据截面轮廓信息生成扫描路径，包括轮廓扫描的路径和填充扫描的路径。填充扫描方式主要有平行扫描、分区域扫描、偏置扫描和分形扫描 4 种。

 思考题

2-1　目前常见的通用三维建模软件及行业三维建模软件都有哪些？

2-2　试述选用三维建模软件的依据。

2-3　目前常见的快速成型技术转换格式有哪些？

2-4　STL 文件是什么类型模型的文件格式？它有哪些特点？

2-5　分层算法有哪两大类？分析其优、缺点。

2-6　添加支撑时应考虑哪些因素？

2-7　在优化成型方案时应综合考虑哪些因素？

学习情境 3　光固化成型技术

情境导入

图 3 –1 所示的耳环、戒指、项链等饰品是不是很漂亮？读者想知道它们是怎么制作的吗？

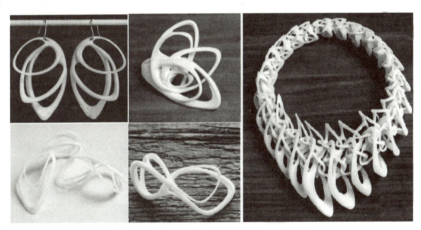

图 3 – 1　以光固化成型技术制作的饰品

本学习情境介绍图 3 – 1 所示饰品的制备工艺——光固化成型技术。美国博士 Chuck Hull 提出使用激光着色光敏树脂表面，并固化制作三维物体的概念。在提出此概念之后，Chuck Hull 申请相关专利，便出现了光固化成型技术的雏形，光固化成型技术也成为最早提出并实现商业应用的快速成型技术。1988 年，3D 打印行业巨头 3D Systems 公司根据光固化成型技术原理制作出世界上第一台光固化成型 3D 打印机——SLA250，并将其商业化。自此，基于光固化成型技术的设备如雨后春笋般相继出现。

内容摘要

光固化成型（Stereo Lithography Apparatus，SLA）也常被称为立体光刻成型，该技术由 Charles Hull 于 1986 年得专利，是最早发展起来的快速成型技术。自从 1988 年 3D Systemes 公司推出商品化光固化成型 3D 打印机 SLA – 250 以来，光固化成型已成为目前世界上研究最深入、技术最成熟、应用最广泛的一种快速成型工艺方法。它以光敏树脂为原料，通过计算机控制紫外激光使其凝固成型。这种方法能简捷、全自动地制造出表面质量和尺寸精度较高、几何形状较复杂的原型。

学习单元 3.1　光固化成型技术发展历史

学习目标

（1）了解光固化成型技术发展历史。

（2）能够叙述光固化成型技术的发展历程。

（3）通过学习 Chuck Hull 发现光固化成型技术的背景故事，培养学生科学、严谨、辩证的思维方式。

光固化成型技术最早出现于 20 世纪 70 年代末—80 年代初期，美国 3M 公司的 Alan J. Hebert、日本的小玉秀男、美国 UVP 公司的 Chuck Hull 和日本的丸谷洋二，在不同的地点提出了快速成型的概念，即利用连续层的选区固化产生三维实体的新思想。1986 年，UVP 公司 Chuck Hull 制作的 SLA - 1 获得专利。

早期的光固化形式是利用光能的化学和热作用可使液态树脂材料产生变化的原理，对液态树脂进行有选择的光固化，从而在不接触的情况下制造所需的三维实体模型，利用这种光固化的技术进行逐层成型的方法，称为光固化成型法。

Chunk Hull 于 1939 年 5 月 12 日出生于美国科罗拉多州的克里夫顿市，毕业于科罗拉多州的大章克申中心高中学校，于 1961 年在科罗拉多大学获得工程物理学学士学位（图 3 -2）。

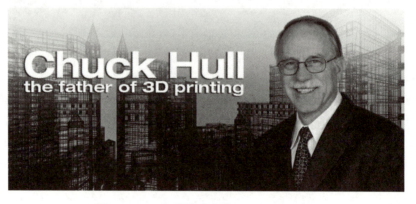

图 3 - 2　3D 打印技术之父——Chuck Hull

1983 年，Chuck Hull 在紫外线设备生产商 UVP 公司担任副总裁，这家公司利用紫外光来硬化家具和纸制品表面的涂层。Chuck Hull 每天在公司里拨弄各种各样的紫外线灯，观察原本是液态的树脂一碰到紫外线就凝固的过程。某一天他突然意识到，如果能够让紫外线一层一层地扫描光敏聚合物的表面，使其一层一层地变成固体，将这成百上千的薄层叠加在一起，就能够制造任何可以想象的三维物体。

1984 年 7 月 16 日，3 名法国人——Alain Le Méhauté、Olivier de Witte 和 Jean Claude André 抢先尝试注册光固化成型技术的专利，然而遭到了法国通用电气公司和激光联合会（CILAS）的拒绝，理由是"缺乏商业应用价值"。3 周后，以 Chuck Hull 为发明人，UVP 公司申请了世界上第一项光固化成型技术专利。

1986 年 3 月 11 日，Chuck Hull 获得专利授权，专利号为 US4575330A。他在题为 "*Apparatus for Production of Three – Dimensional Objects by Stereolithography*" 的专利中发明了术语"StereoLithography"，即利用紫外线催化光敏树脂，层层堆叠，然后成型。

图 3 – 3 所示为 Chuck Hull 发明的光固化成型技术的工作原理示意。高级工程制图软件将物体的计算机模型切成数千个数字横截面，然后将数据发送到光固化成型打印设备。树脂槽中装满光敏树脂液体。打印平台浸没在树脂中，与树脂液面 3 保持一段距离（该距离即下层需要打印的层高）。激光 4（一般为紫外光）从上方照射在光敏树脂的液面上。激光在振镜的反射下，按照程序画出每层图案。随着激光的照射，光敏树脂完成固化。打印平台由软件控制向下移动一段距离（该距离即下层需要打印的层高）。光敏树脂流动直到覆盖已打印的这一层（如果光敏树脂黏度较大，流动性较差，需要用刮刀帮助涂覆这一层）。然后将该步骤不断重复，直到完成整个物品的打印。

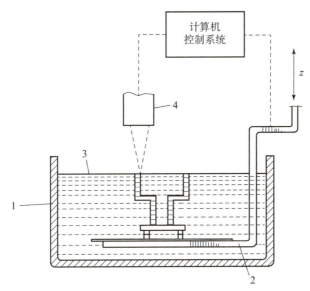

图 3 – 3　Chuck Hull 发明的光固化成型技术的工作原理示意
1—树脂槽；2—打印平台；3—树脂液面；4—激光

在美国，在公司工作期间获得的专利最终是属于公司的，但是 Chuck Hull 的老板没有能力支持开发这门新技术。于是，Chuck Hull 从 UVP 公司离开，开始自立门户，于 1986 年在加利福尼亚州成立了 3D Systemes 公司（现今全球最大的两家 3D 打印设备生产商之一），致力于将光固化成型技术商业化。1988 年，3D Systemes 公司生产出了第一台其自主研发的 3D 打印机 SLA – 250（图 3 – 4），其体型非常庞大，所用的材料是光学照相用的丙烯酸树脂。SLA – 250 的面世成为 3D 打印技术发展史上的一个里程碑，其设计思想和风格几乎影响了后续所有 3D 打印设备。但受限于当时的工艺条件，SLA – 250 的体型十分庞大，有效打印空间却非常狭窄。

图 3 - 4　Chuck Hull 发明的第一台光固化成型 3D 打印机 SLA - 250

　　1990 年，3D Systems 公司从 UVP 公司购回了 US4575330A 专利。Chuck Hull 意识到他的技术概念不仅限于液体，在重新提交的专利中，他特别强调了任何"能够固化的材料"或"能够改变其物理状态的材料"都可以实现光固化成型技术。1988 年，3D Systems 公司卖出了第一台基于光固化成型技术的 3D 打印机，该公司在此后的几十年中推出了各种型号的 3D 打印机，包括适合办公室和家用的桌面级 3D 打印机以及适合工厂应用的工业级 3D 打印机。3D Systems 公司的注册地为美国特拉华州，于 20 世纪 90 年代初期在美国纳斯达克上市，于 2011 年转板至纽交所。

　　经过几十年的发展，3D Systems 公司拥有近千项专利。Chuck Hull 注册的所有专利涵盖了当今 3D 打印技术诸多基本的方法，例如利用三角模型（STL 格式）进行切片数据准备以及交替曝光策略等。如今 3D Systems 公司发明的 3D 打印机已经开辟了无数的工业和商业用途，医疗行业利用 3D Systems 公司的 3D 打印设备制造患者下颌骨或面部结构模型，汽车安全公司利用 3D Systems 公司的技术生产碰撞试假机器人，手表行业利用 3D Systems 公司的技术进行原型评估和人体工程学设计。各行各业都在享受着 3D Systems 公司的 3D 打印技术为世界带来的改变。

　　在 1984 年，Chuck Hull 可能根本没有意识到他的技术专利在 30 多年后能够如此普及。2014 年，Chuck Hull 被提名欧洲发明家奖，该奖项颁发给为人类科技发展做出卓越贡献的个人和团队。同年，Chuck Hull 被入选美国发明家名人堂（NIHOF），这也意味着 Chuck Hull 跻身亨利·福特和史蒂夫·乔布斯等名人之列，成了为人类产生持久贡献的发明家。

学习单元 3.2　光固化成型材料

学习目标

（1）了解光敏树脂材料的定义。

（2）了解光敏树脂材料的特点。

（3）能够指出光敏树脂材料的构成。

（4）通过对光固化成型材料性能的学习，能够指出不同性能的光固化成型材料的适用场合以及选择方案等。

（5）树立效率意识、成本意识。

光敏树脂，俗称紫外线固化无影胶或 UV 树脂（胶），主要由聚合物单体与预聚体组成，其中加有光（紫外光）引发剂，或称为光敏剂。一定波长紫外光（250～300 nm）的照射会立刻引起聚合反应，完成固态化转换。

用于光固化成型的材料为液态光敏树脂，或称为液态光固化树脂，其主要由齐聚物、光引发剂、稀释剂组成。近两年，光敏树脂正被用于 3D 打印，因为其优秀的特性而受到行业的青睐与重视。

3.2.1　光敏树脂简介

有些物质遇光会改变其化学结构，光敏树脂就是这样一种物质。它是由高分子组成的胶状物质。这些高分子如同散乱的链式交连的篱网状碎片。在紫外线照射下，这些高分子结合成长长的交联聚合物高分子。在键结时，聚合物由胶质树脂转变成坚硬物质。

光敏树脂用来做印刷感光版和微晶片电路图模。在印刷中，先把底片放在光敏树脂上，用紫外光照射。底片透明部分下的光敏树脂受到光照后变硬，而暗区仍然柔软。清除柔软区，留下明显的凸形条纹，便可复制底片图像。

3.2.2　光敏树脂的组成

光敏树脂主要包括齐聚物、光引发剂及稀释剂。

齐聚物是光敏树脂的主体，是一种含有不饱和官能团的基料，它的末端有可以聚合的活性基团，一旦有了活性种，就可以继续聚合长大，一经聚合，分子量上升极快，很快就可成为固体。

光引发剂是激发光敏树脂交联反应的特殊基团，当受到特定波长的光子作用时，它会变成具有高度活性的自由基团，作用于基料的高分子聚合物，使其产生交联反应，由原来的线状聚合物变为网状聚合物，从而呈现固态。光引发剂的性能决定了光敏树脂的固化程度和固化速度。

根据光引发剂的引发机理，光敏树脂可以分为 3 类：自由基光固化树脂、阳离子光固化树脂、混杂型光固化树脂。

1. 自由基光固化树脂

自由基光固化树脂主要有以下 3 类。

（1）环氧树脂丙烯酸酯：该类材料聚合快、原型强度高，但脆性大且易泛黄。

（2）聚酯丙烯酸酯：该类材料流平性较好，固化质量也较好，成型制件的性能可调范围较大。

（3）聚氨酯丙烯酸酯：该类材料生成的原型柔顺性和耐磨性好，但聚合速度慢。

2. 阳离子光固化树脂

阳离子光固化树脂的主要成分为环氧化合物。用于光固化成型工艺的阳离子型齐聚物和活性稀释剂通常为环氧树脂和乙烯基醚。环氧树脂是最常用的阳离子型齐聚物。阳离子光固化树脂的优点如下。

（1）固化收缩小，预聚物环氧树脂的固化收缩率为 2%~3%，而自由基光固化树脂的预聚物丙烯酸酯的固化收缩率为 5%~7%。

（2）产品精度高。

（3）阳离子聚合物产生活性聚合，在光熄灭后可继续引发聚合。

（4）氧气对自由基聚合有阻聚作用，而对阳离子光固化树脂则无影响。

（5）黏度低。

（6）生坯件强度高。

（7）产品可以直接用于注塑模具。

3. 混杂型光固化树脂

目前的趋势是使用混杂型光固化树脂。其优点主要如下。

（1）环状聚合物进行阳离子开环聚合时，体积收缩很小甚至产生膨胀，而自由基体系总有明显的收缩。混杂型体系可以设计成无收缩的聚合物。

（2）当系统中有碱性杂质时，阳离子聚合的诱导期较长，而自由基聚合的诱导期较短，混杂型体系可以提供诱导期短而聚合速度稳定的聚合系统。

（3）在光照消失后阳离子仍可引发聚合，故混杂体系能克服光照消失后自由基迅速失活而使聚合终结的缺点。

3.2.3　光敏树脂的特性

1. 光敏树脂的优点

光敏树脂的是一种既古老又崭新的材料，与一般固化成型材料比较，光敏树脂具有下列优点。

（1）黏度低。光固化成型是根据 CAD 模型，将树脂一层层叠加成零件。当完成一层后，由于液态树脂表面张力大于固态树脂表面张力，液态树脂很难自动覆盖已固化的固态树脂的表面，必须借助自动刮板将树脂液面刮平涂覆一次，而且只有待树脂液面流平后才能加工下一层。这就需要树脂有较低的黏度，以保证其有较好的流平性，便于操作。现在树脂黏度一般要求在 600 Pa·s（30 ℃）以下。

（2）固化收缩小。液态树脂分子间的距离是范德华力作用距离，为 0.3~0.5 nm。固化后，分子发生了交联，形成网状结构分子间的距离转化为共价键距离，约为 0.154 nm。

显然固化前后分子间的距离减小。分子间发生一次加聚反应距离就要减小 0.125 ~ 0.325 nm。虽然在化学变化过程中，C＝C 转变为 C—C，键长略有增加，但对分子间作用距离变化的贡献是很小的。因此，固化后必然出现体积收缩。同时，固化前后由无序变为较有序，也会出现体积收缩。收缩对成型模型十分不利，会产生内应力，容易引起模型零件变形，产生翘曲、开裂等，严重影响零件的精度。因此，开发低收缩的树脂是目前光固化成型所用树脂面临的主要问题。

（3）固化速率高。一般成型时以每层厚度 0.1 ~ 0.2 mm 进行逐层固化，完成一个零件要固化数百至数千层。因此，如果要在较短时间内制造出实体，固化速率是非常重要的。激光束对一个点进行曝光的时间仅为微秒至毫秒的范围，几乎相当于所用光引发剂的激发态寿命。低固化速率不仅影响固化效果，同时也直接影响成型设备的工作效率，很难适用于商业生产。

（4）溶胀小。在模型成型过程中，液态树脂一直覆盖在已固化的部分工件上面，能够渗入固化件内而使已经固化的树脂发生溶胀，造成零件尺寸增大。只有树脂溶胀小，才能保证模型的精度。

（5）光敏感性高。由于光固化成型所用的是单色光，所以要求感光树脂与激光的波长必须匹配，即激光的波长尽可能在感光树脂的最大吸收波长附近。同时，感光树脂的吸收波长范围应窄，这样可以保证只在激光照射的点上发生固化，从而提高零件的制作精度。

（6）固化程度高。较高的固化程度可以减少后固化成型模型的收缩，从而减少后固化变形。

（7）湿态强度高。较高的湿态强度可以保证在后固化过程中不产生变形、膨胀及层间剥离。

2. 光敏树脂的缺点

（1）用光敏树脂补牙，个别患者术后会出现酸痛的感觉，此时医生要小心翼翼地拆模，因为光敏树脂与牙齿之间的界限不清楚，容易磨损健康的牙体。

（2）用光敏树脂补牙，患者术后吃东西容易塞牙，因为邻面龋补牙时要放成形片，放好成型片后光固化，硬化后就出现一个置成型片的缝隙。

（3）用光敏树脂补牙，容易形成充填物悬突，补邻面洞时要上好成型片、间隙楔，去掉成型片后光敏树脂已经硬了，而且与牙同色，很难发现，发现了又很难去除，长此以往就会导致牙槽间隔骨头被破坏，相当于人造牙石。

3.2.4 光固化成型材料介绍

光固化成型技术所用材料根据其工艺原理和原型制件的使用要求，应具有黏度低、流平快、固化速度快且收缩小、溶胀小、无毒副作用等性能特点。

下面分别介绍 Vantico 公司、3D Systems 公司以及 DSM 公司的光固化成型材料的性能、适用场合以及选择方案等。

1. Vantico 公司的 SL 系列

表 3 - 1 给出了 Vantico 公司的 SL 系列光固化成型材料的原型特性和应用场合。

表 3 - 1　Vantico 公司的 SL 系列光固化成型材料

型号	原型特性	应用场合
SL5195	具有较低的黏度，较高的强度、精度和光滑的表面效果	适合于可视化模型、装配检验模型、功能模型、熔模铸造模型及快速模具的母模等的制作
SL5510	多用途、精确、尺寸稳定、高产	可满足多种生产要求，适合较高湿度条件下的应用，如复杂型腔实体的流体研究等
SL7510	具有较好的侧面质量，成型效率高	适用于熔模铸造、硅胶模的母模以及功能模型等的制作
SL7540	具有较好的耐久性，侧壁质量好	制作的原型性能类似聚丙烯，可以较好地制作精细结构，适用于功能模型的断裂试验等
SL5530HT	在高温下仍具有较好抗力，使用温度可以超过 200 ℃	适用于零件检测、热流体流动可视化、照明器材检测以及飞行器高温成型等方面
SLY - C9300	可以实现有选择性的区域着色，可生成无菌模型	适用于医学领域及原型内部可视化

2. 3D Systems 公司的 Accura 系列

3D Systems 公司的 Accura 系列光固化成型材料主要有用于 SLA Viper si2、SLA3500、SLA5000 和 SLA7000 系统的 ACCUGENTM、ACCUDURTM、Si10、Si20、Si30、Si40 Nd 系列型号和用于 SLA250、SLA500 系统的 Si40 HC & AR 型号等。

其中，ACCUGENTM 材料在光固化后，其原型制件具有较高的精度和强度、较好的耐湿性等良好的综合性能。ACCUGENTM 材料的成型速度也较快，且原型制件的稳定性好。

部分 3D Systems 公司的 Accura 系列光固化成型材料的原型特性和应用场合见表 3 -2。

表 3 - 2　3D Systems 公司的 Accura 系列光固化成型材料

型号	原型特性	应用场合
Accura Si 40	既具有高耐热性，又具有韧性	适用于汽车工业。制件透明，具有高的强度和适中的伸长率，能被钻孔、攻螺纹
Accura Bluestone	具有较高的刚度和耐热性	适用于空气动力学试验、照明设备以及真空注型或热成型模具母模的等
Accura Si 45HC	固化速度快，具有良好的耐热、耐湿性	适合制作功能原型
Accura Si 40	耐高温、韧性好	适合作为稳定精确的光固化成型材料
Accura Si 30	硬度适中，黏度低，易清洗	适用于精细特征结构的制作
Accura Si 20	固化后呈持久的白色，具有较高的刚度和较好的耐湿性以及较快的构建速度	适用于较精密的原型、硅橡胶真空注型的母模等的制作
Accura Si 10	强度高，耐湿性好，原型的精度和质量高	适用于 "QuickCast" 试样的熔模铸造

3. 3D Systems 公司的 RenShape 系列

3D Systems 公司研制的 RenShape7800 树脂主要面向成型精确度及耐久性要求较高的光固化快速原型，其在潮湿环境中尺寸稳定性和强度持久性较好，黏度较低，易于层间涂覆及后处理时黏附的表层液态树脂的流干，适合制作高质量的熔模铸造的母模、概念模型、功能模型及一般用途的制件等。RenShape7810 树脂与 RenShape7800 树脂的用途类似，用它们制作的模型性能类似 ABS，其用于制作尺寸稳定性较好的高精度高强度模型，适用于真空注型模具的母模、概念模型、功能模型及一般用途的制件等。RenShape7820 树脂固化后的颜色为黑色，适合制作消费品包装、电子产品外壳及玩具等。RenShape7840 树脂固化后呈象牙白色，性能类似 PP 塑料，具有较好的延展性及柔韧性，适合于制作尺寸较大的概念模型。用 RenShape7870 树脂制作的模型的强度较高，耐久性较好，透明性优异，适用于高质量的熔模铸造的母模、物理性能与力学性能都较好的透明模型或制件的制作等（表 3–3）。

表 3–3　3D Systems 公司的 RenShape 系列光固化成型材料

型号	原型特性	应用场合
RenShape 7800	在潮湿环境中尺寸稳定性和强度持久性好，黏度较低	高质量的熔模铸造的母模、概念模型、功能模型及一般用途的制件等的制作
RenShape 7810	性能类似于 ABS	用途与 RenShape 7800 类似
RenShape 7820	尺寸精确、材料强度好、耐用、黑色	汽车零部件、消费品包装、电子产品外壳、玩具等的制作
RenShape 7840	尺寸精确、耐用，性能类似 PP 塑料，具有较好的延展性和柔韧性	尺寸较大的概念模型和功能模型等的制作
RenShape 7870	强度较高，耐久性较好，透明性优异	高质量的熔模铸造的母模、物理性能和力学性能都较好的透明模型或者制件的制作等

我国对 3D 打印工艺中的粉末材料的研发相对于工艺设备而言具有明显的滞后性，与国外相比目前还有较大的差距。国内虽然有多家研发单位针对粉末材料和工艺做了大量研究工作，但是已经进行生产和销售的品种并不多，如武汉滨湖机电技术有限公司的主要产品 HB 系列粉末材料（包含聚合物、覆膜砂、陶瓷、复合材料等）。

此外，国内还有很多单位如中北大学、北京航空材料研究院、西北有色金属研究院、北京燕化高科技术有限责任公司、北京隆源自动成型系统有限公司、无锡银邦精密制造科技有限公司等正在研发粉末材料。

课程思政案例：波音公司如何通过光固化成型技术制备复合材料的产品

学习单元 3.3　光固化成型工艺

（1）了解光固化成型工艺的步骤，对具体的步骤（前处理、中期制作及后处理）进行全面理解。

（2）能够分析光固化成型工艺成型原理，掌握光固化成型工艺流程。

光固化原型的制作一般可以分为前处理、中期制作和后处理 3 个阶段。

3.3.1　前处理

前处理阶段主要是对原型的 CAD 模型进行数据转换，确定摆放方位，添加支撑和进行切片分层，实际上就是为原型的制作准备数据。下面通过小扳手的制作来介绍光固化成型的前处理阶段。

1. CAD 三维造型

三维实体造型是 CAD 模型的最好表示，也是快速原型制作必需的原始数据源。没有三维 CAD 模型，就无法驱动光固化制作的原型。CAD 模型的三维造型可以在 UG、Pro/E、CATIA 等大型 CAD 软件以及许多小型的 CAD 软件上实现。图 3–5 所示是小扳手在 UG NX 中的三维造型。

图 3–5　小扳手在 UG NX 中的三维造型

2. 数据转换

数据转换是对产品 CAD 模型的近似处理，主要是生成 STL 格式的数据文件。STL 数据处理实际上就是采用若干小三角形来逼近模型的外表面，如图 3–6 所示。在这一阶段需要注意的是 STL 文件生成的精度控制。目前，通用的 CAD 三维设计软件都有 STL 数据的输出功能。

图 3 - 6　CAD 模型的 STL 模型

3. 确定摆放方位

摆放方位是十分重要的，不但影响制作时间和效率，还影响后续支撑的添加以及原型的表面质量等，因此，摆放方位的确定需要综合考虑上述各种因素。在一般情况下，从缩短原型制作时间和提高制作效率的角度来看，应该选择尺寸最小的方向作为叠层方向。但是，有时为了提高原型制作质量以及提高某些关键尺寸和形状的精度，需要将最大的尺寸方向作为叠层方向。有时为了减少支撑数量，以节省材料及方便后处理，也经常采用倾斜摆放。确定摆放方位以及后续的添加支撑和切片处理等都是在分层软件系统上实现的。对于上述小扳手，由于其尺寸较小，为了保证轴部外径尺寸以及轴部内孔尺寸的精度，选择直立摆放，如图 3 - 7（a）所示。同时考虑到尽可能减少支撑的批次，大端应朝下摆放。

4. 添加支撑

确定摆放方位后，便可以进行支撑的添加了。添加支撑是光固化原型制作前处理阶段的重要工作。对于结构复杂的数据模型，支撑的添加是费时而精细的。支撑添加的好坏直接影响原型制作的成功与否及制作的质量。支撑添加可以手工进行，也可以用软件自动实现。软件自动实现的支撑添加一般都要经过人工的核查，进行必要的修改和删减。为了便于在后处理中去除支撑及获得优良的表面质量，目前，比较先进的支撑类型为点支撑，即支撑与需要支撑的模型面进行点接触，如图 3 - 7（b）所示。

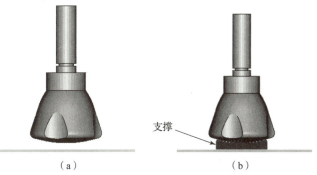

（a）　　　　　　　　　　（b）

图 3 - 7　光固化快速成型前处理的支撑添加方案

（a）模型的摆放方位；（b）为模型添加支撑

支撑在快速成型制作中是与原型同时制作的，支撑除了确保原型的每一结构部分都能可靠固定之外，还有助于减少原型在制作过程中发生的翘曲变形。由图 3-8 可见，在原型的底部设计和制作了支撑，这是为了成型完毕后能方便地从工作台上取下原型，而不会使原型损坏。成型完成后，应小心地除去支撑，从而得到所需的最终原型。

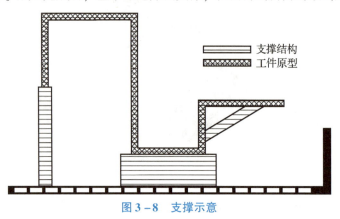

| | 支撑结构 |
| | 工件原型 |

图 3-8   支撑示意

5. 切片分层

支撑添加完毕后，根据设备系统设定的分层厚度沿着高度方向进行切片，生成系统所需的 SLC 格式的层片数据文件，提供给光固化快速原型制作系统，进行原型制作。图 3-9 所示是小扳手的光固化快速原型。

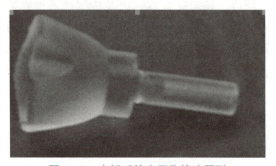

图 3-9   小扳手的光固化快速原型

3.3.2   中期制作——光固化成型技术原理

光固化成型过程是在专用的光固化快速成型设备上进行的。在制作原型前，需要提前启动光固化快速成型设备，使树脂材料的温度达到预设的合理温度，激光器点燃后也需要一定的稳定时间。设备运转正常后，启动原型制作控制软件，读入前处理阶段生成的层片数据文件。

视频：光固化制造
成型工艺原理

在制作原型之前，要注意调整工作台网板的零位与树脂液面的位置关系，以确保支撑与工作台网板的稳固连接。当一切准备就绪后，就可以进行叠层制作了。整个叠层的光固化过程都是在软件系统的控制下自动完成的，所有叠层制作完毕后，系统自动停止。

图 3-10 所示为光固化成型工艺原理。光固化成型系统由 5 个部分组成：液槽、可升降工作台、激光器、扫描系统和计算机控制系统。工作时，液槽中盛满液态光

敏树脂，氦-镉激光器或氩离子激光器发出的紫外激光束在计算机控制系统的控制下按零件的各分层截面信息在光敏树脂表面进行逐点扫描，使被扫描区域的光敏树脂薄层产生光聚合反应而固化，形成零件的一个薄层。一层固化完毕后，工作台下移一个层厚的距离，以便在原先固化好的光敏树脂表面再敷上一层新的液态光敏树脂，刮板将黏度较高的光敏树脂液面刮平，然后进行下一层的扫描加工，新固化的一层牢固地黏结在前一层上，如此重复直至整个零件制作完毕，得到一个三维实体原型。

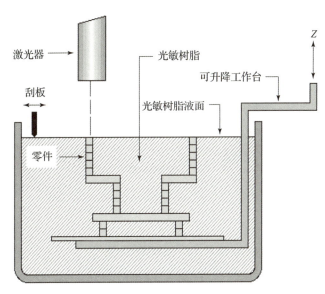

图 3-10 光固化成型工艺原理

光敏树脂是一种透明、有黏性的液态物质。当光照射到该光敏树脂时，被照射的部分发生聚合反应而固化。光照的方式通常有 3 种，如图 3-11 所示。①光源通过一个遮光掩膜照射到光敏树脂表面 [图 3-11（a）]；②控制扫描头使高能光束（如紫外激光器等）在光敏树脂表面选择性曝光 [图 3-11（b）]；③利用投影仪透射一定形状的光源到光敏树脂表面，实现其面曝光，其效率更高，同时控制光源形状更方便 [图 3-11（c）]。

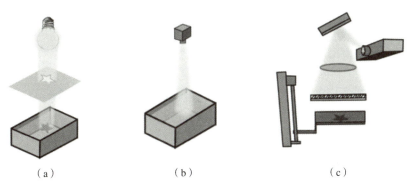

（a）   （b）   （c）

图 3-11 3 种光照方式
（a）遮光掩膜方式；（b）高能光束扫描方式；（c）投影方式

对液态光敏树脂进行扫描曝光的方式通常分为两种，如图3-12所示。① $X-Y$ 平面扫描方式：由计算机控制 $X-Y$ 平面扫描系统，光源经过安装在 Y 轴臂上的聚焦镜实现聚焦，通过 $X-Y$ 平面运动实现光束对液态光敏树脂的扫描曝光；②振镜扫描方式：采用振镜扫描系统，由电极驱动两片反射镜控制光束在液态光敏树脂表面移动，实现扫描曝光。$X-Y$ 平面扫描方式所需光学器件少，成本低，且易于实现大幅面成型，但成型速度较慢；振镜扫描方式利用反射镜偏转实现光束的直线运动，速度快，但成本较高，且扫描范围有限。

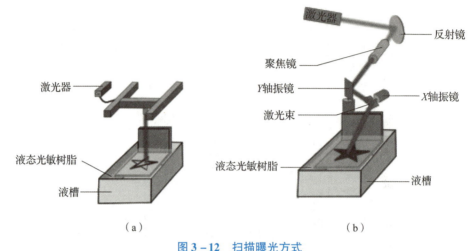

图3-12 扫描曝光方式

（a） $X-Y$ 平面扫描方式；（b）振镜扫描方式

3.3.3 后处理

在快速成型系统中原型叠层制作完毕后，需要进行剥离等后处理工作，以便去除废料和支撑等。对于以光固化成型方法成型的原型，还需要进行后固化处理等。下面以某一原型为例给出其后处理的步骤。

（1）原型叠层制作结束后，工作台升出液面，停留 5~10 min，以晾干多余的光敏树脂。

（2）将原型和工作台一起斜放晾干后浸入丙酮、酒精等清洗液体中，搅动并刷掉残留的气泡。持续 45 min 左右将原型和工作台放入水池中清洗约 5 min。

（3）从外向内从工作台上取下原型，并去除支撑。

（4）再次清洗模型后将其置于紫外烘箱中进行整体后固化。

学习单元 3.4 光固化成型的精度及控制

学习目标

（1）了解光固化成型工艺中影响精度的因素，并分析造成误差的原因。

（2）了解光学系统的构成对光固化成型精度的影响。

（3）能够分析前处理中三维数据处理的误差原因。

（4）能够分析光固化成型过程中材料的固化收缩引起的成型制件的翘曲变形。

（5）能够掌握激光扫描方式对成型精度的影响。

（6）能够分析影响光固化成型制作效率的因素。

（7）以大国工匠为榜样，传递敬业与精业的精神，养成严谨细致的工匠品质。

光固化成型的精度一直是设备研制和原型制作过程中被密切关注的问题。控制原型的翘曲变形和提高原型的尺寸精度及表面精度一直是研究领域的核心问题之一。光固化成型的精度一般包括形状精度、尺寸精度和表面精度，即成型件在形状、尺寸和表面相互位置 3 个方面与设计要求的符合程度。形状误差主要有：翘曲、扭曲变形、椭圆度误差及局部缺陷等；尺寸误差是指成型件与 CAD 模型相比，在 X、Y、Z 3 个方向上的尺寸差值；表面精度主要包括由叠层累加产生的台阶误差及表面粗糙度等。

课程思政案例：
增材制造技术的"拓荒人"

影响光固化成型精度的因素很多，包括成型前和成型过程中的数据处理、成型过程中光敏树脂的固化收缩、光学系统及激光扫描方式等。按照光固化成型工艺过程，可以将产生误差的因素按图 3-13 所示分类。

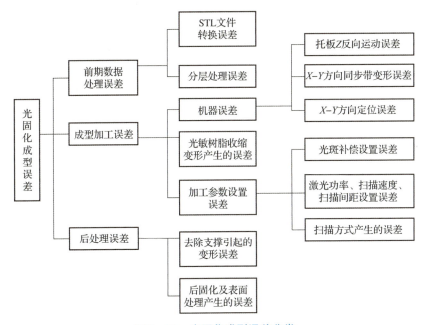

图 3-13　光固化成型误差分类

3.4.1　几何数据处理造成的误差

在光固化成型过程开始前，必须对实体的三维 CAD 模型进行 STL 格式化及切片分层处理，以便得到加工所需的一系列截面轮廓信息，在进行几何数据处理时会产生误差，如图 3-14 所示。

视频：几何数据
处理造成的误差

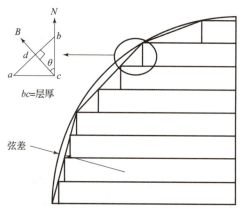

图 3 – 14　对三维 CAD 模型进行 STL 格式化及切片分层处理带来的误差示意

　　为了减小几何数据处理造成的误差，较好的办法是开发对 CAD 实体模型进行直接分层的方法，在商用软件中，Pro/E 具有直接分层的功能，如图 3 – 15 所示。

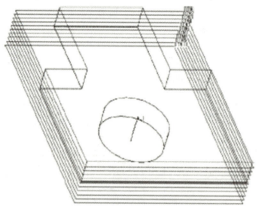

图 3 – 15　Pro/E 直接分层示意

　　在进行切片处理时，因为切片厚度不可能太小，所以在成型件表面会形成台阶效应（图 3 – 16），还可能遗失切片层间的微小特征结构（如凹坑等），形成误差。切片厚度越小，误差越小，但切片厚度过小会增加切片的数量，致使处理数据庞大，延长数据处理的时间。

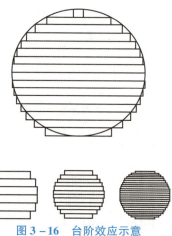

图 3 – 16　台阶效应示意

切片厚度直接影响成型件的表面光洁度。因此，必须仔细选择切片厚度，有关学者采用不同算法进行了自适应分层方法的研究，即在分层方向上，根据零件轮廓的表面形状，自动地改变分层厚度，以满足零件表面精度的要求，当零件表面倾斜度较大时选取较小的分层厚度，以提高光固化原型的成型精度；反之则选取较大的分层厚度，以提高加工效率，如图 3 - 17 所示。

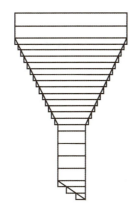

图 3 - 17　分层示意

3.4.2　成型过程中材料的固化收缩引起制件的翘曲变形

光敏树脂在固化过程中都会发生收缩，通常其体收缩率约为 10%，线收缩率约为 3%。

光敏树脂收缩主要由两部分组成：一部分是固化收缩，另一部分是当激光扫描到液态光敏树脂表面时由温度变化引起的热胀冷缩。

在光固化成型工艺中，液态光敏树脂在固化过程中都会发生收缩，收缩会在工件内产生应力，沿层厚从正在固化的层表面向下，随固化程度的不同，层内应力呈梯度分布。在层与层之间，新固化层收缩时要受到层间粘合力的限制。层内应力和层间应力的合力作用使制件产生翘曲变形。

改进措施如下。

（1）改进成型工艺；

（2）改进光敏树脂配方。

3.4.3　光敏树脂涂层厚度对精度的影响

在光固化成型过程中要保证每一层铺涂的光敏树脂厚度一致，当聚合深度小于层厚时，层与层之间将粘合不好，甚至会发生分层；当聚合深度大于层厚时，将引起过固化，而产生较大的残余应力，引起翘曲变形，影响成型精度。在扫描面积相等的条件下，固化层越厚，则固化的体积越大，层间产生的应力就越大，因此为了减小层间应力，就应该尽可能地减小单层固化深度，以减小固化体积。

改进措施如下。

（1）采用二次曝光法。多次反复曝光后的固化深度与以多次曝光量之和进行一次曝光的固化深度是等效的。

（2）减小涂层厚度，提高 Z 方向的运动精度。

3.4.4 光学系统对成型精度的影响

在光固化成型过程中，成型用的光点是一个具有一定直径的光斑，因此实际得到的制件是光斑运行路径上一系列固化点的包络线形状。如果光斑直径过大，则有时会丢失较小尺寸的零件细微特征。例如在进行轮廓拐角扫描时，拐角特征很难成型。聚焦到液面的光斑直径以及光斑形状会直接影响加工分辨率和成型精度。

1. 改进措施1：光路校正

在光固化成型系统中，扫描器件采用双振镜模块（图3-18中a和b），设置在激光束的汇聚光路中，双振镜在光路中前后布置的结构特点，造成扫描轨迹在 X 轴向的"枕形"畸变，当扫描一个方形图形时，扫描轨迹并非一个标准的方形，而是出现图3-19所示的"枕形"畸变。"枕形"畸变可以通过软件校正。

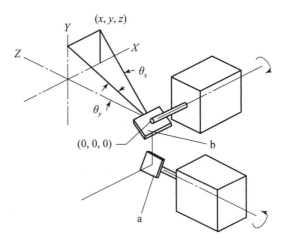

图 3-18　振镜扫描系统原理结构

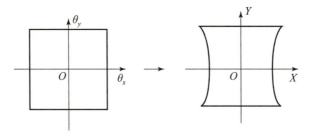

图 3-19　枕形畸变示意

2. 改进措施2：光斑校正

双振镜扫描的另一个缺陷是，光斑扫描轨迹构成的像场是球面，与工作面不重合，产生聚焦误差或 Z 轴误差。聚焦误差可以通过动态聚焦模块校正，动态聚焦模块可在振镜扫描过程中同步改变焦距，调整焦距位置，实现 Z 轴方向扫描，与双振镜构成一个三维扫描系统。聚焦误差也可以用透镜前扫描和 $f\theta$ 透镜进行校正，扫描器位于透镜之前，激光束扫描后射在聚焦透镜的不同部位，并在其焦平面上形成直线轨迹（与工作平面重合），如图3-20所示。这样可以保证激光聚焦焦点在光敏树脂液面上，使达到光敏树脂液面的激光光斑直径小，且光斑大小不变。

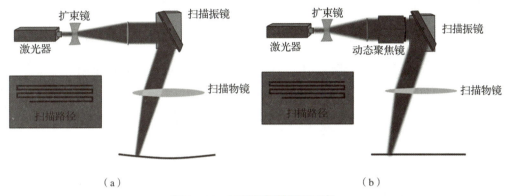

图3-20 *fθ* 透镜扫描原理示意

（a）无动态聚焦模块校正；（b）动态聚焦模块校正

3.4.5　激光扫描方式对成型精度的影响

激光扫描方式与成型件的内应力有密切关系，合适的扫描方式可减少成型件的收缩量，避免翘曲和扭曲变形，提高成型精度。

光固化成型多采用方向平行路径进行实体填充，即每一段填充路径均互相平行，在边界线内往复扫描进行填充，也称为Z字形（Zig-Zag）扫描方式，如图3-21（a）所示。

图3-21（b）所示为分区域往复扫描方式，即在各个区域内采用连贯的Z字形扫描方式，激光器扫描至边界即折回，反向填充同一区域，并不跨越型腔部分；只有从一个区域转移到另外一个区域时，才快速跨越型腔部分。这种扫描方式可以省去激光开关，提高成型效率，并且由于分散了收缩应力，所以减小了收缩变形，提高了成型精度。

图3-21 Z字形扫描方式

（a）顺序往复扫描方式；（b）分区域往复扫描方式

光栅式扫描方式又可分为长光栅式扫描方式和短光栅式扫描方式。应用模拟和试验的方法扫描加工悬臂梁，结果表明与长光栅式扫描方式相比，短光栅式扫描方式更能减小扭曲变形。采用光栅式扫描方式（图3-22）能有效地提高成型精度，因为光栅式扫描方式可以使已固化区域有更多冷却时间，从而减小了热应力。

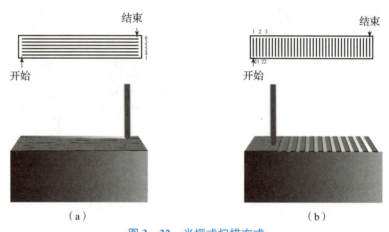

图3-22 光栅式扫描方式
（a）长光栅式扫描方式；（b）短光栅式扫描方式

对扫描方式的研究表明，在对平板类零件进行扫描时宜采用螺旋式扫描方式（图3-23），且从外向内的扫描方式比从内向外的扫描方式的成型精度高。

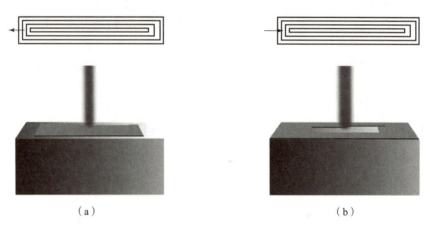

图3-23 螺旋式扫描方式
（a）从内向外的扫描方式；（b）从外向内的扫描方式

3.4.6 光斑直径大小对成型尺寸的影响

在光固化成型中，圆形光斑有一定的直径，固化的线宽等于在该扫描速度下实际光斑的直径大小。如果不进行补偿，光斑扫描路径如图3-24（a）所示。成型件实体部分外轮廓周边尺寸大了一个光斑半径，而内轮廓周边尺寸小了一个光斑半径，结果导致成型件的实体尺寸大了一个光斑直径，使成型件出现正偏差。为了减小或消除实体尺寸的正偏差，通常采用光斑补偿方法，使光斑扫描路径向实体内部缩进一个光斑半径，如图 3 - 24（b）所示。从理论上说，光斑扫描按照向实体内部缩进一个光斑半径的路径扫描，所得成型件的长度尺寸误差为零。

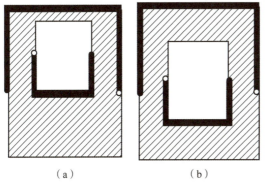

（a）   （b）

图 3 - 24　光斑直径大小及扫描路径对成型件轮廓尺寸的影响

3.4.7　光固化成型的效率

1. 影响成型时间的因素

在光固化成型中，成型件是由固化层逐层累加形成的，成型所需要的总时间由扫描固化时间及辅助时间组成，可表示为

$$t = \sum_{i=1}^{N} t_{ci} + Nt_p$$

在光固化成型过程中，每层制件的辅助时间 t_p 与固化时间 t_{ci} 的比值反映了光固化成型设备的利用率，可以通过如下公式表示：

$$\eta = \frac{t_p}{t_{ci}} = t_p \frac{N}{kV}$$

可以看出，实体体积越小，分层越多，辅助时间所占的比例就越大，如制作大尺寸的薄壳零件时，光固化成型设备的有效利用率很低，因此在这种情况下，缩短辅助时间对提高成型效率是非常有利的。

2. 缩短成型时间的方法

针对成型时间的构成，在光固化成型过程中，可以通过改进加工工艺、优化扫描参数等方法缩短成型时间，提高加工效率，实际使用中通常采用以下几种措施。

1）缩短辅助时间

辅助时间与成型方法有关，一般可表示为

$$t_p = t_{p1} + t_{p2} + t_{p3}$$

式中　t_{p1}——工作台升降运动所需要的时间；

t_{p2}——完成光敏树脂涂覆所需要的时间；

t_{p3}——等待液面平稳所需要的时间。

可见缩短工作台升降时间、光敏树脂涂覆时间及等待液面平衡时间，可以缩短辅助时间。

2）采用层数较少的制作方向

成型件的层数对成型时间的影响很大，对于同一个成型件，在制作方向不同的条件下，成型时间差别较大。以光固化成型方法制作成型件时，在保证质量的前提下，应尽量减少制作层数。

对制作方向进行优化可以缩短成型时间，对比不同制作方向条件下的成型时间可以看出，选择层数较少的制作方向，成型时间不同程度地缩短，甚至缩短了近70%的成型时间，见表3-4。

表3-4　成型时间比较

成型件名称	成型时间（制作层数多）/h	成型时间（制作层数少）/h	时间比/%
手机壳	8.63	3.27	37.9
滴管	14.69	4.85	33
密码输入器	6.41	2.14	33.4
叶轮	4.07	3.82	94.3
握杆头	6.83	6.57	96.2

3. 扫描参数对成型效率的影响

缩短每一层的扫描时间可以缩短总成型时间，提高成型效率。每一层的扫描时间与扫描速度、扫描间距、扫描方式及分层厚度有关，通常扫描方式和分层厚度是根据工艺要求确定的，每一层的扫描时间取决于扫描速度及扫描间距，其中扫描速度决定了单位长度的固化时间，而扫描间距决定了单位面积上扫描路径的长短。

扫描间距的增大减小了紫外光在固化平面往复运动时的扫描距离。当扫描间距增大到 0.2 mm 时，成型时间只有扫描间距为 0.1 mm 时的 52%～62%，而当扫描间距增大到 0.3 mm 时，成型时间只有扫描间距为 0.1 mm 时的 40% 左右，即在同样的制作条件下，适当增大固化成型中的扫描间距，可以有效缩短成型时间，提高成型效率。

学习单元 3.5　光固化成型光源介绍

学习目标

（1）了解光固化成型系统对光源的要求。
（2）理解不同类型激光器中光源的增强原理。

在光固化成型工艺中，从打印头喷射到成型面上的是液态光敏树脂，在紫外光的照射下，光敏树脂中的光引发剂吸收紫外光辐射能发生化学变化生成活性中间体，活性中间体引发光敏树脂中的低聚物进行链式聚合反应，使成型面上的光敏树脂由液态转变为固态，从而实现单层成形。

光固化成型工艺所用的光源主要为波长小于 400 nm 的紫外激光器。

光敏树脂有一个临界曝光量 E_c，只有当液态光敏树脂实际接收的紫外光的辐射能量（即曝光量）E 超过其临界曝光量 E_c，即 $E \geq E_c$，光敏树脂才会发生相变，从液态变为固态。

紫外灯发出的紫外光经椭圆形反射器聚焦后是以线光源的形式照射到成型面上，其照射模型如图 3-25 所示。取紫外灯在固化成型过程中的运动方向为 X 轴，垂直向下为 Z 轴正向，经椭圆形反射器聚焦后的紫外光在 X 轴方向上的光强满足高斯正态分布。其光强分布函数为

$$I(x) = I_0 \exp\left[-(kx)^2 \right]$$

式中　I_0——入射中心光强；

　　　k——波数。

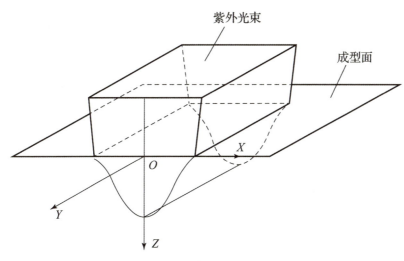

图 3-25　紫外光照射模型

液态光敏树脂对紫外光的吸收一般符合 Beer-Lambert 规则，即在 Z 轴方向上的光强分布函数可表示为

$$I(z) = I_{in} \exp(-az)$$

式中　a——入射中心光强；

　　　I_{in}——波数。

合并上述两式可得被紫外光照射的液态光敏树脂在 $X-Z$ 平面上的光强分布函数为

$$I(x,z) = I_0 \exp(-(kx)^2) \exp(-az)$$

当被聚焦的紫外光沿 X 轴方向以匀速 v 运动时，液态光敏树脂内部任一点接收的紫外光的辐射能量 E 可通过下式求得：

$$E(x,z) = \int_{-\infty}^{+\infty} I(x - vt, z)\, \mathrm{d}t$$

令 $E(x,z)$ 等于光敏树脂材料的临界曝光量 E_c，则可求得最大固化深度 D_s 为

$$D_s = \frac{1}{a} \ln\left(\sqrt{\pi}\, \frac{I_0}{kvE_c} \right)$$

3.5.1 光固化成型系统对光源的要求

1. 价格及运行成本低

光固化成型系统目前主要有两大类，一类是面向工业品开发的高价格的光固化成型设备，价格一般在 100 万元以上；另一类是面向模型制作的低价格的光固化成型设备，价格一般在 50 万元左右。

高价格的光固化成型设备大都使用昂贵的紫外激光器，寿命也较短，一般为 2 000 h，这就造成了这类光固化成型设备的价格及运行成本都很高，并在一定程度上妨碍了光固化成型设备的进一步推广及应用。

低价格的光固化成型设备一般采用其他光源，如紫外灯、可见光激光器等，这类光源虽然价格低，但与紫外激光器相比性能较差，几乎没有高效的光敏树脂与之配合，成型精度较低，成型速度较慢。

因此，开发制造成本及运行成本均低的高性能激光器是光固化成型设备的一个发展方向。

2. 体积小

光固化成型系统所用光源应能适合办公环境或小区域范围内的工作。

3.5.2 光学系统和成型材料对光源的要求

1. 光学系统对光源的要求

（1）功率高；

（2）结构尺寸小；

（3）运行成本低；

（4）稳定性好；

（5）工作温度稳定。

2. 成型材料对光源的要求

（1）输出功率高；

（2）频谱范围匹配；

（3）相干性好。

3.5.3 激光器介绍

光固化成型工艺要求从打印头喷射到成型面上的液态光敏树脂能够在紫外灯的照射下迅速固化，因此在选择紫外灯时，要求紫外灯的发射光谱同光敏树脂中的光引发剂的吸收光谱匹配。这样不仅可以提高紫外光的吸收效率，而且可以减少光敏树脂材料中光引发剂的用量，降低材料成本。此外，紫外灯还必须要有足够的能量，以保证光敏树脂在紫外灯的照射下能够快速固化。

1. 气体激光器

气体激光器是利用气体或蒸气作为工作物质产生激光的器件。它由放电管内的激活气体、一对反射镜构成的谐振腔和激励源 3 个主要部分组成。其主要激励方式有电激励、气动激励、光激励和化学激励等。其中电激励方式最常用。在适当的放电条件下，利用电子碰撞激发和能量转移激发等，气体粒子有选择性地被激发到某高能级上，从而与某低能级的粒子数反转，产生受激发射跃迁，如图 3-26 所示。

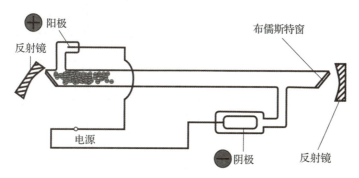

图 3-26　气体激光器原理示意

与固体、液体比较，气体的光学均匀性好，因此，气体激光器的输出光束具有较好的方向性、单色性和频率稳定性。气体的密度小，不易得到高的激发粒子浓度，因此，气体激光器输出的能量密度一般比固体激光器小。

气体激光器分为原子气体激光器、离子气体激光器、分子气体激光器和准分子气体激光器。它们工作在很大的波长范围内（从真空紫外到远红外），既可以连续方式工作，也可以脉冲方式工作。

1. He-Cd 激光器

氦-镉激光器（图 3-27）是一种金属蒸气离子激光器。其中产生激光跃迁的是镉离子（Cd+），氦气（He）作为辅助气体。它与氦-氖激光器类似，可以在直流放电的条件下连续工作。它比氦-氖激光器有更高的输出功率（一般为几十毫瓦），发射波长较短，为 441.6 nm（蓝紫色）和 325 nm（紫外），因此，它是一种更适用于光敏材料曝光和全息印刷制版的较理想的光源。

图 3-27　氦-镉激光器

2. 氩离子激光器

氩离子激光器是最常见的离子气体激光器（图 3-28）。氩离子激光器的激光谱线很丰富，主要分布在蓝绿光区，其中，以 0.488 0 mm 蓝光和 0.514 5 mm 绿光两条谱线最强。氩离子激光器既可以连续方式工作，也可以脉冲方式工作。其连续功率一般为几瓦到几十瓦，高者可达一百多瓦，是目前在可见光区连续输出功率最高的气体激光器。氩离子激光器已广泛应用于全息照相、信息处理、光谱分析及医疗和工业加工等许多领域。

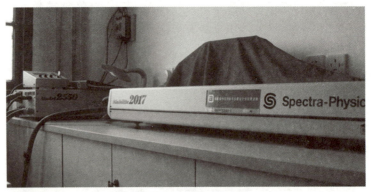

图 3-28　氩离子激光器

3）氮分子激光器

氮分子激光器（图 3-29）是一种重要的近紫外相干光源。它的输出峰值功率高（45 kW），脉冲持续时间短（＜3.5 ns），而且结构简单，制造容易，因此受到人们的广泛重视。它可以作为有机染料激光器的泵浦光源，可以获得从近红外到近紫外的连续可调激光输出，是激光喇曼光谱仪的一种理想光源。此外，氮分子激光器在激光分离同位素、荧光诊断、超高速摄影、污染检测以及医疗卫生、农业育种等方面也得到广泛应用。由于其短波长更易聚焦得到小光斑，所以它被用于加工亚微米量级的元件，例如光掩模、复杂的集成电路、薄膜电阻。

图 3-29　氮分子激光器

2. 固体激光器

固体激光器是用固体激光材料作为工作物质的激光器。1960 年，T. H. 梅曼发明的红宝石激光器就是固体激光器，也是世界上第一台激光器。固体激光器一般由激光工作物质、激励源、聚光腔、谐振腔反射镜和电源等部分构成，其原理示意如图 3-30 所示。

固体激光器的工作物质由光学透明的晶体或玻璃作为基质材料，掺以激活离子或其他激活物质构成，一般应具有良好的物理化学性质、窄的荧光线谱、强而宽的吸收带和高的荧光量子效率。

玻璃激光工作物质容易制成均匀的大尺寸材料，可用于高能量或高峰值功率激光器。但其荧光谱线较宽，热性能较差，不适合在较高高平均功率下工作。常见的钕玻璃有硅酸盐玻璃、磷酸盐玻璃和氟磷酸盐玻璃。

晶体激光工作物质一般具有良好的热性能和机械性能、窄的荧光线谱，但获得优

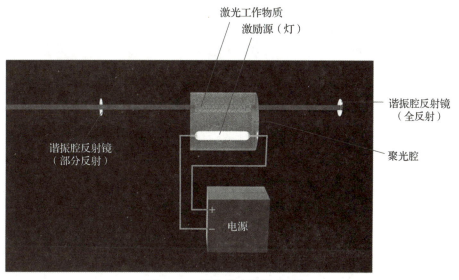

图 3 – 30　固体激光器原理示意

质大尺寸材料的晶体生长技术复杂。常用的激光晶体有红宝石（Cr：Al2O3，波长6 943埃）、掺钕钇铝石榴石（Nd：Y3Al5O12，简称 Nd：YAG，波长1.064 μm）、氟化钇锂（LiYF4，简称 YLF；Nd：YLF，波长1.047 μm 或 1.053 μm；Ho：Er：Tm：YLF，波长2.06 μm）等。

固体激光器以光为激励源。常用的脉冲激励源有充氙闪光灯；连续激励源有氪弧灯、碘钨灯、钾铷灯等。在小型长寿命激光器中，可用半导体发光二极管或太阳光作激励源。一些新的固体激光器也有采用激光激励的。

固体激光器由于光源的发射光谱中只有一部分为工作物质所吸收，同时伴有其他损耗，所以能量转换效率不高，一般在千分之几到百分之几之间。

3. 半导体激光器

半导体激光器是用半导体材料作为工作物质的激光器。其常用工作物质有砷化镓（GaAs）、硫化镉（CdS）、磷化铟（InP）、硫化锌（ZnS）等。其激励方式有电注入、电子束激励和光泵浦3种形式。半导体激光器可分为同质结、单异质结、双异质结等几种。同质结激光器和单异质结激光器在室温时多为脉冲器件，而双异质结激光器在室温时可实现连续工作。半导体激光器原理示意如图3 – 31 所示。

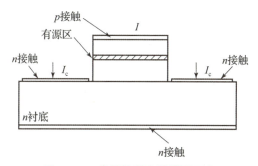

图 3 – 31　半导体激光器原理示意

半导体光电器件的工作波长是和制作器件所用的半导体材料的种类相关的。半导体材料中存在导带和价带，在导带上电子可以自由运动，而在价带上空穴可以自由运动，导带和价带之间隔着一条禁带，当电子吸收了光的能量从价带跳跃到导带时，就把光能变成了电能，而带有电能的电子从导带跳回价带，又可以把电能变成光能，这时材料禁带的宽度就决定了半导体光电器件的工作波长。材料科学的发展使人们能采用能带工程对半导体材料的能带进行各种精巧的裁剪，使之满足人们的各种需要并为人们做更多事情，也能使半导体光电器件的工作波长突破材料禁带宽度的限制，扩展到更大的范围。

半导体激光器具有以下优点。

（1）体积小，重量小；

（2）驱动功率较低，电流较小；

（3）效率高，工作寿命长；

（4）可直接电调制；

（5）易于与各种光电子器件实现光电子集成；

（6）与半导体制造技术兼容，可大批量生产。

由于这些特点，半导体激光器自问世以来得到了世界各国的广泛关注与研究，成为世界上发展最快、应用最广泛、最早走出实验室实现商用化且产值最大的一类激光器。经过40多年的发展，半导体激光器已经从最初的低温77 K脉冲运转发展到室温连续工作；工作波长从最开始的红外、红光扩展到蓝紫光；阈值电流由105 A/cm² 量级降至102 A/cm² 量级；工作电流最小到亚 mA 量级；输出功率从几 mW 到阵列器件输出功率达数 kW；结构从同质结发展到单异质结、双异质结、量子阱、量子阱阵列、分布反馈型、DFB、分布布拉格反射型、DBR 等270多种形式；制作方法从扩散法发展到液相外延、LPE、气相外延、VPE、金属有机化合物淀积、MOCVD、分子束外延、MBE、化学束外延、CBE 等多种制备工艺。

学习单元 3.6　微光固化快速成型制造技术

学习目标

（1）了解基于单光子吸收效应的微光固化快速成型制造技术。

（2）了解基于双光子吸收效应的微光固化快速成型制造技术。

（3）能够通过上述两种新型光固化成型技术，指出该领域未来的研究方向。

在微电子和生物工程等领域，制件一般要求具有微米级或亚微米级的细微结构，而传统的光固化成型技术无法满足这一领域的需求。尤其在近年来，微机电系统（Micro Electro - Mechanical System，MEMS）和微电子领域的快速发展，使微机械结构的制造成为具有极大研究价值和经济价值的热点。微光固化快速成型（Micro StereoLithography，μ - SL）便是在传统的光固化成型技术的基础上，面向微机械结构制造需求而提出的一种新型的快速成型技术。目前提出并实现的 μ-SL 技术主要包括基于单光子吸收效应的 μ-SL 技术和基于双光子吸收效应的 μ-SL 技术，其可将传统的光固化成型技术的成型精度提高到亚微米级，开拓了快速成型技术在微机械制造方面的应用。

3.6.1　基于单光子吸收效应的 μ-SL 技术

在光固化过程中，树脂分子对光能的吸收是以单个光子为单位的，因此被称为"单光子吸收光聚合反应"（Single-Photon Absorbed Photopolymerization，S-PAPP）。

以单光子吸收效应为反应机理的光固化成型技术，其成型精度取决于光斑大小、固化时间、固化层厚度等工艺参数，目前可以达到 ±0.1mm 的精度。如果优化光路系统及机械传动系统，可以将成型精度提高到微米级，使光固化成型技术实现微米级的复杂三维结构的构建，即能够实现 μ-SL 技术。

目前，以单光子吸收效应为反应机理的 μ-SL 技术有两种主要的成型模式：扫描式 μ-SL（Scanning Micro StereoLithography，SMSL）和遮光板投影式 μ-SL（Mask Projection Micro StereoLithography）。

1. 扫描式 μ-SL

扫描式 μ-SL 和传统的光固化成型技术原理相同，但其传动控制更为精确。如图 3-32 所示，在扫描式 μ-SL 中，通常采用光源固定，而工作台相对运动的方式进行扫描。这样就可以避免光源移动所引起的光斑尺寸的变化，从而避免了固化区尺寸的不恒定所引起的尺寸精度的下降。

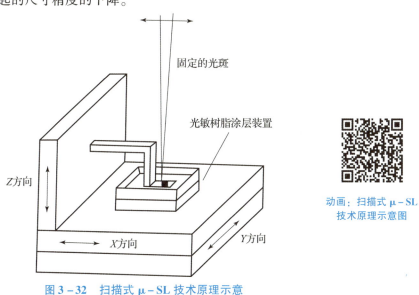

固定的光斑

光敏树脂涂层装置

Z方向

X方向　　　Y方向

动画：扫描式 μ-SL 技术原理示意图

图 3-32　扫描式 μ-SL 技术原理示意

扫描式 μ-SL 采用单层逐步扫描的成型方式，效率较低。为了克服这一技术缺陷，人们提出了遮光板投影式 μ-SL 的方案，利用具有制件截面形状的遮光板，通过一次曝光，一次性整体固化一个截面，然后通过逐层叠加形成实体形状。

2. 遮光板投影式 μ-SL

遮光板投影式 μ-SL 的概念由德国卡尔斯鲁厄研究中心于 20 世纪 80 年代提出，又被称为 LIGA（德语 Lithographie Galvanoformung Abformung 的简写）技术。

如图 3-33 所示，遮光板投影式 μ-SL 采用 X 射线作为固化光源，通过具有一定形状的遮光板，将受控后的射线投影在光敏树脂表面，使光敏树脂受光照的部分发生固化，通过逐层叠加的方式最终形成复杂的实体形状。这一工艺虽然相对于扫描式 μ-SL 效率较高，但在制作形状较为复杂的工件时需要制备大量的遮光板，因此成本较高。

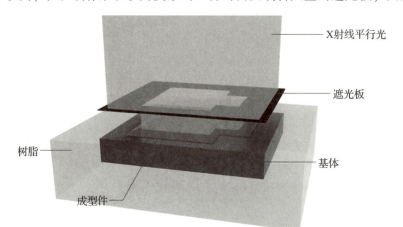

动画：遮光板投影式 μ-SL 技术原理示意图

图 3-33　遮光板投影式 μ-SL 技术原理示意

为了解决这一问题，一种新的制造理念被提出，即结合现有的比较成熟的计算机图像生成技术，以动态遮光板（Dynamic Mask）取代传统的遮光板。其原理示意如图 3-34 所示。根据计算机 CAD 造型的实体信息，获得制件每一层切片的具体信息，并由此生成具有制件截面形状的动态遮光板，以生成具有相应形状的固化层并逐层叠加而生成实体。其工作原理与扫描式 μ-SL 大体相同，只是不需要制备大量的遮光板，大大降低了成本。

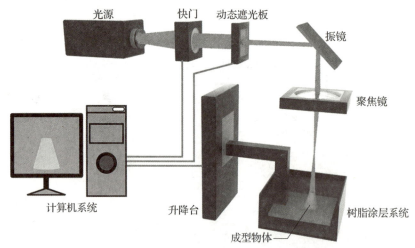

图 3-34　动态遮光板投影式 μ-SL 技术原理示意

遮光板投影式 μ-SL 的研究主要集中在提高动态遮光板的分辨率，以制作尺寸更小的三维像素，从而提高制件的成型精度。目前遮光板投影式 μ-SL 技术按照生成动态遮光板的不同方法有以下 3 种：SLM（Spatial Light Modulators）技术、LCD（Liquid Crystal Display）技术以及 DMD（Digital Micromirror Device）技术。

SLM 技术由贝尔实验室开发，目前已经投入商业应用，在芯片制造业发挥了巨大的作用，可以生成 1 280 × 1 024 的像素点阵，每个像素的尺寸为 17 ~ 30 μm。

LCD 技术生成像素点的尺寸较大，并且无法使用市场上现有的光敏树脂，这在一定程度上限制了这一技术的推广。

DMD 技术由 Texas 设备公司开发，是目前比较流行的一种动态遮光板生成方式。其原理示意如图 3 - 35 所示。DMD 由许多微镜面构成（Micro Mirror），每一个微镜面对应成型面上的一个像素点。通过控制微镜面的关闭与打开，可以控制光路的闭合，进而控制光敏树脂成型面上相应位置点的固化。首先将制件的形状通过 CAD 实体文件的形式表示出来，然后将实体切片并把每层的切片信息转化为点阵图的形式，以此为依据可以控制 DMD 中微镜面的闭合，从而达到生成动态遮光板的目的。

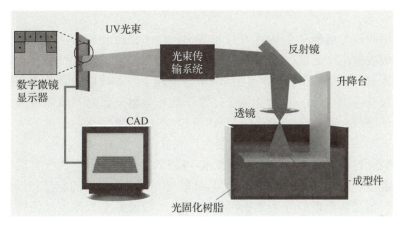

图 3 - 35　DMD 技术原理示意

DMD 技术与 LCD 技术相比，可生成更小的像素点，并且由于 DMD 技术的响应速度更快，因此可以更为精确地控制曝光时间。图 3 - 36 所示为采用 DMD 技术制作的三维微结构实例。图 3 - 36（a）所示为微矩阵结构，共 110 层，每层层厚为 5 μm；图 3 - 36（b）所示为微型柱组成的阵列，每根微型柱的直径为 30 μm，高 1 000 μm；图 3 - 36（c）所示为螺旋微结构阵列，整体螺旋直径为 100 μm，螺旋线轴径为 25 μm；图 3 - 36（d）所示为亚微米级微结构，直径为 0.6 μm。

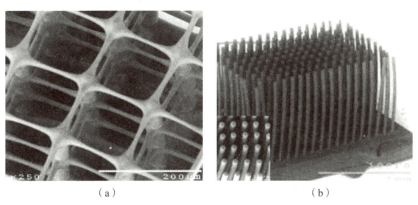

（a）　　　　　　　　　　（b）

图 3 - 36　采用 DMD 技术制作的三维微结构实例

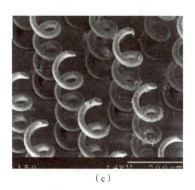 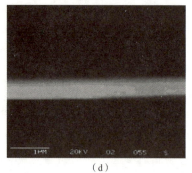

（c）　　　　　　　　　　（d）

图 3 – 36　采用 DMD 技术制作的三维微结构实例（续）

3.6.2　基于双光子吸收效应的 μ - SL 技术

双光子吸收理论虽然早在 1931 年便被提出，但一直到 1960 年人们才在实验室观测到了双光子吸收效应。此后，双光子吸收领域的研究取得了快速发展，其科研成果在许多方面投入实际应用。图 3 – 37（a）所示为单光子吸收效应激发荧光的过程。入射光为紫光，波长为 400 nm，当此能量正好等于基态与激发态之间的能量差时，此能量将被基态电子吸收，使基态电子跃迁至具有较高能量的激发态，经过了一定的生命期后，此电子返回基态时的能量差将以光能的形式放出。图 3 – 37（b）所示为双光子吸收效应激发荧光过程的。当入射光为波长 800 nm 的近红外光时，由于其波长为紫光的两倍，光子能量相应为紫光的 1/2。单个近红外光光子没有足够的能量将图中处于基态的电子激发，但是两个近红外光光子可以达到一个紫光光子的作用，使处于基态的电子能够吸收两个光子的能量，从而跃迁至激发态。

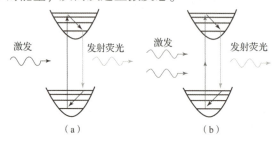

（a）　　　　　　　　　　　（b）

图 3 – 37　光子吸收效应激发荧光示意
（a）单光子；（b）双光子

以双光子吸收效应代替传统光固化成型过程中单光子吸收效应，就实现了所谓的双光子吸收光聚合反应。

基于双光子吸收效应的 μ - SL 的实现需要采用不同于传统光固化成型的机制。首先，双光子吸收效应是非线性效应，需要采用能量较高的入射光源。目前常用的光源为飞秒级激光，配合采用高倍显微镜物镜聚焦，以获得能量极高的光斑。选择飞秒级激光光源的另一优势是这一波长范围内的激光不会使目前光固化成型中使用的光敏树脂充分固化，这是因为一般光固化成型中使用的光敏树脂的敏感波长范围为 350～400 nm（紫外区），而飞秒级近红外激光的波长范围为 750～800 nm，不会使光敏树脂发生光固化反应。如图 3 – 38（a）所示，在成型过程中，高能激光由高倍显微物镜聚焦，使光敏树脂液面下的焦点处能量达到引发双光子吸收效应的强度，而焦点之外光路中的光因为光强不足无法引发聚合效应，因此光固化反应仅发生在焦点位置，实现了局部固化，从而大大提高了光固化成型的精度。通过控制焦点的位置，可以控制固化点的位置，在得到一系列固化点后，便组成具有复杂形状的制件，如图3-38（b）所示。

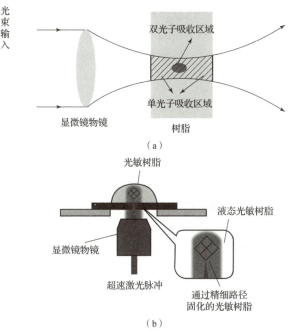

图3-38　高能激光经物镜聚焦后在光敏树脂内部焦点处形成局部固化区

由于双光子吸收效应属于非线性过程，根据非线性的特性，其可以使固化物的尺寸小于光点的大小，从而达到次衍射极限。因此，μ-SL可以达到的最小的三维像素的大小取决定于光敏树脂分子的大小。

μ-SL技术的扫描方式主要有两种：微点扫描法和线扫描法。这两种扫描方式各有其优点。如图3-39所示，采用μ-SL技术制作界面形状为"C"的制件，如果采用微点扫描法，则逐个生成三维像素点，精度较高，但效率较低；采用线扫描法，虽然效率较高，但精度不如微点扫描法。如果制作亚微米级的复杂结构，应选用微点扫描法，以保证制件精度。

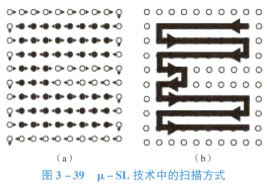

（a）　　　　　　　　　　（b）

图3-39　μ-SL技术中的扫描方式
（a）微点扫描法；（b）线扫描法

图 3-40 所示为采用微点扫描法制作的微型柱结构的 SEM 图像。在二维平面上，每隔 20 μm 放置一根微型柱，微型柱直径为 1.2 μm，高 9.4 μm，在 200 μm × 200 μm 的范围之内共放置 100 根微型柱。实验中使用 SL-5510 型光敏树脂，入射光功率为 12.5 mW，每根微型柱的曝光时间为 2.4 s。

μ-SL 技术早在 20 世纪 80 年代就已经被提出，经过将近 20 年的发展，已经得到了一定的应用。但是，绝大多数的 μ-SL 技术成本相当高，因此多数还处于实验室阶段，离实现大规模工业化生产还有一定的距离。今后该领域的研究方向如下。

（1）开发低成本生产技术，降低设备的成本；

（2）开发新型的树脂材料；

（3）进一步提高成型精度；

（4）建立 μ-SL 数学模型和物理模型，为解决工程中的实际问题提供理论依据；

（5）实现 μ-SL 与其他领域的结合，例如生物工程领域等。

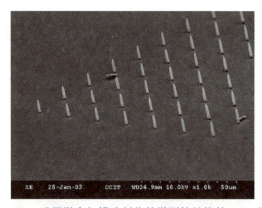

图 3-40　采用微点扫描法制作的微型柱结构的 SEM 图像

学习单元 3.7　技能训练：光固化成型技术实训

1. 实训目的及要求

1）实训目的

（1）掌握快速成型机的工作原理及操作。

（2）掌握快速成型的生产工艺过程。

（3）能独立完成简单产品的生产。

2）实训要求

（1）必须穿工作服，戴手套，不得随意用手触摸电路系统、光敏树脂。

（2）在实训期间严格遵守纪律，不得在实训室打闹、玩手机等。

（3）在实训过程中不得私自外出；按时上、下课，有事必须向实训指导老师请假。

（4）认真听课、细心观察，遇到不懂的问题要及时请教实训指导老师。

（5）独自操作时，要严格遵守操作规程，不可随意调整设备参数；注意培养团队协作能力，提升职业素养。

（6）实训结束后提交一份实训报告。

2. 设备工具

西安交通大学 SPS 系列快速成型机。

3. 实训步骤

1）西安交通大学 SPS 系列快速成型机控制面板

西安交通大学 SPS 系列快速成型机（以下简称"快速成型机"）控制面板示意如图 3-41 所示。

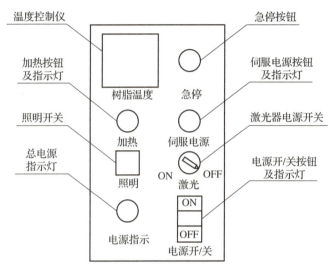

图 3-41　快速成型机控制面板示意

2）设备操作步骤

（1）打开总电源开关（在快速成型机后板上），控制面板上总电源指示灯亮。

（2）按下电源开/关按钮，电源开/关指示灯处于"ON"状态。

（3）按下"加热"按钮，加热指示灯亮，即开始给光敏树脂加热，温度控制仪开始控制给光敏树脂加热。树脂温度上升至 32 ℃时，可以开始制作零件。加热过程大约需要 1 h（如若工作间隔不长，可不必关断"加热"按钮及电源，以免去长时间的加热等待）。

（4）旋转"激光"开关至"ON"位置，即打开激光器电源。

（5）打开计算机，启动 Windows98/Windows2000。

（6）按下"伺服电源"按钮，伺服电源指示灯亮，给"伺服系统"上电。

（7）打开 RpBuild 控制软件，加载待加工零件的"＊.PMR"或"＊.SLC"文件。

（8）加载或设定制作工艺参数。

（9）调整托板位置，使之略高于液面 0.3 mm 左右；若继续制作上次中断的零件，则不要移动托板。

（10）开始制作后，计算机会提示是否自动关闭激光器（若连续制作，单击"否"按钮，否则单击"是"按钮），选择后进入自动制作过程。

（11）制作完成后，屏幕出现"RP 项目制作完成"提示。

（12）将托板升出液面，取出制件，将托板清理干净。

（13）清理过程中，可以按下【照明】按钮，使用照明。

（14）若继续制作其他项目，则重复步骤（7）～（12）。

（15）关闭激光器时，旋转"激光"开关至"OFF"位置，即关闭激光器电源（注意：关闭激光器电源之前，不应关闭伺服系统及 RpBuild 控制程序）。

（16）若长时间不使用该设备，则应关闭各电源开关，最后关闭总电源开关。

3）操作注意事项

（1）电源。

①快速成型机后板有总电源开关，0 为断电，1 为通电。

②控制面板上有电源开/关按钮。按下后，其指示灯处于"ON"状态时，表示通电，柜门风扇通电转动；其指示灯处于"OFF"状态时，表示断电，柜门风扇停止转动。

③按下"伺服电源"按钮后，其指示灯亮时，表示通电。通电时，Z 轴升降台电动机、$X-Y$ 扫描系统、刮板电动机、液位控制电动机、液位传感器通电。

④关闭电源时，应先关闭激光器电源，后关闭计算机。对其他关闭顺序无严格要求。

⑤"加热""伺服电源""激光"任一指示灯未灭时，不能按下电源开/关按钮，使电源断掉。

⑥零件制作完成后，如不继续制作，要及时关闭激光器电源。零件制作完成时，控制程序将自动关闭激光器电源（相当于旋转"激光"开关至"OFF"位置，关闭激光器电源）。

⑦激光器是精密设备，除特殊情况外，不要频繁启动激光器，否则会对其寿命有影响。

⑧"激光"开关控制着激光电源箱的供电。

⑨在伺服电源打开的情况下，不可以用手拖动同步带运动，以防电动机失步或损坏。

（2）托板。

①向上手动移动托板时，注意不要超过刮板位置。

②注意保持导轨清洁，不受光敏树脂的污染。

（3）其他。

①不要长时间注视扫描光点，以防止激光伤害眼睛。

②切记不可让激光直射眼睛，以防伤害。

（4）RpBuild 控制软件操作说明。

RpBuild 控制软件在 Windows 环境下的工作界面如图 3-42 所示。其工作界面主要包括主菜单栏、主工具栏、辅助工具栏、零件制作进程监控区、工艺信息栏和零件成型监控区。

主菜单栏提供了控制程序中所用到的"文件"、"显示"（操作状态转换）、"工艺"、"控制"、"制作"、"维护"、"查询"及"求助"等命令。

主工具栏提供常用的文件操作和参数设置命令。

辅助工具栏提供不同模式下的零件轮廓操作命令。

零件制作进程监控区显示 $X-Z$ 方向或 $Y-Z$ 方向的零件制作进程。

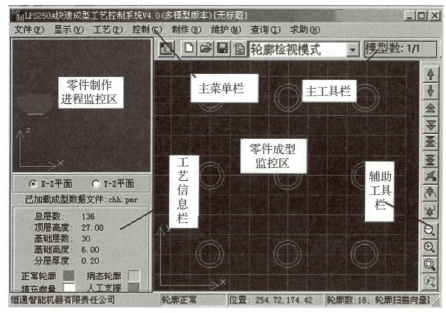

图 3 – 42　RpBuild 控制软件在 Windows 环境下的工作界面

制作工艺信息栏显示零件的加工参数和机器状态等参数。

4）开始制作

（1）准备工作做完后，待光敏树脂温度达到 32 ℃和激光功率稳定时（电源打开后约需 10 min 稳定），即可开始下一步操作。主机启动后进入 Windows 状态，启动 RpBuild 控制软件。在主菜单栏中选择"文件"→"加载成型数据文件（L）"选项，如图 3 – 43 所示。出现一个对话框，选择要加工的文件，如图 3 – 44 所示。文件加载完毕后，在工作界面的零件制作进程监控区和零件成型监控区中可以看到零件的外形和轮廓。

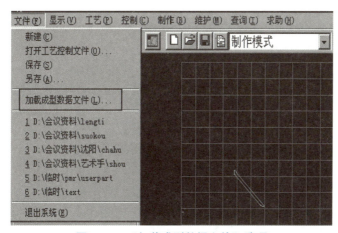

图 3 – 43　"加载成型数据文件"选项

图 3-44 "加载成型数据文件"对话框

（2）选择工艺参数，初学者可以先不修改工艺参数，直接选择默认工艺参数，如图 3-45 所示。

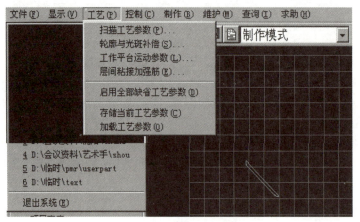

图 3-45 选择工艺参数

（3）在主工具栏的模式选择下拉列表中选择制作模式，如图 3-46 所示。

图 3-46 选择制作模式

（4）打开"工作台移动控制"对话框（图 3-47），单击"工作台移至零位"按钮。

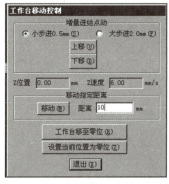

图 3 – 47 "工作台移动控制"对话框

（5）在主菜单中选择"制作"→"完全重新制作"选项，如图 3 – 48 所示。

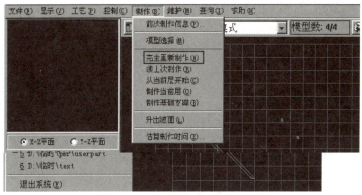

图 3 – 48 "完全重新制作"选项

（6）快速成型机开始零件的成型。可以看到托板的升降以及激光光点在光敏树脂液面上扫描。

5）制作完成

零件的制作由计算机监控完成。在扫描过程中单击"暂停"按钮可暂停制作。

（1）取出零件。要取出制作完成的零件，首先要将工作台升出液面，在主菜单栏中选择"制作"→"升出液面"选项，也可以选择"控制"→"工作台移动"选项（图 3 –49），将工作台升至液面以上，然后用铲子将零件取出，清洗并去除支撑即可。

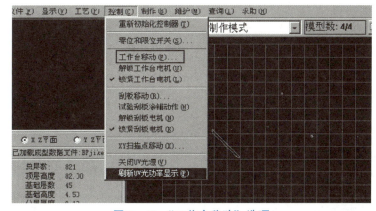

图 3 – 49 "工作台移动"选项

（2）退出。关闭激光器电源后，选择"文件"→"退出系统"选项退出 RpBuild 控制软件，然后关闭伺服电源、计算机电源、加热电源，最后关闭总电源。

4. 考核项目

（1）实训过程中的实训态度、实训纪律。

（2）实训笔记及实训报告的完成情况。

（3）成型原理、工艺过程的掌握情况。

（4）实际生产出的零件的质量。

> **小贴士**
>
> 成本、效率是产品的核心竞争力，合理制定工艺方案、优化工艺参数是有效降低成本、提高效率的手段。

5. 学习评价

学习效果考核评价见表 3-5。

表 3-5　学习效果考核评价

评价指标	评价要点	评价结果				
		优	良	中	及格	不及格
理论知识	西安交通大学 SPS 系列快速成型机的工作原理及成像原理					
技能水平	1 三维数据模型的拟合与加载导入					
	2 三维数据模型的摆放、支撑的添加及分层					
	3 西安交通大学 SPS 系列快速成型机的打印操作					
安全操作	西安交通大学 SPS 系列快速成型机的安全维护及后续保养					
总评	评别	优	良	中	及格	不及格	总评得分
		90~100	80~89	70~79	60~69	<60	

> **小贴士**
>
> 通过学习效果考核评价表的填写，分析问题，查阅资料，制定解决问题的方案，解决问题，完成加工任务，进行自检与总结。

6. 项目拓展训练

学习工单见表 3-6。

表 3-6　学习工单

任务名称	耳蜗制件光固化成型		日期	
班级		小组成员		
任务描述	1. 用 UG 软件设计一个耳蜗的三维数据模型，并利用 3D 打印机对应的切片软件对模型完成切片设计；			

学习笔记

任务名称	耳蜗制件光固化成型		日期	
班级		小组成员		
任务描述	2. 使用3D打印机打印出耳蜗制件，并完成相应的后处理工序； 3. 要求将支撑去除干净，打磨平整，制件外观完好 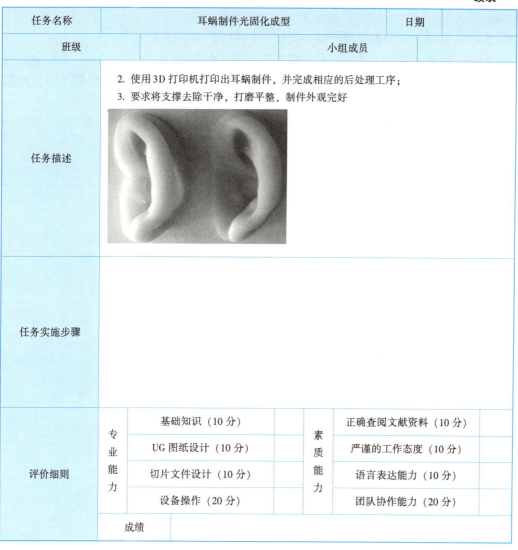			
任务实施步骤				
评价细则	专业能力	基础知识（10分）	素质能力	正确查阅文献资料（10分）
		UG图纸设计（10分）		严谨的工作态度（10分）
		切片文件设计（10分）		语言表达能力（10分）
		设备操作（20分）		团队协作能力（20分）
	成绩			

学有所思

本学习情境主要介绍了光固化成型技术的发展历史，分析了光敏树脂材料的构成，讲解了光固化成型工艺，指出了影响成型精度的主要因素，介绍了光固化成型技术中激光光源的构成，展望了新型光固化成型技术的研发方向。

思考题

3-1　叙述光固化成型技术的原理。

3-2　光固化成型技术的特点有哪些？

3-3　光固化成型材料的优点有哪些？光敏树脂主要分为几大类？

3-4　光固化成型工艺过程主要分为几个阶段？其后处理工艺过程包括哪些基本步骤？

3-5　光固化成型的支撑有哪些类型？支撑的作用是什么？

3-6　光固化成型工艺中的收缩变形来自哪几个方面？

3-7　影响光固化成型精度的因素有哪些？为了提高光固化成型精度，如何控制各因素？

3-8　影响光固化成型效率的因素有哪些？如何提高光固化成型效率？

学习情境 4 叠层实体制造技术

情境导入

当前国际上制鞋业的竞争日益激烈，而美国 Wolverine World Wide 公司无论在国际市场还是在美国国内市场都一直保持旺盛的销售势头。该公司鞋类产品的款式一直保持快速的更新，能够为顾客提供高质量的产品，而使用 Power SHAPE 软件和 Helysis 公司的叠层实体制造技术是 Wolverine World Wide 公司成功的关键。

Wolverine World Wide 公司的设计师首先设计鞋底和鞋跟的模型或图形，从不同角度用各种材料产生三维光照模型显示（图 4 - 1），这种高质的图像显示有助于在开发过程中能及早地排除任何看起来不好的装饰和设计。即使前期设计已经排除了许多不理想因素，但是在投入加工之前，Wolverine World Wide 公司仍然需要实物模型。鞋底和鞋跟的模型非常精巧，但其外观是木质的，为了使模型看起来更真实，可在模型表面进行喷涂，以产生不同的材质效果。每一种鞋底配上适当的鞋面后生产若干双样品，放到主要的零售店展示，以收集顾客的意见。根据顾客所反馈的意见，计算机能快速地修改模型，根据需要，再产生相应的新模型和式样。

图 4 - 1　三维光照模型显示

内容摘要

叠层实体制造技术（Laminated Object Manufacturing，LOM），又称为分层实体制造技术，是最成熟的快速成型制造技术之一。叠层实体制造技术和设备自 1991 年问世以来，得到迅速发展。叠层实体制造技术多使用纸材，成本低，制件精度高，而且制造出来的木质原型具有外在的美感和一些特殊的品质，因此受到较为广泛的关注，在产品概念设计可视化、造型设计评估、装配检验、熔模铸造型芯、砂型铸造木模、快速制模母模以及直接制模等方面得到了应用。

学习单元 4.1 叠层实体制造技术发展历史

学习目标

（1）了解叠层实体制造技术发展历史。

（2）能够叙述叠层实体制造技术的发展历程。

（3）通过学习叠层实体制造技术的发展历史，了解高精度、低成本及多元化是 3D 打印技术的研究趋势，培养学生科学、严谨、辩证的思维方式。

进入 21 世纪，传统的制造业面临新的挑战和机遇。一方面，世界经济全球化，企业面临来自全球市场的激烈竞争，必须快速创造和把握商机以求生存，产品的市场响应速度成为企业战略的第一要素。另一方面，消费者需求日益个性化、多元化和主体化，消费者兴趣的短时效性显著，企业需要的是小批量甚至单件生产、高精度、多品种及产品几何形状复杂、不增加成本的柔性生产模式，用以代替传统的大量生产模式。因此，快速灵活地响应市场需求已是制造业发展的重要方向。与此同时，制造业作为国民经济重要支柱，其制造技术水平的高低也体现和决定了一个国家的综合科技水平，必须不遗余力地开发各种先进制造技术，提高制造工业的发展水平，增强国际市场竞争能力。以计算机、微电子、激光、自动化、信息、新材料等为代表的各种高新技术的普及应用，为各种新的制造技术和制造模式的不断发展奠定了坚实的基础。

快速原型制造（Rapid Prototyping & Manufacturing，RPM）技术正是在这一背景下产生的，它综合了上述各种高新技术的最新发展成果，被广泛用于制作产品原型和模具，能自动、快速、精确地将设计思想转变成一定功能的产品原型或直接制造零件，给制造业带来了加工方式上的根本变化，对缩短产品开发周期、减少产品开发费用，提高企业竞争力有重要作用。

RPM 技术发展初期，大多采用树脂、ABS、尼龙、纸、陶瓷粉末等材料制造原型零件用于产品设计评估、功能试验及快速开发等。随着其应用领域逐渐扩大到汽车、机械工程等行业，上述材料已经不能满足功能原型或功能零件在机械、力学等性能方面的要求，因此必须采用金属为造型材料制造可以直接投入使用的最终零件，这也是当今 RPM 技术的研究热点。金属基陶瓷粉末、金属复合材料粉末、金属板材、锡箔等都可以用来作造型材料，其中利用金属板材作造型材料的叠层实体制造是一个实现金属功能零件快速制造的有效方法，具有广阔的应用前景。

叠层实体制造技术由美国 Helisys 公司的 Michael Feygin 于 1986 年研制成功。该公司已推出 LOM-1050 和 LOM-2030 两种型号的成型机。

研究叠层实体制造技术的公司除了 Helisys 公司，还有日本 Kira 公司，瑞典 Sparx 公司，新加坡 Kinergy 公司，我国清华大学、华中理工大学等。

从历史上看，国外很早就出现过"材料叠加"的制造设想。例如，在 1892 年，

J. E. Blanther 在其美国授权专利（#473901）中提出了利用分层制造的方法来构成地形图，该方法的原理是：将地形图的各轮廓线通过某些方法压印在一些蜡片上，然后按照轮廓线切割各蜡片，并将切割后的各蜡片粘结在一起，从而得到对应的三维地形图。1940 年，Perera 提出了在一些硬纸板上切割地形图轮廓线，然后将对应的纸板粘结在一起形成三维地形图的方法。Paul L. Dimatteo 在其 1976 年的美国授权专利（#3932923）中明确提出，先利用轮廓跟踪器，将三维物体转换成许多二维轮廓薄片，然后利用激光切割这些薄片，利用螺钉、销钉等将一系列薄片连接成三维物体。这些设想叠层实体制造技术的原理很相似。

这些专利虽然提出了类似叠层实体制造技术的各种基本原理，但却很不完善，更没有实现叠层实体制造工艺的机械设备以及商品化的原材料。20 世纪 70 年代末—80 年代初，先后有美国 3M 公司的 Alan J. Hebert（1978 年）、日本的小玉秀男（1980 年）、美国 UVP 公司的 Chuck Hull（1982 年）和日本的丸谷洋二（1983 年）等提出了快速成型的概念，即通过对连续层中选择区域的固化来形成三维实体。

自 20 世纪 80 年代起，快速成型技术有了质的发展。Chuck Hull 在其 1986 年的美国授权专利（#4 575330）中提出了一种用激光束照射液态光敏树脂，分层制作三维物体的方法。1984 年，Michael Feygin 提出了叠层实体制造方法。Michael Feygin 于 1985 年组建了 Helisys 公司，并且基于叠层实体制造原理，于 1990 年开发出了世界上第一台商用叠层实体制造设备——LOM－10150。除了 Helisys 公司外，日本的 Kira 公司、瑞典的 Sparx 公司以及新加坡的 Kinergy 公司等也一直从事叠层实体制造工艺的研究与设备的制造。在世界范围内，20 世纪 80 年代中期—90 年代后期，先后出现了十几种不同类型的快速成型技术，但叠层实体制造技术仍是快速成型技术的主流之一。

我国对叠层实体制造技术的研究起始于 1991 年。从事该研究工作的主要高等院校有西安交通大学、清华大学、华中科技大学、南京航空航天大学等，主要企业有北京隆源自动成型系统有限公司等，它们在分层实体制造技术的理论研究、实际应用以及设备商品化等方面做了许多工作，并取得了显著成果，这些成果包括分层实体制造理论研究、各种处理软件、不同工艺及型号的成型设备、新的控制技术、适用于不同工艺的成型材料以及成型精度控制等各个方面。

以颜永年教授为学科带头人的清华大学研究团队最先引进了美国 3D Systems 公司的 SLA－250 设备与技术，并进行了快速成型技术的系列研究，开发出具有多种功能的快速成型制造系统——M－RPMS－Ⅱ。M－RPMS－Ⅱ系统是唯一能够在一台设备上实现叠层实体制造和熔融沉积制造两种快速成型工艺的系统，且拥有自主知识产权。此外，颜永年教授领导的团队还先后开发出了基于熔融沉积制造工艺原理的快速成型系统以及基于叠层实体制造工艺原理的快速成型系统等设备，并且开展了大量的理论与应用研究，取得了一大批成果。

目前，国内已有许多高校、科研院所开展了叠层实体制造技术的研究，许多企业利用快速成型设备进行新产品的开发、快速模具的制造、产品的装配检验等。

学习单元4.2　叠层实体制造技术工艺原理

学习目标

（1）了解叠层实体制造工艺的步骤，能对叠层实体工艺的具体步骤（前处理、中期制作及后处理）进行全面理解。

（2）能够分析叠层实体制造工艺的成型原理，掌握叠层实体工艺流程。

叠层实体制造系统由计算机、材料存储及送进机构、热压机构、激光切割系统、可升降工作台和数控系统和机架等组成，如图4-2所示。

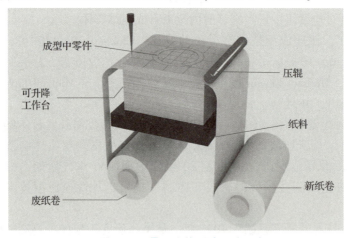

视频：叠层实体制
造成型技术
工艺原理

图4-2　叠层实体制造系统示意

首先在工作台上制作基底，工作台下降，送纸滚筒送进一个步距的纸材，工作台回升，热压滚筒热压背面涂有热熔胶的纸材，片材表面事先涂覆一层热熔胶。加工时，热压滚筒热压片材，使之与下面已成形的工件黏结；用 CO_2 激光器在刚黏结的新层上切割出零件截面轮廓和外框，并在截面轮廓与外框之间多余的区域内切割出上下对齐的网格；激光切割完成后，工作台带动已成形的工件下降，与带状片材（料带）分离；材料送进机构转动收料轴和供料轴，带动料带移动，使新层移到加工区域；工作台上升到加工平面；热压滚筒热压，工件的层数增加一层，高度增加一个料厚；在新层上切割截面轮廓（图4-3）。如此反复直至零件的所有截面黏结、切割完，得到实体零件。

叠层实体制造的工作原理如图4-4所示。首先将涂有热熔胶的纸通过热压滚筒的碾压作用与前一层纸黏结在一起，然后让激光束按照对CAD模型分层处理后获得的截面轮廓数据对当前层的纸进行截面轮廓扫描切割，切割出截面的对应轮廓，并将当前层的非截面轮廓部分切割成网格状，然后使工作台下降，再将新的一层纸铺在前一层的上面，再通过热压滚筒热压，使当前层与下面已切割的层黏结在一起，再次由激光束进行扫描切割。如此反复，直到切割出所有层的轮廓（图4-5）。在叠层实体制造中，不属于截面轮廓的纸片以网格状保留在原处，起着支撑和固化的作用。

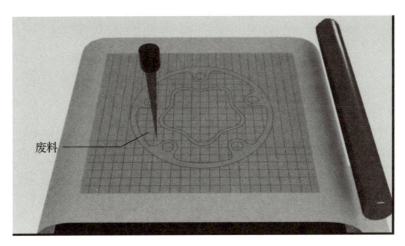

图 4-3 每层材料切割后的截面

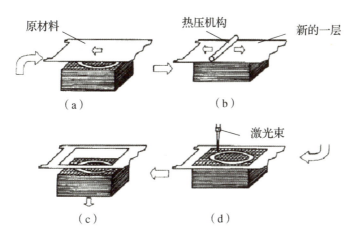

图 4-4 叠层实体制造的工作原理

（a）叠加新的一层材料；（b）热压；（c）工作台下降；（d）扫描切割

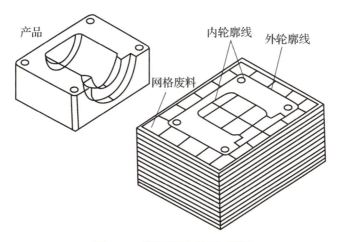

图 4-5 截面轮廓及网格废料

学习单元 4.3 叠层实体制造成型材料

（1）了解叠层实体制造成型材料的组成。

（2）通过对叠层实体制造技术原理的学习，了解技术指标对薄片材料及热熔胶材料的性能要求。

（3）掌握涂布工艺。

（4）树立效率意识、成本意识。

叠层实体制造中的成型材料为涂有热熔胶的薄层材料，层与层之间的粘结是靠热熔胶保证的。成型材料一般由薄片材料和热熔胶两部分组成。

4.3.1 薄片材料

根据对原型件性能要求的不同，薄片材料可分为：纸片材、金属片材、陶瓷片材、塑料薄膜和复合材料片材。对基体薄片材料有如下性能要求。

（1）抗湿性好；

（2）浸润性好；

（3）抗拉强度高；

（4）收缩率低；

（5）剥离性能好。

纸片材应用最多。其由纸基和涂覆的粘结剂、改性添加剂组成，成本较低。

KINERGY 公司生产的纸材（表 4-1）采用熔化温度较高的粘结剂和特殊的改性添加剂，成型的制件坚如硬木，表面光滑，有的材料能在 200 ℃下工作，制件的最小壁厚可达 0.3~0.5 mm，在成型过程中只有很小的翘曲变形，即使间断地进行成型也不会出现不粘结的裂缝，成型后制件与废料易分离，经表面涂覆处理后不吸水，有良好的稳定性。

表 4-1 KINERGY 公司生产的纸材性能

型号	K-01	K-02	K-03
宽度/mm	300~900	300~900	300~900
厚度/mm	0.12	0.11	0.09
粘结温度/℃	210	250	250
成型后的颜色	浅灰	浅黄	黑
成型过程中的翘曲变形	很小	稍大	小

成型件耐温性	好	好	很好（>200 ℃）
成型件表面硬度	高	较高	很高
成型件表面光亮度	好	很好（类似塑料）	好
成型件表面抛光性	好	好	很好
成型件弹性	一般	好（类似塑料）	一般
废料剥离性	好	好	好
价格	较低	较低	较高

此外，美国 CUBIC 公司生产的纸材也是叠层实体制造市场的主流产品，其性能见表 4 – 2。

表 4 – 2　美国 CUBIC 公司生产的纸材性能

型号	LPH 042		LXP 050		LGF 045	
材质	纸		聚酯		玻璃纤维	
密度/(g·cm^{-3})	1.449		1.0~1.3		1.3	
纤维方向	纵向	横向	纵向	横向	纵向	横向
弹性模量/MPa	2 524		3 435			
拉伸强度/MPa	26	1.4	85		>124.1	4.8
压缩强度/MPa	15.1	115.3	17	52	—	—
压缩弹量/MPa	2 192.9	406.9	2 460	1 601	—	—
最大变形强度/%	1.01	40.4	3.58	2.52		
弯曲强度/MPa	2.8~4.8		4.3~9.7		—	
玻璃转变温度/℃	30				53~127	
膨胀系数/(ppm·K^{-1})	3.7	185.4	17.2	229	X：3.9 / Y：15.5	Z：111.1

4.3.2　热熔胶

用于叠层实体制造纸基的热熔胶按基体树脂划分，主要有乙烯 – 醋酸乙烯酯共聚物型热熔胶、聚酯类热熔胶、尼龙类热熔胶或其混合物。对热熔胶有以下性能要求。

（1）具有良好的热熔冷固性能（在室温下固化）。

（2）在反复"熔融 – 固化"条件下其物理化学性能稳定。

（3）在熔融状态下与薄片材料有较好的涂挂性和涂匀性。

（4）具有足够的粘结强度。

（5）具有良好的废料分离性能。

目前，EVA 型热熔胶应用最广。EVA 型热熔胶由共聚物 EVA 树脂、增粘剂、蜡类和抗氧剂等组成。增粘剂的作用是增加对被粘物体的表面粘附性和胶接强度。随着增粘剂用量的增加，流动性、扩散性变好，能提高胶接面的润湿性和初粘性。但增粘剂用量过多时，胶层变脆，内聚强度下降。为了防止热熔胶热分解、变质和胶接强度下降，延长热熔胶的使用寿命，一般加入 0.5%～2% 的抗氧剂；为了降低成本，降低固化时的收缩率和过度渗透性，有时加入填料。热熔胶涂布可分为均匀涂布和非均匀涂布两种。均匀涂布采用狭缝式刮板进行涂布，非均匀涂布分为条纹式和颗粒式。一般来讲，非均匀涂布可以减少应力集中，但涂布设备比较昂贵。

叠层实体制造原型的用途不同，对薄片材料和热熔胶的要求也不同。当叠层实体制造原型用作功能构件或代替木模时，满足一般性能要求即可。若将叠层实体制造原型作为消失模进行精密熔模铸造，则要求高温灼烧时叠层实体制造原型的发气速度较小、发气量及残留灰分较少等。而用叠层实体制造原型直接作模具时，还要求片层材料和粘结剂具有一定的导热和导电性能。

4.3.3 涂布工艺

涂布工艺是在基板上喷涂液体的工艺。基板划分出多个第一区域与第二区域，其中第二区域的宽度小于各第一区域的宽度。涂布工艺包括下列步骤：首先，提供多个主喷头与次喷头，主喷头沿着第一轴线配置；然后，移动次喷头，改变次喷头与主喷头的相对位置；由主喷头与次喷头将液体分别喷涂于基板上的第一区域与第二区域。因此，涂布工艺所需的时间可以缩短。

涂布工艺有涂布形状和涂布厚度两个方面。

涂布形状指的是采用均匀涂布还是非均匀涂布，非均匀涂布又有多种形状。涂布厚度指的是在纸材上涂多厚的热熔胶，选择涂布厚度的原则是在保证可靠粘结的情况下，尽可能涂得薄，以减少变形、溢胶和错移。

课程思政案例：
小小的纸居然可以
用作 3D 打印的原料？

学习单元 4.4　叠层实体制造设备及其核心器件

学习目标

（1）了解叠层实体制造设备的性能参数。

（2）了解国内外生产叠层实体制造设备的企业。

（3）通过对国内华中科技大学研制的 HRP 系列薄材叠层快速成型系统的学习，提升认知度，增强认同感，勇担使命，奋力开疆拓土。

目前研究叠层实体制造设备和工艺的企业有美国的 Helisys 公司、日本的 Kira 公司、瑞典的 Sparx 公司、新加坡的 Kinergy 公司以及我国的华中科技大学和清华大学等，具体情况见表 4-3。

表4-3　国内外部分叠层实体制造设备一览表

型号	研制单位	加工尺寸/mm	精度/mm	厚度/mm	激光光源	扫描速度/($m \cdot s^{-1}$)	外型尺寸/mm
HRP-ⅡB	华中科技大学（中国）	450×450×350	—		50WCO_2	—	1 470×1 100×1 250
HRP-ⅢA		600×400×500	—	0.02	50WCO_2	—	1 570×1 100×1 700
HRP-Ⅳ		800×500×500	—		50WCO_2	—	2 000×1 400×1 500
LOM1015	Helisys 公司（美国）	380×250×350	0.254	0.4318	25WCO_2	—	—
LOM2030E		813×559×508	0.254	0.4318	50WCO_2	—	1 118×1 016×1 143
PLT-A4	Kira 公司（日本）	280×190×200	—	—	—	—	—
PLT-A3		400×280×300	—	—	—	—	—
ZIPPYⅠ	Kinergy 公司（新加坡）	380×280×340	—	—	—	—	—
ZIPPYⅡ		1180×730×550	—	—	—	—	—
ZIPPYⅢ		750×500×450	—	—	—	—	—
SSM-500	清华大学	600×400×500	0.1	—	40WCO_2	0~0.5	—
SSM-1600		1600×800×700	0.15	—	50WCO_2	0~0.5	—

Helisys 公司于 1996 年推出台面达 815 mm×550 mm×508 mm 的 LOM-2030H 机型，其成型时间比原来缩短了 30%，如图4-6所示。

图 4-6　LOM-2030H 机型

Helisys 公司除原有的 LPH、LPS 和 LPF3 个系列纸材品种以外，还开发了塑料和复合材料品种。Helisys 公司在软件方面开发了面向 Windows NT4.0 的 LOMSlice 软件包新版本，增加了 STL 可视化、纠错、布尔操作等功能，故障报警更完善。

我国华中科技大学研制的 HRP 系列薄材叠层快速成型系统（图 4-7）无论在硬件还是在软件方面都有自己独特的特点。其主要性能指标与技术特征如下。

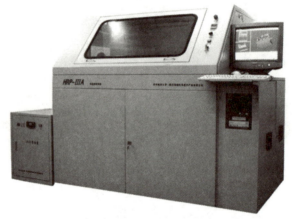

图 4-7　华中科技大学研制的 HRP 系列薄材叠层快速成型系统

（1）$X-Y$ 扫描单元采用交流伺服驱动和滚珠丝杆传动，升降工作台为 4 柱导向和双滚珠丝杆传动（专利），保证了系统的高精、高速和平稳传动。

（2）采用无拉力叠层材料送进系统（专利），送进可靠，速度快，材料利用率高。

（3）抽风排烟装置采用随动式吹风和强力抽排烟装置（专利），能及时充分地排出烟尘，防止烟尘污染。

（4）采用国际著名的 CO_2 激光器，稳定性好，可靠性高，模式好，寿命长，功率稳定，切割质量好，并且可更换气体，具有较高的性价比，配以全封闭恒温水循环冷却系统。

华中科技大学独立开发的功能强大的 HRP'2001 软件，具有易于操作的友好图形用户界面、开放式的模块化结构、国际标准输入/输出接口。该软件具有以下功能。

（1）STL 文件识别及重新编码；

（2）独有的容错及数据过滤切片技术，可大幅提高工作效率；

（3）STL 文件可视化，旋转、平移、缩放等图形变换功能；

（4）原型制作实时动态仿真；

（5）独有的变网格划分技术；

（6）数据拟合，速度规划，速度预测，高速插补控制，任意组合曲线的高速、高精连续加工；

（7）激光能量随切割速度适时控制，保证了切割深度和线度均匀，切割质量好；

（8）激光光斑直径随内外轮廓自动补偿，提高了制件的精度。

清华大学也研究并推出了叠层实体制造快速成型设备 SSM – 500 与 SSM – 1600。其中 SSM – 1600 是世界上最大的快速成型设备，可成型零件的最大尺寸为 1 600 mm × 800 mm × 700 mm，适用于制造大规模的快速原型。该设备具有大尺寸、高精度、高效率、高可靠性的显著技术特点。该设备与精密铸造等技术结合可用于制造大型的快速模具。其主要技术特点如下。

（1）先进的分区并行加工方式（国家专利）；

（2）快速板式热压装置（国家专利）；

（3）无张力快速供纸技术（国家专利）；

（4）机床式高稳定性铸铁床身；

（5）高精度、高可靠性的运动系统和控制系统；

（6）高性能激光系统及光学系统。

学习单元 4.5　叠层实体制造技术工艺流程

学习目标

（1）了解叠层实体制造技术的工艺流程，能对叠层实体制造工艺的具体步骤（前处理、中期制作及后处理）进行全面理解。

（2）掌握叠层实体制造工艺的成型原理，掌握其工艺流程。

叠层实体制造工艺流程可以归纳为前处理、中期制作、后处理 3 个主要步骤。

4.5.1　前处理

制作一个产品，首先通过三维造型软件（如 Pro/E、UG、SolidWorks）进行产品的三维模型构造，然后将得到的三维模型转换为 STL 格式，再将 STL 格式的模型导入专用的切片软件（如华中科技大学的 HRP 软件）进行切片。

由于工作台频繁起降，所以必须将原型的叠件与工作台牢固连接，这就需要制作基底，通常设置 3~5 层的叠层作为基底，为了使基底更牢固，可以在制作基底前给工作台预热。

4.5.2　中期制作

制作完基底后，快速成型机就可以根据事先设定好的加工工艺参数自动完成原型的加工制作，而工艺参数的选择与原型制作的精度、速度以及质量有关，其中重要的参数有激光切割速度、加热滚筒温度、激光能量、破碎网格尺寸等。

4.5.3　后处理

（1）余料去除。余料去除是一个极其烦琐的辅助过程，它需要工作人员仔细、耐心，并且最重要的是要熟悉制件的原型，这样在剥离的过程中才不会损坏原型。

（2）后置处理。去除余料以后，为了提高原型表面质量或进一步翻制模具，需对原型进行后置处理，如防水、防潮并使其表面光滑等，只有经过必要的后置处理，才能满足快速原型表面质量、尺寸稳定性、精度和强度等要求。

4.5.4　分层实体制造工艺后置处理中的表面涂覆

视频：分层实体制造工艺后置处理中的表面涂覆

1. 表面涂覆的必要性

原型经过余料去除后，为了提高原型的性能和便于表面打磨，经常需要对原型进行表面涂覆处理。表面涂覆的好处如下。

（1）提高强度；

（2）改善耐热性；

（3）改善抗湿性；

（4）延长原型的寿命；

（5）易于表面打磨等处理；

（6）原型可更好地用于装配和功能检验。

纸材的最显著的缺点是对湿度极其敏感，原型吸湿后叠层方向尺寸增大，严重时叠层会相互脱离。为了避免吸湿所引起的这些后果，在原型剥离后短期内应迅速进行密封处理。表面涂覆可以实现良好的密封，而且可以提高原型的强度和改善耐热/抗湿性。表面涂覆示意如图 4-8 所示。

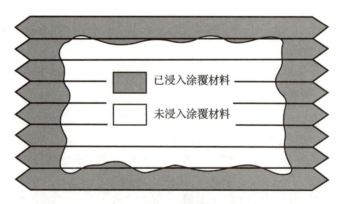

已浸入涂覆材料

未浸入涂覆材料

图 4-8　表面涂覆示意

表面涂覆使用的材料一般为双组分的环氧树脂，如 TCC630 和 TCC115N 硬化剂等。原型通过表面涂覆处理后，尺寸稳定而且寿命也得到了延长。

2. 表面涂覆的工艺过程

（1）将剥离后的原型表面用砂纸轻轻打磨，如图 4-9 所示。

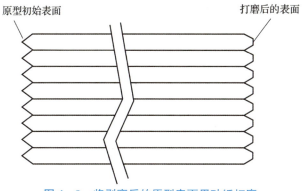

图 4 - 9　将剥离后的原型表面用砂纸打磨

（2）按规定比例配备环氧树脂（100 份 TCC－630 配 20 份 TCC－115N），并混合均匀。

（3）在原型上涂刷一薄层混合后的材料，因材料的黏度较低，所以材料很容易浸入纸基的原型中，浸入的深度可以达到 1.2～1.5 mm。

（4）再次涂覆同样的混合后的环氧树脂材料以填充表面的沟痕并长时间固化，如图 4 - 10 所示。

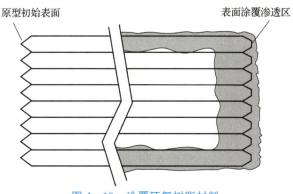

图 4 - 10　涂覆环氧树脂材料

（5）对表面已经涂覆了坚硬的环氧树脂材料的原型再次用砂纸进行打磨，在打磨之前和打磨过程中应注意测量原型的尺寸，以确保原型尺寸在要求的公差范围内。

（6）对原型表面进行抛光，达到无划痕的表面质量之后进行透明涂层的喷涂，以改善表面的外观效果，如图 4 - 11 所示。

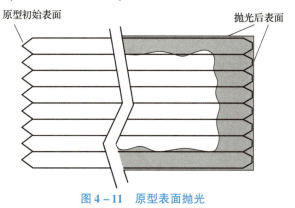

图 4 - 11　原型表面抛光

通过上述表面涂覆处理后，原型的强度和耐热/抗湿性得到了显著改善，将处理完毕的原型浸入水中，进行尺寸稳定性的检测，检测结果如图 4-12 所示。

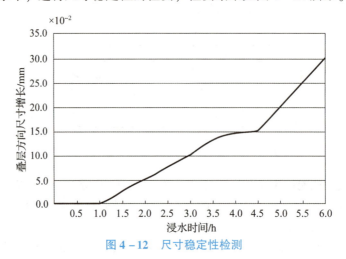

图 4-12　尺寸稳定性检测

4.5.5　新型叠层实体制造工艺

叠层实体制造工艺采用薄层材料整体粘结后，根据当前叠层的实体轮廓进行切割，逐层累积完成原型的制作，制作后需要去除余料。在后处理中余料去除的工作是比较繁重和费时的，尤其是对于内孔结构和内部型腔结构，其余料的去除非常的困难，有时甚至难以实现。针对这种状况，人们提出了采用双层薄层材料的新型叠层实体制造工艺并进行了研究和尝试。

视频：新型叠层实体
快速成型工艺方法

Ennex 公司提出了一种新型叠层实体制造工艺，称为 "Offset Fabrication" 方法。该方法使用的薄层材料为双层结构，如图 4-13（a）所示。上面一层为制作原型的叠层材料，下面的薄层材料是衬材。双层薄层材料在叠层之前进行轮廓切割，将叠层材料按照当前的轮廓进行切割，然后进行粘结堆积，如图 4-13（b）所示。粘结后，衬层材料与叠层材料分离，带走当前叠层材料的余料。这种方法只适用于当前叠层需要去除余料的面积小于叠层实体面积的情况，否则，余料就会依然全部粘结在前一叠层上。

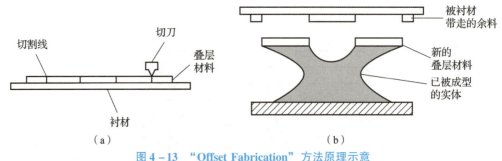

图 4-13　"Offset Fabrication" 方法原理示意
（a）切割；（b）堆积

例如，成型图 4-14（a）所示的原型中灰色的叠层，进行图 4-14（b）所示的轮廓切割，然后按照图 4-14（c）所示粘结在一起，当衬层材料移开时，未能像预期的

图4-14（d）所示的情况带走余料，而是像图4-14（e）所示，所有的叠层材料全部粘结在前一叠层上。

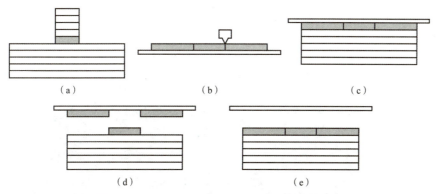

（a）　　　　　　　　（b）　　　　　　　　（c）

（d）　　　　　　　　　（e）

图4-14　"Offset Fabrication" 方法存在的问题

针对 "Offset Fabrication" 方法存在的上述问题，Inhaeng Cho 提出了另外一种新的叠层实体制造工艺。Inhaeng Cho 提出的新工艺仍然采用双层薄层材料，只是衬层材料只起粘结作用，而叠层材料被切割两次。首先切割内孔或内腔的内轮廓，之后，内孔或内腔的余料在衬层与叠层分离时被衬层粘结带走，然后被去除内孔或内腔余料的叠层材料继续送进，与原来制作好的叠层实现粘结，接着进行第二次切割，切割其余轮廓。该工艺的整个流程分为6步，如图4-15所示。

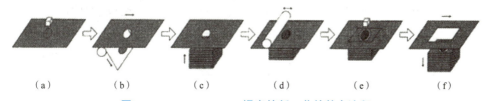

（a）　　　（b）　　　（c）　　　（d）　　　（e）　　　（f）

图4-15　Inhaeng Cho 提出的新工艺的整个流程

学习单元4.6　叠层实体制造的精度及控制

学习目标

（1）了解叠层实体制造工艺中影响精度的因素，并分析造成误差的原因。

（2）了解叠层实体制造中激光器及其控制对成型精度的影响。

（3）能够对后处理工艺步骤中的网格进行正确的处理。

（4）能够掌握空行程优化的应用原理。

4.6.1　叠层实体制造精度分析

1. 叠层实体制造误差分析

（1）CAD 模型 STL 文件输出造成的误差。

（2）切片软件 STL 文件输入设置造成的误差。

（3）设备精度约束不一致、成型功率控制不当、工艺参数不稳定造成的误差。

（4）成型后环境引起的热变形、湿变形等造成的误差。

具体情况如图 4-16 所示。

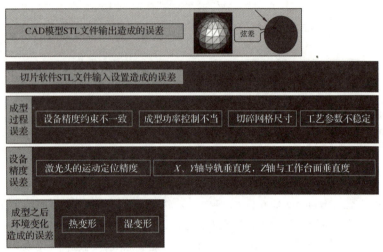

图 4-16　叠层实体制造误差分析

2. 提高叠层实体制造精度的措施

（1）可以根据零件形状的不同复杂程度进行 STL 转换。在保证成型件形状完整平滑的前提下，尽量避免过高的精度。不同的 CAD 软件所用的精度范围也不一样，例如 Pro/E 所选用的精度范围是 0.01~0.05 mm，UG 所选用的精度范围是 0.02~0.08 mm。如果零件细小、结构较复杂，则可将转换精度设置得高一些，如图 4-17 所示。

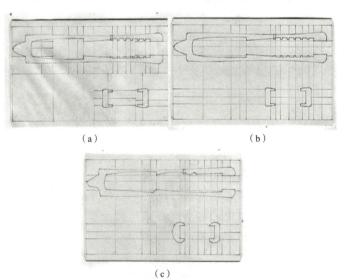

图 4-17　不同 CAD 软件 STL 精度和切边软件精度对比

（a）CAD STL 精度：0.08，切片软件精度：0.08；（b）CAD STL 精度：0.08，切片软件精度：0.01；（c）CAD STL 精度：0.08，切片软件精度：2.00

（2）STL 文件输出精度的取值应与相对应的原型制作设备上切片软件的精度匹配。STL 文件输出精度过高会使切割速度严重降低，过小会引起轮廓切割的严重失真。

（3）模型的成型方向对工件品质（尺寸精度、表面粗糙度、强度等）、材料成本和制作时间产生很大的影响。一般而言，无论哪种快速成型方法，由于不易控制工件 Z 方向的翘曲变形等原因，工件的 $X-Y$ 方向的尺寸精度比 Z 方向的尺寸精度更易保证，应该将精度要求较高的轮廓尽可能放置在 $X-Y$ 平面。

（4）切碎网格的尺寸有多种设定方法。当原型形状比较简单时，可以将切碎网格尺寸设定得大一些，以提高成型效率；当原型形状复杂或内部有废料时，可以采用变网格尺寸的方法进行设定，即在原型外部采用大网格划分，在原型内部采用小网格划分。

（5）处理湿胀变形的一般方法是涂漆。为了考察原型的吸湿性及涂漆的防湿效果，选取尺寸相同的通过快速成型机成型的长方形叠层块，经过不同处理后，将其置入水中 10 min 进行实验，其尺寸和质量的变化情况见表 4-4。

表 4-4　叠层块体的湿变形引起的尺寸和质量变化

叠层块	叠层块初始尺寸 $(X \times Y \times Z)$ /mm	叠层块初始质量/g	置入水中后的尺寸 $(X \times Y \times Z)$ /mm	叠层方向增长高度/mm	置入水中后的质量/g	吸入水分的质量/g
未经过处理的叠层块	$65 \times 65 \times 110$	436	$67 \times 67 \times 155$	45	590	164
刷一层漆的叠层块	$65 \times 65 \times 110$	436	$65 \times 65 \times 113$	3	440	4
刷两层漆的叠层块	$65 \times 65 \times 110$	436	$65 \times 65 \times 110$	0	440	2

从表 4-4 可以看出，未经任何处理的叠层块对水分十分敏感，在水中浸泡 10 min，叠层方向便增长 45 mm，增长 41%，而且水平方向的尺寸也略有增长，吸入水分的质量达到 164 g，说明未经处理的原型无法在水中使用，或者在潮湿环境中不宜存放太久。为此，将叠层块涂上薄层漆进行防湿处理。从试验结果看，涂漆起到了明显的防湿效果。在相同浸水时间内，叠层方向仅增长 3 mm，吸水质量仅为 4 g。当涂刷两层漆后，原型尺寸已得到稳定控制，防湿效果十分理想。

4.6.2　叠层实体制造对激光器及其控制的特殊要求

（1）激光输出能量稳定且能够随扫描速度的变化而变化，因此设备需要装备自动匹配软件，使之能够根据激光的瞬时切割速度自动调节激光输出功率。在快速切割直线时有足够的切割功率，在低速切割圆弧曲线时有较低的切割功率。

（2）激光器能够快速开启和关闭。

（3）激光束光斑尺寸能够自动补偿，能自动快速识别截面的内、外轮廓边界，能根据激光的光斑尺寸自动向内或向外偏移半个光斑尺寸，从而保证实际边界轮廓与理论边界轮廓一致。在成型由分段折线围成轮廓的切片截面时，激光头存在多次启停现象。在切割一条折线段时，激光头从开始启动、加速最后达到匀速。在要切割完毕时，扫描速度则存在相反的变化过程，从恒定的扫描速度开始，经过减速最后变为零。如果折线段长度很短，则过渡过程在切割过程中所占比例很大。如果激光器输出功率不变，当扫描速度变小时，激光头在特定距离内停留时间延长，纸材吸收能量增加，激光热影响区扩大，使切口变宽，尺寸精度降低。当扫描速度变大时，激光头在特定距离内停留时间缩短，难以进行切割。因此，在叠层实体制造中，激光功率与扫描速度的匹配至关重要。

4.6.3 叠层实体制造的成型效率

影响叠层实体制造成型效率的因素很多，在实际生产中，可以从设备、工艺、控制各个方面进行优化和完善，以达到提高成型效率的目的。

将加工平面分为不同加工区域进行并行加工，控制系统同时驱动多套扫描系统进行快速成型，可以显著提高成型效率。例如将一个矩形区域分割为两个区域进行并行加工，成型效率可以提高40%。

在普通叠层实体制造工艺中，激光扫描切割后工作台下降以实现剩余纸材与成型件的分离，这种方法的脱纸效率很低。通过分析脱纸工艺可知，脱纸操作的实质是使切割边框与工作台相对保持一定距离。基于该原则利用涂敷纸上升实现脱纸，可缩短成型周期30%。

在普通叠层实体制造工艺中，各工艺过程顺序排列，即每一个工艺过程结束后，再开始下一个工艺过程。通过对工艺的分析，结合控制系统的硬件特性以及对多个工艺过程的并行控制，对部分过程进行叠加，可以缩短成型周期。

通过对扫描机构惯性问题的分析以及扫描速度与激光功率实时匹配问题的研究，可提高激光扫描加工速度，进而提高成型效率。通过研究开发适合大型原型成型的热压系统，提高热压工艺的传热效率和热压速度，可以实现总体成型效率的提高。

4.6.4 网格处理

成型后的模型完全埋在废料中，需要将废料划分成碎块才能使其与制件分离，因此需要在成型过程中对每一个加工层面用激光将废料部分划分成网格，在高度方向上废料网格保持位置和大小一致，加工完成后废料就成为可以分离的小碎块。网格的划分方式直接影响模型的加工效率和废料的可剥离性，过密的网格虽然容易剥离废料，但是加工切割网格花费的时间过长，稀疏的网格导致废料很难剥离，甚至损坏制件细节。图4-18所示为废料的清理过程。

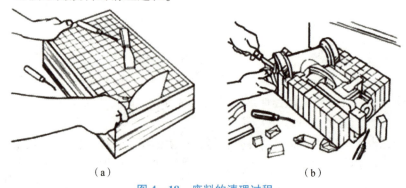

（a）　　　　　　　　　　　　　　　　（b）

图4-18　废料的清理过程

（a）从制块中取出制件；（b）剔除外部废料

图 4-18　废料的清理过程（续）

（c）剔除内部废料；（d）制件

从废料剥离的角度来说，网格划分应该满足以下要求。

（1）网格层间一致。只有网格线在层与层之间的位置和间距一致，才能保证形成有效的切口，废料才能被划分成碎块。

（2）对制件的凹洞等部分，需要根据凹洞的窄小程度划分致密网格，否则凹洞将难以掏空。

（3）尖角、薄壁等制件的细小部分位置附近要专门划分网格，否则剥离废料时会损伤制件。

（4）如果制件在加工方向上有突变，则需要在突变处划分致密网格，否则废料会和制件粘连在一起。在此基础上，更多的网格不会显著改善废料的可剥离性，反而会导致废料碎块太小而延长剥离时间，激光切割时间大大延长，降低成型效率。

4.6.5　空行程优化

X、Y 轴通过滚轴丝杠传动，因此机械惯性大，加工速度低。在实际运动过程中，轮廓和网格线的切割时间受制于设备性能，不可能提高，因此减少空行程就显得特别重要。空行程是指激光头从一个轮廓环移动到另一个轮廓环，或者从一个网格线移动到另一个网格线的过程，在此期间激光器不开启。空行程的运行时间直接依赖软件设置的加工顺序，通过对路径进行优化可以显著减少空行程，对网格线的加工也可以进行类似优化。对轮廓和网格的路径与加工顺序进行优化能显著提高叠层实体制造的加工速度。图 4-19 中的实线表示轮廓环，黑点为环加工起点，虚线表示空行程。路径优化后的空行程显然少得多。

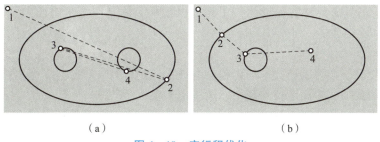

（a）　　　　　　　　　　　　（b）

图 4-19　空行程优化

学习单元 4.7　叠层实体制造技术的特点与应用

（1）了解叠层实体制造技术的特点。

（2）掌握叠层实体制造技术的应用。

4.7.1　叠层实体制造技术的特点

1. 优点

与其他快速成型工艺相比，叠层实体制造技术具有以下优点。

（1）制件精度高。这是因为在薄层材料选择性切割成型时，在原材料中，只有极薄的一层热熔胶发生状态变化，即由固态变为熔融态，而主要的基底材料仍保持固态不变，因此翘曲变形较小，无内应力。

（2）叠层实体制造中激光束只需按照分层信息提供的截面轮廓线切割，而无须对整个截面进行扫描，且无须设计和制作支撑，因此制作效率高、成本低。结构制件能承受高达 200 ℃的温度，有较高的硬度和较好的机械性能，可进行各种切削加工。

2. 缺点

由于材料质地原因，以叠层实体制造技术加工的成型件抗拉性能和弹性不佳；易吸湿膨胀，需进行表面防潮处理；薄壁件、细柱状件的废料剥离比较困难；成型件表面有台阶纹，需进行打磨处理。

叠层实体制造工艺最适合制造较大尺寸的快速成型件。成型件的力学性能较好。叠层实体制造工艺的制模材料因涂有热熔胶和特殊添加剂，其成型件硬如胶木，有较好的力学性能，且有良好的机械加工性能。可方便地对成型件进行打磨、抛光、着色、涂饰等表面处理，获得表面十分光滑的成型件。成型件的精度高而且稳定。成型件的原材料（纸）价格比其他工艺的原材料低。

4.7.2　叠层实体制造技术的应用

叠层实体制造技术在精细产品和塑料件成型等方面不及光固化成型技术具有优势，但在比较厚重的结构件模型制作、实物外观模型制作、砂型铸造、快速模具母模制作、制鞋等方面，其具有独特的优越性，尤其是以叠层实体制造技术制成的制件具有很好的切削加工和粘结性能。

1. 产品模型的制作

（1）采用叠层实体制造技术与转移涂料技术，制作铸件和铸造用金属模具。

（2）采用叠层实体制造技术制作铸造用消失模。

（3）采用叠层实体制造技术制作石蜡件的蜡模、融模精密铸造中的消失模。

2. 快速模具的制作

（1）可直接制作纸质功能制件，用于新产品开发中工业造型的结构设计验证及外观评价。

（2）利用材料的粘结性能，可制作尺寸较大的制件，也可制作复杂的薄壁件，如图4-20（a）所示。

（3）借助真空注塑制作硅橡胶模具，试制少量的新产品，如图4-20（b）所示。

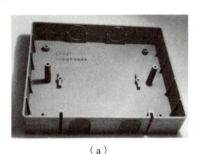
（a）

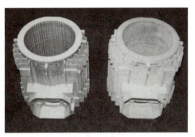
（b）

图4-20　样品图片
（a）运用叠层实体制造系统所制作的薄壳件；
（b）快速原型件（左）与铸造成品（右）

3. 新产品在研制开发期间的试验验证

利用CAD技术进行新产品的设计，虽然能够提高产品的设计效率，但设计人员只能借助于计算机，利用软件模拟来评判产品，无法使设计者以及用户直接评判设计的效果，也无法让工艺人员直接评判结构的合理性以及生产的可行性。例如，对于图4-21所示的形状复杂的产品，可能就存在这样的问题。

图4-21　运用叠层实体制造技术制作的具有复杂形状的零件原型

利用叠层实体制造技术，可以较快地制作出样品的实物模型，供设计人员和用户直接进行测量、模拟装配、功能试验和性能测试，因此能够快速、经济地验证设计人员的设计思想以及产品结构的合理性、可制造性、可装配性和美观性，找出设计的缺陷，并通过修改来完善产品设计。很显然，采用这样的方法，能够缩短新产品的设计周期，并且使设计结果更加符合用户的使用要求以及制造工艺要求，使设计更为完善，同时也能有效避免盲目投产造成的浪费。

4. 新产品投放市场前的调研与宣传

如果利用叠层实体制造技术快速制作出产品的替代品，那么在将新产品投放市场之前，就能够用替代品在潜在的用户群中进行调研与宣传，从而使企业能够及时了解用户对新产品的意见以及需求量，并以此确定是否向市场投放新产品，为企业进行有效决策提供依据。此外，如果决定向市场投放新产品，还能够根据调研结果确定新产品的生产规模和价格。

1）间接快速制模

叠层实体制造技术是间接快速制模技术所涉及的快速成型方法之一，主要有以下两种制模方法。

（1）先通过叠层实体制造技术成型模型（塑料模型或蜡模型等），然后利用相应的铸造、金属喷涂或者电极成型等方法制作成型模具。

（2）先通过叠层实体制造技术制作出铸型（砂型或壳型），然后通过铸造的方式，将对应的砂型或壳型制作成模具。叠层实体制造技术的最大应用领域之一是铸造业。将精密铸造工艺与叠层实体制造技术有机结合，形成了快速铸造技术。快速铸造技术兼具精密铸造与计算机数控加工的优点，能够有效减少产品的生产时间和费用。

2）直接生产小批量和形状复杂的零件

对于形状复杂或者生产批量较小的零件，如果材料是陶瓷、塑料、金属材料，或者它们的复合材料，则可以直接用叠层实体制造技术实现快速成型。零件直接实现快速成型有着非常重要的应用价值。由于分层实体制造技术是通过材料堆积的方式将CAD 实体模型转换成物理模型，因此在成型过程中不需要任何专业工具，就能够将零件或者原型快速地制作出来。

学习单元4.8　技能训练：叠层实体制造技术实训

1. 实训目的及要求

1）实训目的

（1）掌握叠层实体制造设备的工作原理及操作。

（2）掌握叠层实体制造技术的工艺过程。

（3）能独立完成简单产品的制作。

2）实训要求

（1）必须穿工作服，戴手套，不得随意用手触摸电路系统。

（2）实训期间严格遵守纪律，不得在实训室打闹、玩手机等。

（3）在实训过程中不得私自外出；按时上、下课，有事必须向实训指导老师请假。

（4）认真听课，细心观察，遇到不懂的问题要及时请教实训指导老师。

（5）独自操作时，要严格遵守操作规程，不可随意调整设备参数；注意培养团队协作能力，提升职业素养。

（6）实训结束后提交一份实训报告。

2. 设备工具

SSM - 800 快速成型制造系统是实现叠层实体制造工艺的国产设备，它采用 CO_2 激光器在数控系统的控制下切割涂覆纸，通过热压层层粘结成型。

3. 实训步骤

1）机械结构

SSM - 800 快速成型制造系统的结构示意如图 4 - 22 所示，它主要由以下几部分组成。

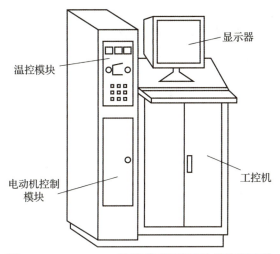

图 4-22　SSM-800 快速成型制造系统的结构示意

（1）设备本体；

（2）X、Y 扫描机构；

（3）Z 轴升降机构；

（4）走纸机构；

（5）激光系统。

2）控制软件操作界面

（1）CLI 窗口设置。

CLI 窗口具有参数设定、坐标变换等功能。

CLI 模型二维显示时，"PAGEDOWN""PAGEUP" 键用来放大、缩小模型。上、下、左、右 4 个键可以在 CLI 窗口中平移 CLI 模型。在 CLI 窗口中按住鼠标左键，然后拖动，也可平移 CLI 模型。

CLI 窗口中有两个标尺条，用来显示 CLI 模型的坐标。用户可以在 CLI 显示设置中设定是否显示标尺条。CLI 窗口底部显示总层数和当前层数。

（2）工艺参数设置。

①运动速度。

设定激光头运动速度，单位为 mm/s。

a. 轮廓：设定扫描轮廓时的运动速度。

b. 网格：设定扫描网格时的运动速度。

c. 边框：设定扫描边框时的运动速度。

d. 空程：设定非扫描路径段的运动速度。

e. 网格功率比例：以扫描轮廓运动速度为 1 进行比例设置，从而改变激光切割的功率和速度比率。

f. 边框功率比例：同上。

②路径参数。

a. 加速时间：设定激光头运动路径中的加/减速时间，单位为 s。

b. 最大夹角：设定可以连续运动的两条直线段之间角度的最大变化值。

③工作台参数。

a. 运动速度：设定工作台的运动速度，单位为 mm/s。

b. 下降距离：设定每加工完成一层后，工作台下降的距离。

④热压参数。

a. 走纸距离：设定每层加工所需送料长度（图 4 – 23）。

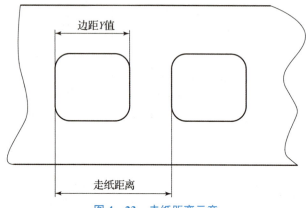

图 4 – 23　走纸距离示意

b. 走纸速度：设定送纸的速度，单位为 mm/s。

c. 热压速度：设定热压速度，单位为 mm/s。

d. 胶纸厚度：设定实测纸厚调整值，默认值为 0.1 mm。

⑤激光功率匹配。

a. 最大功率：默认值为 35 W。

b. 匹配速度：默认值为 600 mm/s。

⑥基底。

a. 层数：设定自动加工的基底层数。

b. 网格间距：设定基底的网格间距。

⑦其他参数。

a. 测高零位读数：设定工作台零位时测高传感器读数。

b. 纸卷半径：设定每次重装新纸卷后的实测半径。

4. 考核项目

（1）实训过程中的实训态度、实训纪律。

（2）实训笔记及实习报告的完成情况。

（3）成型原理、工艺过程的掌握情况。

（4）实际生产出的制件质量。

小贴士

　　养成严格执行与职业活动相关的、保证工作安全和防止意外的规章制度的素养，并进一步树立效率意识、成本意识，培养严谨细致的工匠品质。

5. 学习评价

学习效果考核评价见表 4 – 5。

表4-5 学习效果考核评价

评价指标	评价要点	评价结果				
		优	良	中	及格	不及格
理论知识	SSM-800快速成型制造系统的工作原理及成像原理					
技能水平	1. 三维数据模型的拟合与加载导入					
	2. 三维数据模型的摆放及分层					
	3. SSM-800快速成型制造系统的打印操作					
安全操作	SSM-800快速成型制造系统的安全维护及后续保养					

总评	评别	优	良	中	及格	不及格	总评得分
		90~100	80~89	70~79	60~69	<60	

小贴士

通过学习效果考核评价表的填写，分析问题，查阅资料，制定解决问题的方案，解决问题，完成加工任务，进行自检与总结。

6. 项目拓展训练

学习工单见表4-6。

表4-6 学习工单

任务名称	以叠层实体制造技术制作轮胎零件		日期	
班级			小组成员	
任务描述	1. 用UG软件设计一个轮胎零件的三维数据模型，并采用3D打印机对应的切片软件对三维数据模型完成切片设计； 2. 使用SSM-800快速成型制造系统制作轮胎零件，并完成相应的后处理工序； 3. 要求零件外观完好 			
任务实施步骤				

学习笔记

任务名称	以叠层实体制造技术制作轮胎零件			日期	
班级			小组成员		
评价细则	专业能力	基础知识（10分）		素质能力	正确查阅文献资料（10分）	
		UG图纸设计（10分）			严谨的工作态度（10分）	
		切片文件设计（10分）			语言表达能力（10分）	
		设备运行（20分）			团队协作能力（20分）	
	成绩					

 学有所思

　　叠层实体制造技术是快速成型技术之一，是集精密机械、材料科学、CAD、计算机数控加工等技术为一体的高新技术。利用叠层实体制造技术，不需要通过传统的切削方法就能够制作出零件。叠层实体制造技术自20世纪80年代问世并得到应用以来，得到了迅速的发展。航天航空、机械、汽车、电器、建筑以及医疗等行业已广泛利用该技术进行产品概念设计的可视化、造型设计的评估、产品装配的检验以及快速模具的制造等。本学习情境论述了叠层实体制造技术的原理，并说明了它的研究现状及应用领域。

 思考题

　　4-1　简述叠层实体制造技术的基本原理。

　　4-2　简述叠层实体制造技术的特点。

　　4-3　当前开发出来的叠层实体快速成型材料主要有几种？其中常用的是哪种？

　　4-4　列举叠层实体制造设备的主要类型。

　　4-5　影响叠层实体制造成型精度的因素有哪些？

　　4-6　提高叠层实体制造质量的措施有哪些？

　　4-7　简述"Offset Fabrication"方法的基本原理。

学习情境 5 熔融沉积成型技术

情境导入

从事模型制造的美国 Rapid Models & Prototypes 公司采用熔融沉积成型工艺为生产厂商 Laramie Toys 制作了玩具水枪模型，如图 5 – 1 所示。借助熔融沉积成型工艺制作玩具水枪模型，通过将多个零件一体制作，减少了以传统制作方式制作模型的部件数量，避免了焊接与螺纹连接等组装环节，显著提高了模型制作的效率。

 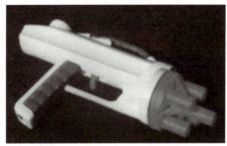

图 5 – 1 玩具水枪模型

熔融沉积成型技术已被广泛应用于汽车、机械、航空航天、家电、通信、电子、建筑、医疗、玩具等产品的设计开发过程，如产品外观评估、方案选择、装配检查、功能测试、用户看样订货、塑料件开模前校验设计以及少量产品制造等，也应用于政府、大学及研究所等机构。

内容摘要

熔融沉积成型（Fused Deposition Modeling，FDM）是继光固化成型和叠层实体制造工艺后的另一种应用比较广泛的快速成型工艺。美国 Stratasys 公司开发的 FDM 制造系统的应用最为广泛。该公司自 1993 年开发出第一台 FDM1650 机型后，先后推出了 FDM2000、FDM3000、FDM8000 机型及 1998 年推出的引人注目的 FDM Quantum 机型。FDM Quantum 机型的最大造型尺寸达到 600 mm × 500 mm × 600 mm。此外，该公司推出的 Dimension 系列小型 FDM3D 打印设备得到市场的广泛认可，仅 2005 年的销量就突破了 1 000 台。我国的清华大学与北京殷华公司也较早地进行了熔融沉积成型工艺商品化系统的研制工作，并推出熔融挤压制造设备 MEM 250 等。

学习单元 5.1　熔融沉积成型技术发展历史

学习目标

（1）了解熔融沉积成型技术发展历史。

（2）能够叙述熔融沉积成型技术的发展历程。

（3）通过学习熔融沉积成型技术的发展历史，树立效率意识、成本意识。

熔融沉积成型技术是 20 世纪 80 年代末，由美国 Stratasys 公司发明的技术，是继光固化成型技术和叠层实体制造技术后的另一种应用比较广泛的 3D 打印技术。1992 年，Stratasys 公司推出了世界上第一台基于熔融沉积成型技术的 3D 打印机——"3D 造型者"（3D Modeler），这也标志着熔融沉积成型技术步入商用阶段。由于熔融沉积成型技术不需要激光系统支持，成型材料多为 ABS、PLA 等热塑性材料，因此性价比较高，是桌面级 3D 打印机广泛采用的技术。

在国内方面，对于熔融沉积成型技术的研究最早包括清华大学、西安交通大学、华中科技大学等几所高校，其中，清华大学下属的企业于 2000 年推出了基于熔融沉积成型技术的商用 3D 打印机，近年来也涌现出北京太尔时代（图 5-2）、杭州先临三维等多家将 3D 打印机技术商业化的企业。

图 5-2　太尔时代是国内桌面级 3D 打印机的代表企业

2009 年，熔融沉积成型关键技术专利过期，基于熔融沉积成型技术的 3D 打印公司开始大量出现，该行业也迎来了快速发展期，相关设备的成本和售价大幅降低。数据显示，专利到期之后桌面级熔融沉积成型 3D 打印机的价格从超过 1 万美元下降至几百美元，销售数量也从几千台上升至几万台。

对于 3D 打印而言，材料是关键。熔融沉积成型技术涉及的材料主要包括成型材料和支撑材料。根据技术特点，要求成型材料具有熔融温度低、黏度低、粘结性好、收缩率低等特点；支撑材料要求具有能够承受一定的高温、与成型材料不浸润、具有水溶性或者酸溶性、具有较低的熔融温度、流动性好等特点。

熔融沉积成型技术的应用领域包括概念建模、功能性原型制作、制造加工、最终用途零件制造、修整等方面，涉及汽车、医疗、建筑、娱乐、电子等领域，随着技术的进步，熔融沉积成型技术的应用还在不断拓展，如图5-3所示。

图5-3　熔融沉积成型技术制作的产品

熔融沉积成型技术的优点包括成本低、成型材料范围较广、环境污染较小、设备及材料体积较小、原料利用率高、后处理相对简单等；缺点包括成型时间较长、精度低、需要支撑材料等。

与其他3D打印技术相比，熔融沉积成型技术不涉及激光、高温、高压等危险环节，同时其体积也较小，是成本相对较低的3D打印技术，能够大量应用于家庭及办公室环境，随着关键技术专利的到期，熔融沉积成型技术的应用领域还在不断拓展，前景值得期待。

学习单元5.2　熔融沉积成型技术工艺原理

学习目标

（1）了解熔融沉积成型技术的发展状况。
（2）能够理解熔融沉积成型工艺中的单喷头工艺原理及双喷头工艺原理。
（3）能够分析熔融沉积成型工艺的优点及缺点。

5.2.1　熔融沉积成型技术概况

3D打印技术是在计算机的控制下，基于增材制造原理，立体逐层堆积离散材料，进行零件原型或最终产品的成型与制造的技术。该技术以计算机三维设计模型为蓝本，通过软件分层离散和数控成型系统，将三维实体变为若干个二维平面，利用激光束、电子束、热熔喷嘴等将粉末、热塑性材料等特殊材料进行逐层堆积粘结，最终叠加成型，制造出实体产品。

经过几十年的发展，人们目前已经开发出多种3D打印技术，从大类上划分为挤出成型、粒状物料成型、光聚合成型和其他成型几大类。基础成型主要代表技术为熔融沉积成型；粒状物料成型主要包括电子束熔化成型、选择性激光烧结、3D喷印、选择性热烧结（SHS）等；光聚合成型主要包括光固化成型、数字光处理（DLP）、聚合物喷射（PI）；其他成型包括激光熔覆快速制造（LENS）、熔丝制造（FFF）、熔化压模（MEM）、叠层实体制造等，见表5-1。

表 5-1　3D 打印主要实现技术

类型	技术	基本材料
挤出成型	熔融沉积成型	热塑性材料（如 PLA、ABS）、共融金属、可食用材料
粒状物料成型	直接金属激光烧结（DMLS）	几乎任何金属合金
	电子束熔化成型	钛合金
	选择性热烧结	热塑性粉末
	选择性激光烧结	热塑性塑料、金属粉末、陶瓷粉末
	基于粉末床、喷头和石膏的 3D 打印	石膏
光聚合成型	光固化成型	光敏树脂
	数字光处理	液体树脂

其中熔融沉积成型、光固化成型、叠层实体制造、选择性激光烧结、3D 喷印为主流技术，熔融沉积成型工艺一般采用热塑性材料，以丝状形态供料。材料在喷头内被加热熔化，喷头沿零件截面轮廓和填充轨迹运动，同时将熔化的材料挤出，材料迅速凝固，并与周围的材料凝结；光固化成型工艺是一种采用激光束逐点扫描液态光敏树脂使之固化的快速成型工艺；叠层实体制造工艺是快速原型工艺中具有代表性的工艺之一，是以激光切割薄层材料，由黏结剂黏结各层成形；选择性激光烧结工艺是采用红外激光作为热源来烧结粉末材料，并以逐层堆积的方式成型三维零件的一种快速成型工艺；3D 喷印工艺与选择性激光烧结工艺类似，采用粉末材料成型，如陶瓷粉末、金属粉末，所不同的是材料粉末不是通过烧结连接起来的，而是通过喷头用粘结剂将零件的截面"印刷"在材料粉末上面。

5.2.2　熔融沉积成型工艺原理

1. 熔融沉积成型单喷头工艺原理

熔融沉积又叫作熔丝沉积，它是将丝状的热熔性材料加热熔化，通过带有一个微细喷嘴的喷头挤喷出来。喷头可沿着 X 轴方向

视频：FDM 工艺原理

移动，而工作台则沿 Y 轴方向移动。如果热熔性材料的温度始终稍高于固化温度，而成型部分的温度稍低于固化温度，就能保证热熔性材料被挤喷出喷嘴后，随即与前一层面熔结在一起。一个层面沉积完成后，工作台按预定的增量下降一个层的厚度，继续熔融沉积，直至完成整个实体造型。熔融沉积成型单喷头工艺原理如图 5-4 所示。

将实芯丝材原材料缠绕在供料辊上，由电动机驱动供料辊旋转，供料辊和丝材之间的摩擦力使丝材向喷头的出口送进。在供料辊与喷头之间有一导向套，导向套采用低摩擦材料制成，以便丝材能顺利、准确地由供料辊送到喷头的内腔（最大送料速度为 10~25 mm/s，推荐速度为 5~18 mm/s）。喷头的前端有电阻丝式加热器，在其作用下，丝材被加热熔融（熔模铸造蜡丝的熔融温度为 74 ℃，机加工蜡丝的熔融温度为 96 ℃，聚烯烃树脂丝的熔融温度为 106 ℃，聚酰胺丝的熔融温度为 155 ℃，ABS 塑料丝

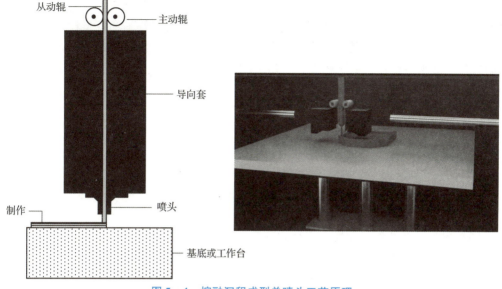

图中标注：从动辊、主动辊、导向套、喷头、制作、基底或工作台

图 5 - 4　熔融沉积成型单喷头工艺原理

的熔融温度为270 ℃），然后通过出口（内径为0.25～1.32 mm，随材料的种类和送料速度而定）涂覆至工作台上，并在冷却后形成界面轮廓。由于受结构的限制，加热器的功率不可能太高，因此，丝材一般为熔点不太高的热塑性塑料或蜡。丝材熔融沉积的层厚随喷头的运动速度（最高速度为380 mm/s）而变化，通常最大层厚为0.15～0.25 mm。

2. 熔融沉积成型双喷头工艺原理

熔融沉积成型工艺在原型制作时需要同时制作支撑，为了节省材料成本和提高沉积效率，新型熔融沉积成型设备采用了双喷头，如图5-5所示。

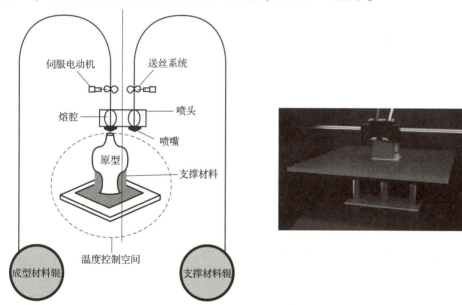

图中标注：伺服电动机、送丝系统、熔腔、喷头、喷嘴、原型、支撑材料、温度控制空间、成型材料辊、支撑材料辊

图 5 - 5　熔融沉积成型双喷头工艺原理

一个喷头用于沉积成型材料，一个喷头用于沉积支撑材料。一般来说，成型材料

丝精细而且成本较高，沉积的效率也较低。而支撑材料丝较粗且成本较低，沉积的效率也较高。双喷头的优点除了在沉积过程中具有较高的沉积效率和降低模型制作成本以外，还可以灵活地选择具有特殊性能的支撑材料，以便在后处理过程中进行支撑材料的去除，如水溶材料、低于模型材料熔点的热熔材料等。

5.2.3　熔融沉积成型工艺特点

熔融沉积成型技术已经基本成熟，熔融沉积成型工艺具有以下优点。

（1）设备以数控方式工作，刚性好，运行平稳。

（2）X、Y轴采用精密伺服电动机驱动，由精密滚珠丝杠传动。

（3）实体内部以网格路径填充，使原型表面质量更高。

（4）可以对 STL 文件实现自动检验和修补。

（5）可自动补偿丝材宽度，保证制件精度。

（6）挤压喷头无流涎、响应快。

（7）精密微泵增压系统控制的远程送丝机构可确保送丝过程持续和稳定。

（8）设备构造和原理简单，运行维护费用低（无激光器）。

（9）原材料无毒，适宜在办公环境下安装使用。

（10）用蜡成型的零件原型，可以直接用于失蜡铸造。

（11）可以成型任意复杂程度的零件。

（12）无化学变化，制件的翘曲变形小。

（13）原材料利用率高，且寿命长。

（14）支撑去除简单，无须化学清洗，分离容易。

（15）可直接制作彩色原型。

熔融沉积成型工艺的缺点如下。

（1）成型件表面有较明显的条纹。

（2）沿成型轴垂直方向的强度比较低。

（3）需要设计与制作支撑。

（4）原材料价格高。

（5）需要对整个截面进行扫描涂覆，成型时间较长。

学习单元 5.3　熔融沉积成型材料

学习目标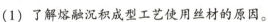

（1）了解熔融沉积成型工艺使用丝材的原因。

（2）了解熔融沉积成型工艺对成型材料的性能要求。

（3）了解熔融沉积成型工艺对支撑材料的性能要求。

（4）通过对熔融沉积成型工艺对成型材料的性能要求的学习，能够指出不同性能的丝材的适用场合以及选择方案等。

熔融沉积成型技术的关键在于热熔喷头，喷头温度的控制要求使材料挤出时既保持一定的形状又有良好的粘结性能。除了热熔喷头外，成型材料的相关特性（如材料的黏度、熔融温度、粘结性以及收缩率等）也是该技术应用过程中的关键。

熔融沉积成型工艺使用的材料分为两部分：一类是成型材料，另一类是支撑材料。

5.3.1 熔融沉积成型工艺对成型材料的性能要求

1. 黏度

成型材料的黏度低、流动性好，阻力就小，有助于成型材料顺利挤出。若成型材料的流动性差，需要很大的送丝压力才能挤出，则会延长喷头的启停响应时间，从而影响成型精度。

2. 熔融温度

若成型材料的熔融温度低，则成型材料在较低温度下挤出，有利于延长喷头和整个机械系统的寿命，可以减小成型材料在挤出前后的温差，减小热应力，从而提高成型精度。

3. 粘结性

熔融沉积成型工艺是基于分层制造的一种工艺，层与层之间往往是零件强度最低的地方，粘结性的好坏决定了制件成型以后的强度。若粘结性过差，则有时在成型过程中热应力会造成层与层之间开裂。

4. 收缩率

喷头内部需要保持一定的压力才能将成型材料顺利挤出，挤出后成型材料一般会发生一定程度的膨胀。如果成型材料的收缩率对压力比较敏感，则喷头挤出的成型材料丝直径与喷嘴的名义直径相差太大，影响成型精度。成型材料的收缩率对温度不能太敏感，否则会产生制件翘曲、开裂。

综上所述，熔融沉积成型工艺对成型材料的要求是熔融温度低、黏度低、粘结性好、收缩率低，见表5-2、表5-3。

表5-2 熔融沉积成型工艺成型材料的基本信息

材料	适用的设备系统	可供选择的颜色	备注
ABS 丙烯腈丁二烯苯乙烯	FDM1650、FDM2000、FDM8000、FDMQuantum	白、黑、红、绿、蓝	耐用的无毒塑料
ABSi 医学专用 ABS	FDM1650、FDM2000	黑、白	被食品及药物管理局认可的、耐用的且无毒的塑料
E20	FDM1650、FDM2000	所有颜色	人造橡胶材料，与封铅、轴衬、水龙带和软管等使用的材料相似
ICW06 熔模铸造用蜡	FDM1650、FDM2000	—	—
可机加工蜡	FDM1650、FDM2000	—	—
造型材料	Genisys Modeler	—	高强度聚酯化合物，多为磁带式而不是卷绕式

表 5-3　熔融沉积成型工艺成型材料的性能指标

材料	抗拉强度/MPa	弯曲强度/MPa	冲击韧性/(J·m⁻²)	延伸率/%	肖氏硬度/HS	玻璃化温度/℃
ABS	22	41	107	6	105	104
ABSi	37	61	101.4	3.1	108	116
ABSplus	36	52	96	4	—	—
ABS-M30	36	61	139	6	109.5	108
PC-ABS	34.8	50	123	4.3	110	125
PC	52	97	53.39	3	115	161
PC-ISO	52	82	53.39	5	—	161
PPSF	55	110	58.73	3	86	230
E20	6.4	5.5	347	—	96	
ICW06	3.5	4.3	17	—	13	
Genisys 建模材料	19.3	26.9	32		62	—

5.3.2　熔融沉积成型工艺对支撑材料的性能要求

1. 能承受一定的高温

由于支撑材料要与成型材料在支撑面上接触，所以支撑材料必须能够承受成型材料的高温，在此温度下不产生分解与熔化。

2. 与成型材料不浸润，便于后处理

支撑是加工中采取的辅助手段，在加工完毕后必须去除，所以支撑材料与成型材料的亲和性不应太好。

3. 具有水溶性或者酸溶性

对于具有很复杂的内腔、孔等的原型，为了便于后处理，可通过支撑材料在某种液体里溶解的特性去除支撑。由于现在熔融沉积成型工艺所使用的成型材料一般是ABS工程塑料，该材料一般可以溶解在有机溶剂中，所以不能使用有机溶剂。目前人们已开发出水溶性支撑材料。

4. 具有较低的熔融温度

具有较低的熔融温度可以使支撑材料在较低的温度挤出，延长喷头的使用寿命。

5. 流动性好

由于支撑材料的成型精度要求不高，为了提高机器的扫描速度，要求支撑材料具有很好的流动性。

综上所述，熔融沉积成型工艺对支撑材料的要求是能够承受一定的高温、与成型材料不浸润、具有水溶性或者酸溶性、具有较低的熔融温度、流动性好等。

学习单元 5.4　熔融沉积成型设备

学习目标

（1）了解熔融沉积成型设备的组成。

（2）掌握气压式熔融沉积快速成型系统的工作原理。

（3）通过国内首家 FDM 生产商上市的事例，鼓励同学们在国产装备领域有所作为，争做引领中国装备制造变革的领军人才。

5.4.1　熔融沉积成型设备介绍

研究熔融沉积成型设备的企业和机构主要有美国的 Stratasys 公司、MedModeler 公司以及我国的清华大学等。

Scott Crump 在 1988 年提出了熔融沉积成型的思想，并于 1991 年开发了第一台商业机型。Stratasys 公司于 1993 年开发出第一台 FDM1650 机型（台面为 250 mm × 250 mm × 250 mm），如图 5 – 6 所示。

图 5 – 6　Stratasys 公司的 FDM 1650 机型

Stratasys 公司随后推出了 FDM2000、FDM3000 和 FDM8000 机型，其中 FDM8000 的台面达到 457 mm × 457 mm × 610 mm。引人注目的是 1998 年 Stratasys 公司推出的 FDM – Quantum 机型，最大成型体积为 600 mm × 500 mm × 600 mm，如图 5 – 7 所示。

图 5 – 7　Stratasys 公司的 FDM – Quantum 机型

　　由于 FDM – Quantum 机型采用了喷头磁浮定位系统，可在同一时间独立控制两个喷头，因此其成型速度为过去的 5 倍。Stratasys 公司在 1998 年与 MedModeler 公司合作开发了专用于一些医院和医学研究单位的 MedModeler 机型（使用 ABS 材料），并于 1999 年推出可使用聚酯热塑性塑料的 Genisys 改进机型 Genisys Xs，其成型体积可达 305 mm×203 mm×203 mm，如图 5 – 8 所示。

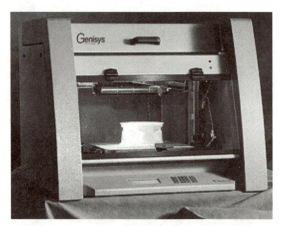

图 5 – 8　Stratasys 公司的 FDM – Genisys Xs 机型

5.4.2　熔融沉积成型设备系统介绍

1. 硬件系统

硬件系统由机械系统和控制系统组成。

1）机械系统

机械系统由运动、喷头、成型室、材料室等单元组成，多采用模块化设计，各个单元相互独立。

运动单元只完成扫描和喷头的升降动作，且运动单元的精度决定了整机的运动精度。

视频：FDM 系统介绍

加热喷头在计算机的控制下，根据产品零件的截面轮廓信息，作 $X-Y$ 平面运动和高度 Z 方向的运动。

成型室用来把丝状材料加热到熔融态，材料室用来存储所用的材料。

2）控制系统

控制系统由控制柜与电源柜组成，用来控制喷头的运动以及成型室的温度。喷头结构示意如图 5-9 所示。

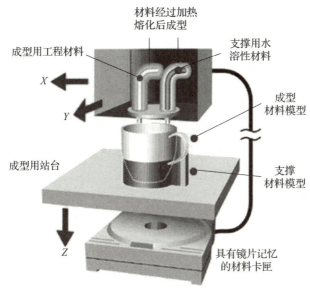

成型用工程材料

材料经过加热熔化后成型

支撑用水溶性材料

成型材料模型

X

Y

成型用站台

支撑材料模型

Z

具有镜片记忆的材料卡匣

图 5-9 喷头结构示意

3）电气控制

（1）硬件控制原理。

控制系统主要由两部分组成，即数控部分和温控部分。在控制系统中 PC 总线的 586 工控机通过数控卡对完成平面扫描的 X、Y 电动机和工作台升降的 Z 电动机进行控制，数控卡发出的控制信号也控制喷头的步进电动机和送丝电动机。

数控卡即运动控制卡。PMAC 为 PC 总线卡式 4 轴伺服电动机控制器，完成对 X、Y、Z 喷头的步进电动机的运动控制。计算机控制系统采用两级分布式结构，上位机为工业控制计算机，下位机为控制器，它们各自完成对特定单元的控制。上位机通过 PC 总线与各控制器相连。

预先产生的 NC 代码通过 PC 总线传送给数控卡后，由数控卡对扫描、升降等运动进行实时控制。X、Y、Z 运动单元用美国某公司 PMAC 的其中三轴控制，其中 X 和 Y 运动单元由伺服控制器、伺服驱动器、伺服电动机和传动导向机构 4 个部分构成，电动机上有编码器反馈，属于半闭环控制系统。Z 运动单元由步进控制器、DC 步进驱动器、步进电动机和传动导向机构 4 个部分构成，属于开环控制系统。

（2）各主要单元电气控制原理。

①X、Y、Z 运动单元。

PMAC 为 4 轴伺服电动机控制器。接口板可以认为也是其一部分，其上可连接伺服控制信号、反馈信号、限位开关信号等。Acc—8D 为 V/F（伏/频）转换卡，其上产生控制步进电动机的脉冲信号。传动与导向机构采用滚珠丝杠和滑动导轨，具有较高的精度和刚度。计算机根据分层路径信息，按 PMAC 代码集产生控制代码，然后通过 PC 总线将 NC 代码传给 PMAC。数控卡本身具有数据存储能力，因此每次既可以只传送一条命令，也可传送一组命令（如命令文件）。

②辅助单元。

辅助单元用数控卡的第 4 轴控制，为了切换不同的运动控制方式，用电子开关进行切换控制，其中走纸运动单元由步进控制器（Acc – 8D 转换）、DC 步进驱动器、步进电动机和传动导向机构 4 个部分构成，属于开环控制系统。喷头控制采用出丝和扫描速度匹配的原则。

③温控单元。

温控单元由温控器、传感器、加热元件和加热电源组成，用来控制热压板温度。FUJI 温控表是一种内置智能温度控制器，具有 PID 自整定功能。其测量精度在 ± 1 ℃ 以内。

2. 软件系统

软件系统由几何建模单元和信息处理单元组成。

1）几何建模单元

在几何建模单元中，设计人员借助三维软件，如 Pro/E、UG 等，来完成实体模型的构造，并以 STL 格式输出模型的几何信息。

2）信息处理单元

信息处理单元主要完成 STL 文件处理、截面层文件生成、填充计算、数控代码生成和对成型系统的控制。

如果根据 STL 文件判断出成型过程需要支撑，则先由计算机设计出支撑结构并生成支撑，然后对 STL 文件分层切片，最后根据每一层的填充路径，将信息传送给成型系统完成成型。

3）控制软件

（1）CLI 窗口设置

同学习单元 4.8。

（2）文件菜单。

实用工具菜单的功能如下。

①平移和缩放。

②显示设置。

③参数设置。

a. 运动参数：设定喷头运动速度。

轮廓：设定扫描轮廓时的运动速度。

网格：设定扫描网格时的运动速度。

支撑：设定扫描支撑时的运动速度。

空程：设定非扫描路径段的运动速度。

b. 喷头参数。

喷头速度：设定喷头送丝速度。

层厚：设定层与层之间的距离。

c. 基底参数。

层数：设定自动加工的基底层数。

网格间距：设定基底的网格间距。

d. 路径参数。

加速时间：设定喷头运动路径中的加/减速时间，单位为 ms。

最大夹角：设定可以连续运动的两条直线段之间角度的最大变化值。

e. 工作台参数。

运动速度：设定工作台的运动速度。

下降距离：设定完成一层后，工作台下降的距离。

f. 喷头延时参数。

开启延时：设定喷头滞后开启的时间，单位为 ms。

关闭延时：设定喷头提前关闭的时间．单位为 ms。

g. 其他参数。

测高零位：设定工作台零位时测高传感器读数。

3. 供料系统

由伺服电动机驱动橡胶辊子，将丝料送入喷头，如图 5 – 5 所示。

5.4.3　气压式熔融沉积快速成型系统的工作原理和特点

1. 气压式熔融沉积快速成型系统的工作原理

气压式熔融沉积快速成型系统（Air – pressure Jet Solidification，AJS）的工作原理如图 5 – 10 所示。被加热到一定温度的低黏度材料（该材料可由不同相组成，如粉末、粘结剂的混合物），通过空气压缩机提供的压力由喷头挤出，涂覆于工作台或前一沉积层之上。喷头按当前层的层面几何形状进行扫描堆积，实现逐层沉积凝固。工作台由计算机系统控制作 X、Y、Z 三维运动，可逐层制造三维实体和直接制造空间曲面。

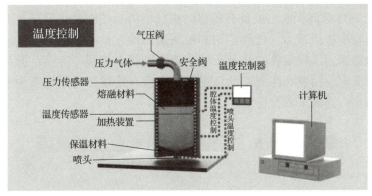

图 5 – 10　气压式熔融沉积快速成型系统的工作原理

气压式熔融沉积快速成型系统主要由控制系统、加热与冷却机构、挤压机构、喷头机构、可升降工作台及支架机构 6 部分组成。其中控制系统的计算机配置有 CAD 模

型切片软件和加支撑软件，对三维模型进行切片和诊断，并在制件的高度方向，模拟显示每隔一定时间的一系列横截面的轮廓，加支撑软件对制件进行自动加支撑处理。数据处理完毕后，混合均匀的材料按一定比例送入加热室。加热室由电阻丝加热，经热电阻测温并由温度传感器使其温度恒定，使材料处于良好的熔融挤压状态，后经压力传感器测压后进行挤压，制造原型制件。控制系统能使整个气压式熔融沉积快速成型系统实现自动控制，其中包括气路的通断、喷头的喷射速度以及喷射量与原型制件整体制造速度的匹配等。

2. 气压式熔融沉积快速成型系统的特点

1）成型材料广泛

一般的热塑性材料如塑料、尼龙、橡胶、蜡等，作适当改性后都可用于成型。

2）设备成本低、体积小

熔融沉积成型是靠材料熔融时的黏性粘结成型，不像光固化成型、叠层实体制造、选择性激光烧结等工艺那样靠激光的作用来成型，没有激光器及其电源和树脂槽，大大简化了设备，使成本降低。该系统运行、维护容易，工作可靠，是桌面化快速成型设备的最佳选择。

3）无污染

熔融沉积成型所用的材料为无毒、无味的热塑性材料，并且废弃的材料还可以回收利用，因此对周围环境不会造成污染。

3. 与传统熔融沉积成型工艺的不同之处

（1）熔融沉积成型工艺一般采用低熔点丝状材料，如蜡丝或 ABS 塑料丝，如果采用高熔点的热塑性复合材料，或一些不易加工成丝材的材料，如 EVA 材料等，成型就会相当困难。该系统无须采用专门的挤压成丝设备来制造丝材，工作时只需将热塑性材料直接倒入喷头的腔体内，依靠加热装置将其加热到熔融挤压状态即可，不但避免了必须采用丝材这一限制，而且节省了一道工序，提高了生产效率。

（2）所选的空气压缩机可提供 1 MPa 范围内任何大小的气压，能使送入加热室的压缩气体压力恒定（不同材料其压力设定值可不同）。压力装置结构简单，提供的压力稳定可靠，成本低。

（3）传统的熔融沉积成型设备有较重的送丝机构为喷头输送原料，即用电动机驱动一对送丝滚轮来提供推力，送丝机构和喷头采用推、拉相结合的方式向前运动，其作用原理类似活塞，送丝滚轮的往复运动难免会使挤出过程不连续，振动产生的运动惯性也会对喷头定位精度产生影响。该系统由于没有送丝部分而使喷头变得轻巧，减小了机构的振动，提高了成型精度。

学习单元 5.5　熔融沉积成型工艺流程

视频：熔融沉积
成型工艺流程

学习目标

（1）了解熔融沉积成型工艺流程，能对熔融沉积成型工艺流程的具体步骤（前处理、中期制作及后处理）进行全面理解。

（2）能够分析熔融沉积成型工艺的成型原理。

和其他几种快速成型工艺流程类似，熔融沉积成型工艺流程也可以分为前处理、中期制作及后处理3个阶段。

5.5.1 前处理

1. 设计三维CAD模型

设计人员根据产品的要求，利用CAD软件设计出三维CAD模型。常用的CAD软件有Pro/E、SolidWorks、MDT、AutoCAD、UG等。

2. 对三维CAD模型进行近似处理

产品上有许多不规则的曲面，在加工前必须对这些曲面进行近似处理。目前最普遍的方法是采用美国3D Systems公司开发的STL格式。用一系列相连的小三角形平面来逼近曲面，得到STL格式的三维近似模型文件。许多常用的CAD软件都具有这项功能，如Pro/E、SolidWorks、MDT、AutoCAD、UG等。

3. 对STL文件进行分层处理

由于快速成型是将模型按照截面逐层加工，累加而成的，所以必须将STL格式的三维CAD模型转化为快速成型系统可接受的片层模型。片层的厚度范围通常为0.102 5~0.176 2 mm。各种快速成型系统都带有分层处理软件，能自动获取模型的截面信息，如图5-11所示。

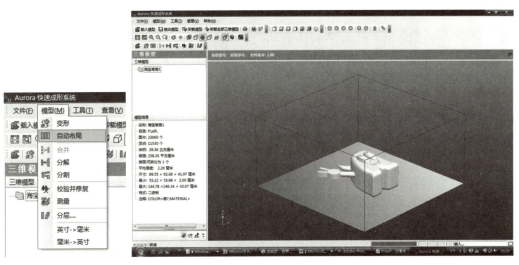

图5-11 分层处理软件界面

5.5.2 中期制作

中期制作包括两个方面：支撑制作和实体制作

1. 支撑制作

根据熔融沉积成型工艺的特点，必须对三维CAD模型做支撑处理，否则，在分层制造过程中，当上层截面大于下层截面时，上层截面的多出部分将会出现悬浮（或悬空），从而使截面部分发生塌陷或变形，影响成型精度，甚至不能成型。支撑还有一个重要作用：建立基础层。在工作台和原型的底层之间建立缓冲层，使原型制作完成后便于剥离工作台。此外，支撑还可以给成型过程提供一个基准面。因此，熔融沉积成型工艺流程中的关键一步是制作支撑（图 5 – 12）。

（a） （b）

图 5 – 12 支撑模型示意

（a）处理前；（b）处理后

2. 实体制作

在支撑的基础上进行实体的造型，自下而上层层叠加形成三维实体，这样可以保证实体造型的精度和品质。

5.5.3 后处理

熔融沉积成型的后处理主要是对原型进行表面处理。去除实体的支撑部分，对部分实体表面进行处理，使原型的精度、表面粗糙度等达到要求。但是，原型的部分复杂和细微结构的支撑很难去除，在处理过程中会出现损坏原型表面的情况，从而影响原型的表面品质。于是，1999 年 Stratasys 公司开发出水溶性支撑材料，有效地解决了这个难题。目前，我国自行研发熔融沉积成型工艺还无法做到这一点，原型的后处理仍然是一个较为复杂的过程。

学习单元 5.6　熔融沉积成型工艺影响因素分析

学习目标

（1）了解熔融沉积成型工艺中影响精度的因素，并分析造成误差的原因。

（2）能够分析熔融沉积成型工艺的影响因素对成型效率的影响。

1. 材料性能的影响

在凝固过程中，由材料的收缩产生的应力变形会影响成型精度。材料的收缩包括以下两个方面。

（1）热收缩；

（2）分子取向的收缩。

措施：①改进材料的配方；②设计时考虑收缩量，进行尺寸补偿。

2. 喷头温度和成型室温度的影响

喷头温度决定了材料的粘结性能、堆积性能、流量以及挤出丝宽度。成型室温度会影响到成型件的热应力大小。

措施：①喷头温度应根据丝材的性质在一定范围内选择，以保证挤出丝呈熔融流动状态；②一般将成型室温度设定为比挤出丝的熔点温度低 1～2 ℃。

3. 填充速度与挤出速度的交互影响

单位时间内挤出丝体积与挤出速度成正比，当填充速度一定时，随着挤出速度的增大，挤出丝的截面宽度逐渐增大，当挤出速度增大到一定值时，挤出丝粘附于喷嘴外圆锥面，不能正常加工。若填充速度比挤出速度大，则材料填充不足，会出现断丝现象，难以成型。

措施：挤出速度应与填充速度匹配。

4. 分层厚度的影响

一般来说，分层厚度越小，实体表面产生的台阶效应越小，表面质量越高，但所需的分层处理时间和成型时间会变长，降低了加工效率。相反，分层厚度越大，实体表面产生的台阶效应越大，表面质量越差，不过加工效率则相对较高。

措施：兼顾效率和精度来确定分层厚度，必要时可通过打磨提高表面质量与精度。

5. 成型时间的影响

每层的成型时间与填充速度、该层的面积大小及形状的复杂度有关。若该层的面积小，形状简单，填充速度大，则该层成型的时间就短；相反，成型时间就长。

措施：加工时控制好喷嘴的工作温度和每层的成型时间，以获得精度较高的成型件。

6. 扫描方式的影响

熔融沉积成型工艺的扫描方式有多种，如螺旋扫描、偏置扫描及回转扫描等。

措施：可采用复合扫描方式，即外部轮廓用偏置扫描方式，而内部区域填充用回转扫描方式，这样既可以提高表面精度，也可简化扫描过程，提高扫描效率。

学习单元 5.7　熔融沉积成型误差

学习目标

（1）了解熔融沉积成型原理性误差。

（2）了解熔融沉积成型工艺性误差。

（3）能够辨别熔融沉积成型工艺中原理性误差和工艺性误差的区别。

（4）通过对熔融沉积成型误差的学习，养成攻坚克难、精益求精、技术创新的工匠品质。

熔融沉积成型工艺是一个集成制造过程，涉及较多的高度自动化环节，例如挤出与送丝机构的自动控制、喷头的平面自动插补运动、工作台的温度自动控制和加热腔的温度控制等。在成型过程中，材料本身的性能和设备误差都会对成型质量产生影响，从而降低成型精度。通常将影响成型质量的误差分为原理性误差、工艺性误差和后处理误差，本书主要研究成型过程中的误差，即原理性误差和工艺性误差。

5.7.1 熔融沉积成型原理性误差

视频：熔融沉积
快速成型误差

1. 成型系统误差

1）工作台误差

工作台产生的误差主要分为 X、Y 面水平方向的误差和 Z 方向移动产生的位移误差两个方面。

工作台在 X、Y 面水平方向的误差主要是工作台不平所产生的，这种现象会导致制件的理论尺寸与实际尺寸严重不符。Z 方向上的运动会产生位移误差，间接影响制件在 Z 方向上的位置误差和形状误差，使竖直方向分层厚度的精度降低，因此确保工作台与 Z 轴的垂直度是必要的。对于尺寸较小的零件，喷头对零件产生的压力会使零件存在打印失败的风险，所以在打印零件之前务必要对 X、Y 平面方向及工作台 Z 轴的垂直度进行确认。

2）X、Y 轴与导轨的垂直度误差

在打印单个片层时，采取 X、Y 两个轴向的二维运动，喷头的动力来源由在 X–Y 面上由步进电动机驱动同步齿形带产生。在熔融沉积成型过程中，同步带可能发生形变。一旦同步带发生形变，就会产生丢步漏步现象，降低定型精度。

3）定位误差

定位误差是熔融沉积成型设备的重复定位造成的。这种现象通常存在于现有设备中，通常是不可避免的。若能定期进行设备维护，则可减小定位误差。

2. CAD 模型误差

1987 年，由于计算机软/硬件发展较慢，3D Systems 公司的 Albert 顾问小组便参考了 FEM（Finite Elements Method）单元划分和 CAD 模型着色的三角化方法对任意曲面 CAD 模型做小三角形平面近似，把这种算法存储到计算机中，命名为 STL 格式，并将模型轮廓切片后的信息进行了整合。至今 30 多年来，越来越多的分层软件、CAD 系统及熔融沉积成型设备中都有 STL 格式，STL 格式在熔融沉积成型方面起着不可替代的作用。

STL 文件的优点如下。

（1）STL 文件生成方便，90% 以上的二维或三维软件中都有将文件存储成 STL 格式的功能，STL 文件还可以调节输出 STL 模型的成型精度。

（2）STL 文件的输入具有广泛性，几乎所有三维几何模型都可以将模型划分为三角形面片，生成 STL 文件。

（3）模型易于分割，如果需要打印一个体积较大的零件，则受打印机硬件限制，需要将大型零件切割成多个小零件，逐一制造。这时，STL 文件就可以轻松地对零件进行分解。

（4）分层算法简单。

CAD 模型误差主要分为以下两个方面。

（1）用 STL 文件的小三角形面片的边界去逐渐逼近 CAD 模型边界，这一网格化的过程必然会使模型精度产生误差。

在 STL 文件中，会发生大量的小三角形面片公用顶点的现象，这就使多个点多次重复使用，造成数据冗余。由于 STL 文件的本质是使用大量小三角形面片来逼近 CAD 模型的轮廓，这必然导致 STL 文件对模型表面轮廓的描述有一定的误差。当模型表面轮廓较复杂时，与曲面的相交部分会出现重合、遗漏、变形等缺陷。

（2）采用 STEP 格式存储数据。

为了减小这类误差，很多研究者提出了增加小三角形面片的数量这种措施，然而，增加小三角形面片的数量不可能完全消除这种误差，而且增加小三角形面片的数量会增大 STL 文件的存储空间，也会延长加工时间。还有研究者提出采用新的格式存储文件，例如用 STEP 格式代替 STL 格式，通过试验发现，这样做可以使这类误差减小，但 STEP 文件所需的存储空间相较于 STL 文件大很多，也会延长软件运算处理的时间和降低成型速度。

2. 分层处理误差

各项工艺参数的设置都会对每层的成型时间产生影响，在所有参数设置一定的情况下，层面的表面积越小，喷头移动的距离越小，相对应的成型时间就越短；层面的表面积越大，喷头移动的距离越大，相对应的成型时间就越长。当层面的表面积很小时，往往会发生一种现象，即由于成型时间过短，丝材没有太多的时间进行冷却，还未来得及固化成型，下一层丝材已经开始成型，在层层堆积的过程中，就会出现"坍塌"和"拉丝"的现象，大大降低成型质量，为了避免此类现象发生，当层片的表面积小时，可以调节工艺参数，如降低喷头的挤出速度或利用外界条件进行物理降温或如强制吹冷风使材料快速固化成型，但一定要控制好温度，以避免层与层之间无法正常粘结。

5.7.2 熔融沉积成型工艺性误差

1. 材料性能引起的误差

熔融沉积成型工艺一般所采用的材料是 ABS、PLA 及石蜡等。

视频：熔融沉积
快速成型误差

在成型过程中有 3 个基本步骤，分别为：加热熔融、挤出成型和冷却固化。在整个工艺过程中丝材的状态会发生两次变化：固体状态的丝材被加热到熔融状态，通过喷嘴将熔融状态的丝材挤出并冷却到固体状态。成型材料由自身原因在冷却过程中变形。这种收缩形式造成的误差主要是热收缩和分子取向收缩引起的。对这两种收缩形式产生的误差研究如下：

1）热收缩产生的误差

热收缩是产生翘曲变形的根本原因，它是材料本身固有的热膨胀率影响导致体积变化引起的。熔融的丝材从喷嘴挤出时的温度远远高于成型室的温度，当上百摄氏度的材料离开喷嘴的束缚时，丝材本身的性质导致丝材迅速膨胀，并在风扇和成型室的温度下迅速冷却固化而产生收缩，丝材内部产生的应力引起体积收缩，导致制件整体变形，使制件层与层之间无法正常粘结，其中以翘曲变形最为明显。图 5 – 13 所示为热收缩实际轮廓与理想轮廓的理论模型。

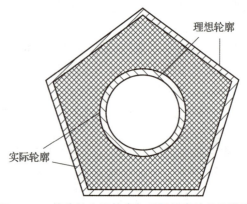

理想轮廓

实际轮廓

图 5 – 13　热收缩实际轮廓与理想轮廓的理论模型

2）分子取向收缩产生的误差

分子取向收缩的根本原因是聚合材料分子取向收缩；在将丝材加工成制件时，熔融状态下的丝材受剪切力的影响，沿丝材的流动方向延伸。制件在成型室的温度下冷却的过程中，丝材产生收缩，导致制件在 X – Y 平面方向的收缩大于 Z 方向的收缩。为了减小收缩量，应该对模型尺寸预先补偿。

PLA 丝材在加热过程中发生熔融膨胀。丝材内的粒子伴随加热温度的不断升高，其振动幅度加大，使丝材膨胀并产生体积膨胀力。

可采取以下措施减小误差。

（1）在成型制件之前，在 CAD 模型上预先在 X – Y 平面方向和 Z 方向进行尺寸补偿。

（2）为了减小制件的翘曲变形量，可以在以下几个方面进行优化：在成型材料方面，可以改变成型丝材的性质，适当减小材料的线收缩系数和降低它的玻璃化温度；在工艺方面，采用将大面积区域分成几个小区域扫描的方法。

小区域扫描的优点是：长边扫描和短边扫描可以减小应力集中。因此，应尽量避免制造更薄、更长的制件。在成型过程中，适当提高成型室的温度可以降低丝材的弹性模量，从而减小材料的内应力。同时，由于成型过程发生在一个相对高的环境温度下，成型完毕之后，制件需要在成型室放置一段时间，以使制件有足够的时间进行时效处理，目的是消除热应力和减少翘曲变形的发生。

2. 挤出丝宽度引起的误差

在成型过程中，丝材由喷头加热挤出，一定宽度的丝材从喷嘴中挤出，使扫描填充轮廓路径的实际轮廓超出设计模型的轮廓。因此，在生成制件的轮廓路径时，需要对理想轮廓线进行预先补偿。在实际生产过程中，挤出丝的截面形状和尺寸受许多成型工艺参数的影响，在不同的条件下，丝材的横截面形状会发生变化。

3. 填充速度和挤出速度的交互影响

在众多工艺参数中，填充速度与挤出速度的关系最大。如果填充速度大于挤出速度，则丝材将填充不满，容易出现漏步或断裂现象；如果挤出速度大于填充速度，则会使丝材积聚在喷头上，造成物料堆积或喷头堵塞的现象。两者都会对成型质量产生严重的影响。

4. 喷头温度和成型室温度的影响

喷头温度对材料的粘结性、堆积性、流动性和挤出丝材的宽度起决定性作用。如果喷头温度过低，则会提高材料的黏度，降低挤压速度。这不仅会增加挤出系统的负担，堵塞喷嘴，还会降低材料层与层之间的粘结强度，导致层间分离；如果喷头温度过高，材料为液体状态，则黏度系数变小，流动性变强，挤压速度变快，丝材堆积状态无法控制，并在上一层材料尚未冷却成型时，下一层就开始堆积，从而损坏上一层已堆积的材料。因此，应该提前根据丝材的物理性质调节喷头温度，以保证挤出的丝材达到最优的流动状态。

成型室的温度会对制件的热应力的大小产生影响。如果成型室温度过低，丝材以流体的状态从喷头挤出，被瞬间冷却，这使丝材内部的热应力增大，使制件翘曲变形，且由于冷却太快，在下一层丝材堆积下来时，这层丝材已经变成固体状态，层与层之间不能很好的粘结，会有开裂的风险；如果成型室温度过高，则会使制件表面产生皱褶。较为理想的状态是：将成型室的温度设置到低于丝材熔点 1 ~ 2 ℃。

5. 填充样式的影响

三维数据模型分层后，要对每层扫描路径进行规划。成型件的变形量与扫描填充路径有密切的联系，它会影响成型时间、翘曲变形量、喷头的启停次数等多种因素。因此，填充样式的选取是影响成型质量的关键因素。Hilbert 曲线（图 5-14）是从起点到终点的迷宫式路径，其前进方向是不断变化的，随着递归次数的增加，曲线更为复杂，大量的短线段构成了扫描路径，因此避免了长线扫描填充造成的翘曲变形，提高了成型精度。目前，成型效果最好的是 Hilbert 曲线。

图 5-14 Hilbert 曲线

6. 分层厚度的影响

对竖直方向的精度影响较大的因素是分层厚度，如果制件的 Z 方向高度为 H，分层厚度为 t，那么尺寸误差 Z 为

$$Z = \begin{cases} H - t \times \text{int}\dfrac{H}{t}, & \text{当 } H \text{ 是 } t \text{ 的整数倍时} \\ H - \left[t \times \text{int}\dfrac{H}{t} + 1 \right], & \text{当 } H \text{ 不是 } t \text{ 的整数倍时} \end{cases}$$

对于图 5-15 所示的零件，$H_1 = 13.9$ mm，$H_2 = 8.9$ mm，如果分层厚度为 0.1 mm，则 $Z_1 = 0$，$Z_2 = 0$，如果分层厚度为 0.2 mm，则 $Z_1 = 0.1$ mm，$Z_2 = 0.1$ mm，如果分层厚度为 0.3 mm，则 $Z_1 = -0.1$ mm，$Z_2 = -0.2$ mm。可以说，无论分层厚度是多少，如果这部分的垂直距离不是分层厚度的整数倍，则加工后的尺寸会变小或变大，而且对于内孔而言，如果某层截面信息没有包括内孔轮廓，根据实体对整个层进行扫描和填充，则内孔的轮廓边界被移动到下一层，这样就既产生了尺寸误差，又产生了位置误差。

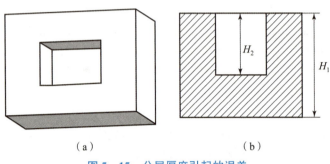

图 5-15　分层厚度引起的误差

（a）零件三维模型；（b）零件剖面图

7. 成型时间的影响

填充时间、堆积层的面积大小以及形状的复杂程度是影响每层的成型时间的主要因素。在进行截面很小的实体加工时，因为每层的成型时间短，上一层还未固化成型，在下一层丝材堆积时，容易出现"坍塌"和"拉丝"等缺陷，通常来说难以成型。但是在制件的截面面积较大的情况下，应该提高填充速度，将制件的开裂倾向降低，提高效率，以减少上述缺陷。

8. 驱动方式误差

在成型过程中，需要考虑喷头的定位精度和运动精度。Z 方向的定位精度和运动精度将影响成型精度。在 X、Y 和 Z 3 个方向上，成型设备具有不同的可重复定位精度。根据现代数控技术和精密驱动技术，熔融沉积成型设备的重复定位精度可控制在 0.10 mm，熔融沉积成型设备的运动定位精度可控制在 0.20 mm。

9. 喷头启动和停止引起的误差

喷头启动和停止引起的误差叫作丝材堆积的启停效应，主要的表现形式为丝材堆积截面的改变，这种截面的改变，容易造成的缺陷有丝材堆积截面不平整、空洞、"拉丝"等。其中出现概率最大的是"拉丝"现象，其会对制件的外表面造成严重的影响，处理起来相当麻烦。为了保证丝材堆积面的平整性，需要出丝速度能够实时地耦合跟踪扫描速度，随着扫描速度的变化而变化，以保证丝材堆积成型后的牢固性，从而优化成型质量。

本部分对熔融沉积成型工艺中的原理性误差和工艺性误差进行了分析。可通过对设备的定期维护和调节工艺参数的方法减小原理性误差，工艺性误差中材料性能引起的误差和挤出丝宽度引起的误差可以通过计算进行预先补偿。

学习单元 5.8　熔融沉积成型技术的应用

（1）了解熔融沉积成型技术的特点。

（2）掌握熔融沉积成型技术的应用。

1. 汽车工业

在汽车生产过程中，大量使用热塑性高分子材料制造装饰部件和部分结构部件。与传统加工方法相比，熔融沉积成型技术可以大大缩短这些部件的制造时间，在制造结构复杂部件方面更是将优势展现得淋漓尽致。同时，熔融沉积成型技术能够一次成型，可以省去大部分传统连接部件。

目前熔融沉积成型技术在汽车工业领域的应用优势能够为一些特殊用途的汽车如顶级赛车的个性化或者特殊功能的零件提供快速更新的方便。

韩国现代汽车公司采用了美国 Stratasys 公司的 FDM 快速原型系统，用于检验设计、空气动力评估和功能测试。该系统在起亚的 Spectra 车型设计上得到了成功的应用，韩国现代汽车公司自动技术部的首席工程师 Tae Sun Byun 说：空间的精确和稳定对设计检验来说是至关重要的，采用 ABS 工程塑料的 FDM 快速原型系统满足了两者的要求，在 1 382 mm 的长度上，其最大误差只有 0.75 mm（图 5 – 16）。

图 5 – 16　韩国现代汽车公司采用熔融沉积成型工艺制作的某车型的仪表盘

韩国现代汽车公司计划再安装第二套 FDM 快速原型系统，Tae Sun Byun 说："该系统完美地符合我们的设计要求，并能在 30 个月内收回成本。"

2. 航空航天

随着人类对地球外空间的探索，进一步减小飞行器的质量成为设备改进与研发的重中之重。采用熔融沉积成型技术制造的零件由于所使用的热塑性工程塑料密度较低，与使用其他材料的传统加工方法相比，所制得的零件质量更小，符合飞行器改进与研发的需求。在飞机制造方面，波音公司和空客公司已经应用熔融沉积成型技术制造零部件。例如，波音公司应用熔融沉积成型技术制造了包括冷空气导管在内的 300 种不同的飞机零部件；空客公司应用熔融沉积成型技术制造了 A380 客舱使用的行李架。

3. 医疗

某些精密手术想要取得预期的治疗效果，就必须采取最佳的手术方式，但通常情况下不允许医生通过多次实践得出结论，这给手术带来一定的难度和风险。熔融沉积成型技术可以和 CT、核磁共振等扫描方法结合，在手术前精确成型所需治疗部位的器官模型，可大大提高一些高难度手术的成功概率，改善手术治疗效果。精确打印器官等人体模型的作用并不只局限于改善手术效果，在当今供体越发稀少且潜在供体不匹配的情况下，通过熔融沉积成型技术制造的外植体为解决这一紧急问题提供了一种全新的方法。例如，2013 年 3 月，美国 OPM 公司打印出聚醚醚酮（PEEK）材料的骨移植物，并首次成功地替换了一名患者病损的骨组织，如图 5 – 17 所示。

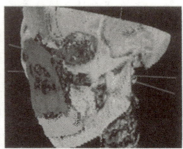

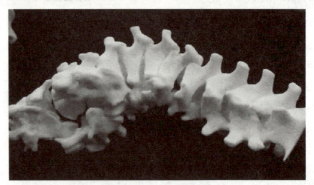

图 5 – 17　用熔融沉积成型技术制作的人体骨骼模型

4. 其他领域

在建筑领域，利用熔融沉积成型技术能够制作出符合设计需求的建筑物模型，从而验证楼宇结构设计是否符合要求；在机器人制造领域，利用熔融沉积成型技术能够一次成型连接件，从而将舵机连接在一起，完成双足机器人的组装；在模具制造领域，由于熔融沉积成型技术具有诸多优点，在生产内部结构复杂的模具方面具有无与伦比的速度优势，如图 5 – 18 所示。

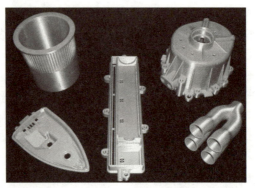

图 5 – 18　用熔融沉积成型技术制造的耐高温构件

随着材料的研发，会有更多的材料适用于熔融沉积成型技术，熔融沉积成型技术会应用在更多的领域。

学习单元 5.9　技能训练：熔融沉积成型设备操作训练

1. 实训目的及要求

1）实训目的

（1）掌握 FDM 桌面机 Creator – X 的工作原理及操作方法。

（2）掌握熔融沉积成型的工艺过程。

（3）能独立完成简单产品的制作。

2）实训要求

（1）必须穿工作服，戴手套，不得随意用手触摸电路系统。

（2）实训期间严格遵守纪律，不得在实训室打闹、玩手机等。

（3）在实训过程中不得私自外出；按时上、下课，有事必须向实训指导老师请假。

（4）认真听课、细心观察，遇到不懂的问题要及时请教实训指导老师。

（5）独自操作时，要严格遵守操作规程，不可随意调整设备参数；注意培养团队协作能力，提升职业素养。

（6）实训结束后提交一份实训报告。

2. 设备工具

FDM 桌面机 Creator – X（图 5 – 19）。

图 5 – 19　FDM 桌面机 Creator – X

3. 实训步骤

1）软件部分

在"文件"菜单中选择例子，弹出图 5 – 20 所示界面。

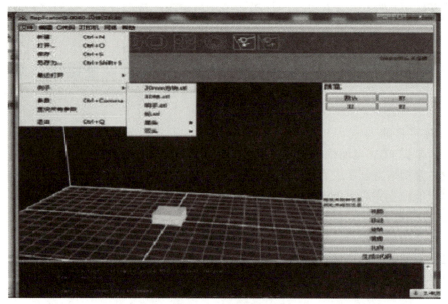

图 5 – 20　操作界面

单击"移动"按钮，居中放置工作台，以便居中成型，如图 5 – 21 所示。

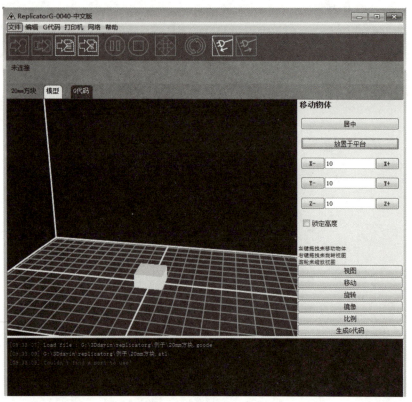

图 5 – 21　居中放置工作台

单击"生成 G 代码"按钮，弹出"生成 G 代码"对话框，如图 5 – 22 所示，参数设置按照图示设置即可。

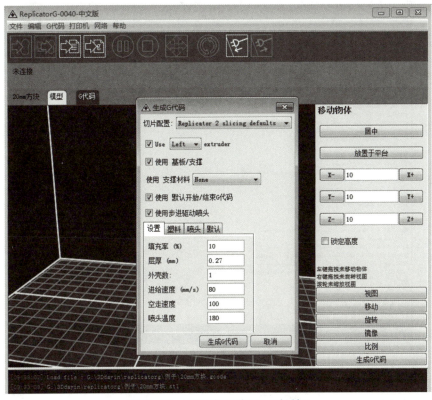

图 5 - 22　"生成 G 代码"对话框

再次单击"生成 G 代码"按钮，出现图 5 - 23 所示界面。

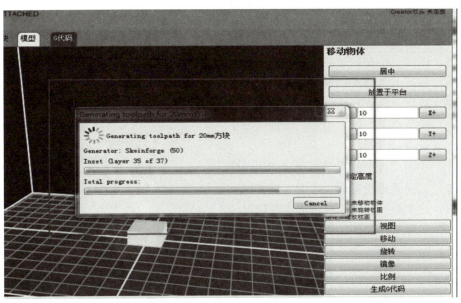

图 5 - 23　生成 G 代码

生成 G 代码后需要更改底板温度，如图 5 - 24 所示，先单击框中的 G 代码，然后把"M109 S110"改为"M109 S40"。

图 5 – 24　更改底板温度

修改 G 代码后，保存此样品，即可构建样品。

2）硬件部分

（1）打开 FDM 桌面机 Creator – X，连接设备。

（2）检查工作台上是否有未取下的制件或障碍物。

（3）系统初始化：X、Y、Z 轴归零。

（4）成型室预热：按下温控、散热按钮。

（5）调试：检查运动系统及吐丝系统是否正常。

（6）对高：将喷头调至与工作台间距 0.3 mm 处。

（7）成型：注意开始时观察支撑粘结情况。

（8）成型结束，取出模型，清理成型室。

4. 考核项目

（1）实训过程中的实训态度、实训纪律。

（2）实训笔记及实训报告的完成情况。

（3）成型原理、工艺过程的掌握情况。

（4）实际生产制件的质量。

（5）实训过程中设备的具体操作。

> **小贴士**
>
> 成本、效率是产品的核心竞争力，合理制定工艺方案、优化工艺参数是有效降低成本、提高效率的手段。

5. 学习评价

学习效果考核评价见表 5 - 4。

表 5 - 4　学习效果考核评价

评价指标	评价要点	评价结果				
		优	良	中	及格	不及格
理论知识	FDM 桌面机 Creator - X 的工作原理及成像原理					
技能水平	1. 三维数据模型的拟合与加载导入					
	2. 三维数据模型的摆放、支撑的添加及分层					
	3. FDM 桌面机 Creator - X 的操作方法					
安全操作	FDM 桌面机 Creator - X 的安全维护及后续保养					

总评	评别	优	良	中	及格	不及格	总评得分
		90～100	80～89	70～79	60～69	<60	

> **小贴士**
>
> 　　通过学习效果考核评价表的填写，分析问题，查阅资料，制定解决问题的方案，解决问题，完成加工任务，进行自检与总结。

6. 项目拓展训练

学习工单见表 5 - 5。

表 5 - 5　学习工单

任务名称	以熔融沉积成型技术制件镂空杯子		日期	
班级		小组成员		
任务描述	1. 用 UG 软件设计一个镂空杯子的三维数据模型，并采用 G 代码完成切片设计； 2. 使用 FDM 桌面机 Creator - X 进行成型，并完成相应的后处理工序； 3. 要求在后处理中将支撑去除干净，打磨平整，使制件外观完好 			

任务名称	以熔融沉积成型技术制件镂空杯子		日期	
班级			小组成员	
任务实施步骤				

评价细则	专业能力	基础知识（10分）		素质能力	正确查阅文献资料（10分）	
		UG图纸设计（10分）			严谨的工作态度（10分）	
		切片文件设计（10分）			语言表达能力（10分）	
		设备运行（20分）			团队协作能力（20分）	
	成绩					

 学有所思

　　随着人们对熔融沉积成型技术研究的不断深入，改善制件的成型质量和提高制件的实用性能，必然成为该技术的发展趋势。本学习情境针对熔融沉积成型质量较低的问题，对影响熔融沉积成型质量的关键因素进行分析，可对熔融沉积成型技术的发展提供参考。

 思考题

　　5-1　简述熔融沉积成型技术的基本原理。

　　5-2　熔融沉积成型技术的特点有哪些？

　　5-3　熔融沉积成型双喷头工艺的突出优势是什么？

　　5-4　熔融沉积成型工艺过程包括几个阶段？各阶段的主要内容有哪些？

　　5-5　熔融沉积成型的影响因素有哪些？这些因素是如何影响成型过程的？

　　5-6　气压式熔融沉积快速成型系统的基本原理是什么？它与传统的熔融沉积成型系统相比有哪些不同之处？

学习笔记

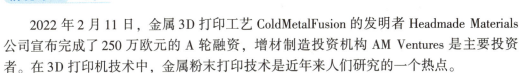

学习情境 6　选择性激光烧结技术

　　2022 年 2 月 11 日，金属 3D 打印工艺 ColdMetalFusion 的发明者 Headmade Materials 公司宣布完成了 250 万欧元的 A 轮融资，增材制造投资机构 AM Ventures 是主要投资者。在 3D 打印机技术中，金属粉末打印技术是近年来人们研究的一个热点。

　　想了解图 6-1 所示的金属件是如何制备的吗？随着人们对激光烧结金属粉末成型机理的掌握、对各种金属材料最佳烧结参数的获得，以及专用的快速成型材料的出现，金属打印技术的研究和引用必将进入一个新的阶段。

图 6-1　金属件

内容摘要

　　选择性激光烧结（Selective Laser Sintering，SLS）技术，又称为激光选区烧结技术或粉末材料选择性激光烧结技术等。该技术最初是由美国得克萨斯大学奥斯汀分校的 C. R. Dechard 于 1989 年提出的，稍后 C. R. Dechard 组建了 DTM 公司，于 1992 年开发了基于选择性激光烧结技术的商业成型机。

　　选择性激光烧结技术是利用粉末材料（金属粉末或非金属粉末）在激光照射下烧结的原理，在计算机的控制下层层堆积成型。选择性激光烧结的原理与光固化成型十分相似，主要区别在于所使用的材料及其形状不同。光固化成型所用的材料是液态的紫外光敏可凝固树脂，而选择性激光烧结则使用粉状材料。

　　研究选择性激光烧结技术的有 DTM 公司，EOS 公司，3D Systems 公司，我国的北京隆源自动成型系统有限公司、华中科技大学、华北工学院[①]和南京航空航天大学等。

---

　　① 华北工学院：2004 年更名为中北大学。

学习单元 6.1　选择性激光烧结技术发展历史

（1）了解选择性激光烧结技术发展历史。

（2）能够叙述选择性激光烧结技术的发展历程。

选择性激光烧结技术从诞生到广泛应用于各个领域，20多年来，各国的学者对选择性激光烧结技术的成型工艺、方法、材料、成型效率以及成型精度展开了大量的理论和试验研究。目前，这些研究主要集中在3D Systems公司，DTM公司，EOS公司，东京大学，Sony公司以及我国的清华大学、西安交通大学、南京航空航天大学、华中科技大学、浙江大学和北京隆源自动成型系统有限公司等。

DTM公司在选择性激光烧结成型材料的开发上作了大量的工作，其推出的Rapid Too12.0系列材料的收缩率很低，只有0.2%，而且粉末细小，层厚最小可达到0.075 mm，因此可以达到很高的成型精度和表面光洁度，几乎不需要后续抛光处理。DTM公司最新研制的材料Laser Form ST - 100的粉粒直径为23～34 μm，比Rapid Too12.0的还小，这有利于成型件的表面处理，也有利于保证成型精度。该材料主要用于制造注塑模，制成的注塑模生产了1万件产品还没有磨损。ROCKWELL公司研制的Copper Polymide材料基体为铜粉，粘结剂为聚酰胺（polyamide），其特点是成型后不需要入炉进行二次烧结，制造周期短，可在1天内完成模具的制造加工。成型件的表面粗糙度可达到25 μm，进行很好的抛光后，粗糙度最低可达12 μm。制成的模具可广泛用于PE、PP、PS、ABS、PC/ABS、玻璃增强的聚丙烯和其他常用塑料的注塑成型，但是模具的寿命只有100～400件/副。EOS公司开发的PA3200GF尼龙粉末材料可以获得高成型精度和很高的表面光洁度的成型件。得克萨斯大学奥斯汀分校进行了没有聚合物粘结剂的金属粉末（Cu - Sn、Ni - Sn或青铜—镍粉复合粉末）的选择性激光烧结成型研究，并成功制造了金属模具。近年来，我国的北京隆源自动成型系统有限公司、华中科技大学都开发出了低熔点高分子粉末材料，可用于原型件的制作和替代蜡模进行熔模铸造。南京航空航天大学在覆膜砂材料方面也做了大量的工作，选用250目在使用特性上与酚醛树脂类似的环氧树脂粉末作为覆膜砂粘结剂，经过合理的配比，获得了很好的烧结性能。

学习单元 6.2　选择性激光烧结技术原理

（1）了解选择性激光烧结技术的成型机理。

（2）掌握选择性激光烧结技术的工艺原理。

（3）掌握影响选择性激光烧结成型的工艺参数设置。

6.2.1 选择性激光烧结技术的工艺原理

1. 选择性激光烧结技术的工艺原理简述

视频：SLS 工艺原理

选择性激光烧结成型系统如图 6 - 2 所示，其主体结构是在一个封闭的成型室中安装两个缸体活塞机构，一个用于供粉，另一个用于成型。成型过程开始后，供粉缸内活塞上移一给定量，铺粉辊将粉料均匀地铺在成型缸加工表面上，激光束在计算机的控制下以给定的速度和能量对第一层粉料进行扫描。激光束扫过之处粉末被烧结固化为给定厚度的片层，未烧结的粉末被用来作为支撑，这样制件的第一层便制作出来了。这时，成型缸活塞下移一给定量，供料缸活塞上移，铺粉辊再次铺粉，激光束再按第二层信息进行扫描，所形成的第二片层同时也被烧结固化在第一层上，如此逐层叠加，一个三维实体制件就制作出来了。

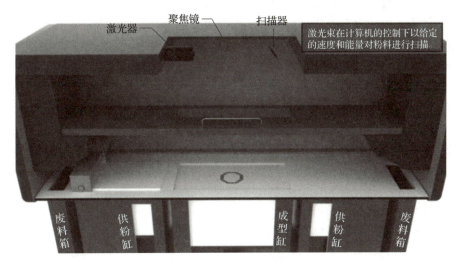

图 6 - 2　选择性激光烧结成型系统

设备工作结构如图 6 - 3 所示，首先，在工作台上用刮板或铺粉辊将一层粉末材料平铺在已成型制件的上表面，再将其加热至略低于其熔化温度，然后在计算机的控制下，激光束按照事先设定好的截面轮廓，在粉层上扫描，并使粉末的温度升至熔点，进行烧结并与下面已成型的部分实现粘结。当一层截面烧结完后，工作台下降一个层的厚度，铺粉辊又在上面铺上一层均匀密实的粉末，进行新一层截面的烧结，如此反复，直至完成整个模型。在成型过程中，未经烧结的粉末对模型的空腔和悬臂部分起支撑作用，故不必像光固化成型和熔断沉积成型工艺那样另行生成支撑。

选择性激光烧结技术及其设备视所用的材料而异，有时需要比较复杂的辅助工艺过程。值得注意的是，以聚酰胺粉末烧结为例，为了避免激光扫描烧结过程中材料因高温起火燃烧，必须在工作空间充入阻燃气体，一般为氮气或氩气。

成型实体

粉末

升降活塞

图 6 - 3　设备工作结构

为了使粉状材料烧结，必须将设备的整个工作空间、直接参与成型工作的所有构件以及所使用的粉状材料预先加热到规定的温度，这个预热过程常常需要数小时。

原型制作完成后，为了除去工件表面黏附的浮粉，需要使用软刷和压缩空气，而这一步骤必须在封闭空间中完成以免造成粉尘污染。

2. 选择性激光烧结工艺特点

（1）可采用多种材料。从原理上说，这种方法可采用加热时黏度降低的任何粉末材料，通过材料或各类含粘结剂的涂层颗粒制造出任何造型，以满足不同需要。

（2）制造工艺比较简单。由于可用多种材料，选择性激光烧结工艺按采用的原料不同可以直接生产复杂形状的原型、型腔模三维构件或部件及工具。

（3）精度高。根据使用的材料种类和粒径、产品的几何形状和复杂程度，该工艺一般能够达到工件整体范围内 ±（0.05 ~ 2.5）mm 的公差。当粉末粒径为 0.1 mm 以下时，成型后的原型精度可达 ±1%。

（4）材料利用率高，价格低，成本低。

（5）不需要专门设计支撑结构。但是，选择性激光烧结工艺的能量消耗大，原型表面粗糙，疏松多孔，对某些材料需要单独处理。

6.2.2　选择性激光烧结机理研究

1. 材料特性

把固体材料粉碎成粉末，其表面积迅速增大，颗粒直径越小，表面积增大幅度越大。在烧结过程中表现出更大的活性，从而促进烧结过程的完成。与选择性激光烧结工艺过程密切相关的粉末特性有：孔隙率、密度、吸收率、有效导热系数等。

1）孔隙率 ε

ε 表示粉末中孔隙体积所占份额的相对大小，可用粉末密度 ρ 与材料实体密度 ρ_s 表示：

$$\varepsilon = (\rho_s - \rho)/\rho_s$$

在烧结过程中，ε 随温度的升高及烧结时间的延长而下降，ε 的下降又会引起有效导热系数的增大，从而加速烧结过程。

2）密度 ρ

粉末的初始 ρ 是经过铺粉辊铺平之后的 ρ。测量方法如下：在成型缸的不同位置同时烧结成型多个大小相同的圆桶形容器，烧结完成之后，取出桶内未烧结的粉末，利用简单的质量除以体积的方法得到 ρ 的值。

根据黏性烧结定律，在烧结过程中，局部粉末的 ρ 是烧结温度 T 和时间 t 的函数：

$$\frac{\mathrm{d}\rho}{\mathrm{d}t} = (\rho_{\max} - \rho)/A\exp\left(-\frac{E}{RT}\right)$$

式中　A——经验常量；

　　　E——材料的烧结活化能；

　　　R——气体常数；

　　　$\rho_{\max}$——在无限长的烧结时间内可得到的稳定密度值。

3）吸收率 α_{R}

激光入射到材料表面时，一部分被材料表面反射，一部分被材料吸收，另一部分通过材料透射。这一激光传播的过程显然应满足能量守恒定律。对于不透明材料，透射光也被吸收，其关系式如下：

$$1 = \rho_{\mathrm{R}} + \alpha_{\mathrm{R}}$$

式中　ρ_{R}——反射比；α_{R}——吸收率。

2. 选择性激光烧结过程数学模型的建立

本书所采用的烧结材料都是高分子聚合物。这些材料对激光的反射、吸收与金属以及某些非金属有较大的区别。它们对激光的反射率比较低，对应的吸收率比较高，而且其结构特征决定了它们对激光波长有强烈的选择性。同时，这些材料的吸收系数与激光强度无关。

CO_2 激光器的功率呈高斯分布，如图 6-4 所示，激光束在材料表面的强度分布表示为

$$I(r,0) = I_{0,0}\exp(-2r^2/\omega^2)$$

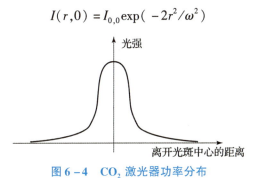

光强

离开光斑中心的距离

图 6-4　CO_2 激光器功率分布

激光束作用下粉末材料的烧结深度如图 6-5 所示，深颜色部分表示激光强度在光斑范围内在粉末表面和深度上的分布，同时也是熔化粉末的宽度和深度。

考虑到激光的运动方向，高斯光束在粉体表面的运动示意如图 6-6 所示。图中深颜色部分表示激光强度在光斑范围内在粉末表面和深度上的分布。

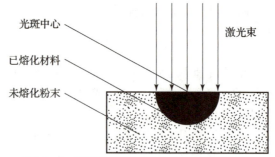

光斑中心
已熔化材料
未熔化粉末
激光束

图 6-5 激光束作用下粉末材料的烧结深度

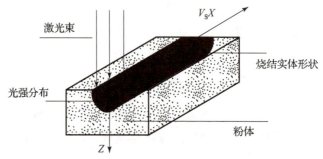

激光束
V_sX
烧结实体形状
光强分布
粉体
Z

图 6-6 高斯光束在粉体表面运动示意

3. 成型件的翘曲变形分析

在选择性激光烧结工艺中，翘曲变形现象经常发生，如图 6-7 所示。翘曲变形对成型精度影响很大，造成很大的尺寸、形位误差，甚至导致加工无法进行。目前国内外有很多文献都对翘曲变形现象表示了关注，但是还没有文献对此问题进行深入的探讨。本节将详细探讨此问题，并提出具体措施，将翘曲变形减小到最低限度。

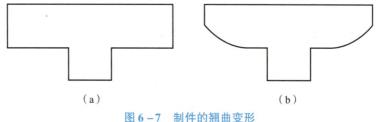

（a）   （b）

图 6-7 制件的翘曲变形
（a）设计件；（b）实际成型件

1）翘曲变形的根本成因

翘曲变形作为选择性激光烧结加工中的一个普遍现象，通过加工实践可发现其根本成因是烧结层上、下部分的不均匀收缩，而在后续铺粉过程中粉末钻到前一层烧结层下，更加剧了烧结层的翘曲变形的程度，这在烧结的最初阶段表现得最为突出。

（1）烧结层收缩的原因。

高分子材料受温度变化的影响体积变化很明显。高分子材料在从黏流态冷却到玻璃化这一过程中，体积有非常明显的缩小，并且由此在其内部造成收缩应力的出现，收缩的程度越大，收缩应力的值也越大。

选择性激光烧结加工是一个温度瞬间变化很大的过程，在激光束扫描粉末材料时，粉层表面的温度瞬间会达到 300 ℃以上，而随着迅速散热及新的一层粉末铺上后，该烧结层的温度又很快下降，在高温到低温的剧烈变化过程中，烧结层要经历一个从高温膨胀到低温收缩的过程，同时在这一过程中烧结层内蕴含了较大的收缩应力。

另外，由于选择性激光烧结粉末材料的粉体形状都很不规则，这就造成了粉末颗粒间存在一定的间隙。例如，若粉末全为均匀的球体，在压实状态下粉末的间隙会占总体积的 50%左右，只有当粉末全为方体时才可能达到全密度（无间隙），但是在实际中这是不可能的，而由烧结层叠加起来的成型件的密度却高达全密度的 95%以上，因此，在选择性激光烧结过程中，由于密度的增加，成型件必然会产生收缩。这种由粉末密度的变化导致的成型件收缩可称为密度收缩。

（2）不均匀收缩造成烧结层的翘曲变形

由成型件收缩的原因可知，收缩是选择性激光烧结加工中粉末材料的固有属性，通过改善材料特性、采用收缩率低的材料、降低冷却速度等方法可以减小成型件的收缩。从理论上讲，尽管在烧结过程中各烧结层产生收缩，但如果这种收缩在各个方向是均匀进行的，那么各烧结层也不会产生较大的翘曲变形。事实上，各烧结层在各个方向上的收缩并不是均匀的，而且片层的各个区域所产生的收缩差别很大，这主要是由以下原因造成的。

①烧结层上、下部分受热不均匀。

这存在两个方面的原因。其一，在加工中激光的能量呈高斯分布，沿着垂直于粉末方向（Z 方向）射入的激光其能量是绕着 Z 轴对称分布的，并且激光束光斑中心（Z 轴与粉末的交点）的激光能量最强，由此点向外扩散，粉末所接受的能量呈螺旋方式递减。因此，在光斑范围内，不同位置接收的激光能量不同，并且粉层的下部分获得的能量比上部分获得的能量少得多，这种上、下部分获取能量的不均匀造成粉层上、下部分升温的不均匀，从而造成烧结层产生很大的温差，这就直接导致烧结层上、下部分不均匀收缩的产生。还有一个原因是高分子粉末材料的特性。如前所述，粉末颗粒之间存在较大的空隙，这其中蕴含的空气是热的不良导体，这就在一定程度上阻碍了激光能量的向下透射。同时高分子粉末的导热性能较差，因此粉层上部分获得的能量就比较难透射到粉层的下部分。这样粉层的上部分获得的能量多，温度上升较高，散热快，体积收缩大；而粉层的下部分获得的能量少，温度上升较低，散热慢，体积收缩小。由此，烧结层中不均匀收缩就产生了。

②烧结层四周的翘曲变形。

烧结层四周直接与温度最低的松散粉末接触，因此这部分在烧结过程中温度变化的最剧烈，加剧了收缩。

③一旦烧结层出现了翘曲变形，后续的铺粉过程就会在一定程度上加剧这种变形。因为一旦烧结层的边角上翘，在铺粉时就会有粉末钻入烧结层的底部，加剧烧结层的翘曲变形。

2）翘曲变形的方向

新的一层烧结完毕后产生收缩，其前一层对此收缩产生限制作用，与此对应，新烧结层对前一层产生牵引作用，这样就会形成新烧结层内凹边翘的现象。一层粉末扫描完成后，在边界可以明显看到翘曲变形现象，在整个原型件烧结成型后，在原型件边界可以明显看到翘曲变形现象。在收缩和内应力的作用下，零件边缘向中心收缩。因此，零件轮廓表现出棱角模糊，并且边界向上的收缩现象。

3）翘曲变形的发展规律

由于翘曲变形是由烧结层各部分不均匀收缩造成的，所以烧结层的不均匀收缩的变化规律就反映了翘曲变形的变化规律。由于选择性激光烧结加工过程是片层叠加成型过程，所以各烧结层的收缩在很大程度上受前面已烧结层的影响与制约。当一层烧结完毕并产生翘曲变形后，在其表面上新铺的一层粉末的厚度就很不均匀，中间凹陷部分的粉末厚度大，四周翘曲部分所铺设的粉层厚度小。但是，在烧结这一层并粘结到前一层上时，前一层的收缩变形已固定下来，而当前层却仍然处于较松软的状态，于是当前层就有向前一层铺展的趋势，这样，当前层的收缩受到前一层的制约而减小，于是产生的翘曲变形也减小。这样层层叠加后烧结层的收缩变形自然逐层变小，于是随着加工的进行，制件的翘曲变形逐渐减小。除了前一层的制约作用以外，当前层本身的翘曲变形也呈逐渐减小趋势的。这是由于随着烧结的进行，制件内存储的能量逐渐增加，于是在烧结当前层时，前一层的温度逐渐变高，这样当前层上、下部分的温差逐渐变小，从而减小了烧结层不均匀收缩的趋势，翘曲变形减小。

4）减小翘曲变形的措施

由前面的论述可知，引起翘曲变形的根本原因是烧结层的不均匀收缩，而各烧结层的不均匀收缩是由于其上、下部分温差较大造成的，因此只有尽可能地减小温差才能从根本上消除翘曲变形现象。由实际加工可知，烧结开始后，前几层的变形最大而且严重影响后续成型，因此，必须将这几层的翘曲变形减小到最小。经过大量的试验验证，下列几种方法可以显著地减小翘曲变形。

（1）减小收缩。

显然，严格控制收缩可以减小翘曲变形。从前面对收缩的成因分析可知，通过以下方法可以减小烧结层的收缩：①采用收缩率低的材料；②增加粉末原始密度，即在铺设粉末时铺粉辊应将粉末压实。

（2）设置合适的预热温度。

关于粉末预热及其对选择性激光烧结加工的重要性，在很多文献中都有涉及，通常认为在同样的激光参数下，预热温度升高，粉末材料的导热性变好。同时，低熔点有机成分液相数量增加，有利于其流动扩散和润湿，可以得到更好的层内和层间烧结，烧结深度和烧结密度增大。对粉末进行预热还有助于消除热应力，从而提高成型质量。在保证烧结质量的前提下，对粉末进行预热有利于节省激光能量并提高扫描速度。同时，粉末的预热程度会对成型件的翘曲变形造成严重影响，这一点可以通过上面的不均匀收缩理论来解释。粉末的温度在没有经过预热之前同室温相当，激光扫描烧结可使高分子粉层的上部分温度瞬间达到300 ℃以上，而此时粉层下部分的温度却升高不多。粉层中如此大的温差必然导致粉层产生不均匀收缩，翘曲变形在所难免。但是如果经过长时间较高温度的预热，就可以升高粉层整体的温度，有效减小了烧结开始后粉层上、下部分的温差，在很大程度上减小了翘曲变形。

通过试验可知，在高分子粉末材料的选择性激光烧结加工中，粉末要均匀预热1 h以上，而且预热温度要尽量接近所容许的最高温度，即粉末的结块温度。

（3）设置底层。

通过设置底层的方法可以显著减小翘曲变形。在正式烧结制件时，可预先烧结面积较大的底层。底层的面积要大于第一层烧结层的面积，其由于以下两个方面的原因。

①设置底层可以在很大程度上使烧结层内的温度分布均匀。由于粉层的预热温度受粉末结块温度的限制而不可能过高，所以在烧结的开始阶段烧结层内的温差还是很大的。这时铺设 2 ~ 3 mm 厚的底层可以使底层内蕴含的热量向上传导到后续烧结层的底部，从而在烧结该层时使其内部的温差减小，减小烧结层的不均匀收缩，从而大大减小烧结层的翘曲变形。

②设置底层可以在很大程度上减小铺粉的影响。在烧结首层时该层的下面是松软的粉末，这样铺粉辊经过该烧结层就会将其压翘，铺设很坚实的底层可以有效地防止烧结层被压翘，避免粉末钻到烧结层下，由此可以在很大程度上消除铺粉的影响。

大量的加工实践证实，设置底层可以有效地减小制件的翘曲变形，尤其是对于首烧结层面积较大的制件效果尤其明显。设置底层的具体的方法是首先在粉末经过完全预热的情况下烧结 2 ~ 3 mm 厚一定形状的烧结块，然后将工作台下降 0.1 ~ 0.3 mm 重新将粉末铺平，进行正常的制件制作。一般情况下工作台下降的距离不应过大，否则底层的能量就难以传导到制件首层的底部，但是如果工作台下降的距离过小，则加工完成后底层与制件难以剥离，影响制件底部的成型质量。因此，要根据具体的材料特性和后续加工的激光参数选择合适的下降距离。同时，底层的截面形状要与制件首层的形状相仿并稍大，以避免过多地浪费材料。

烧结层在接收激光的能量后温度可在极短的时间内升高到 T_g 以上，但是后续的铺粉会使其温度降低，可能低于 T_g，随后新的激光扫描会将热量向下传，使烧结层的温度又升高到 T_g 以上。其后不断的铺粉和烧结，烧结层的温度也会不断地变化，并且由于周围环境的作用，总的温度是下降的，并且会永远在 T_g 以下，这时烧结层内的应力松弛进行得十分缓慢，翘曲变形也不易再得到缓解。因此，应采取措施尽量提高制件温度在 T_g 以上的时间，而这与粉末获得的热量和散热条件有很大关系。除了前面提到的尽量提高预热温度外，还需要控制室内温度、设备的散热和制件的降温速度。

（4）选取适当的扫描方式。

选取合理的扫描方式主要是为了有效地分散烧结层内的应力，从而减小翘曲变形。通过采用以上减小翘曲变形的方式，可以生产出令人满意的制件，如图 6-8 所示。

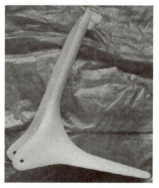

图 6-8　STL 文件和制件

4. 加工变形机理的研究

关于选择性激光烧结加工中制件变形问题的分析，已有较多的文献涉及并且前人已做过较多的研究工作，但是目前还没有普遍适用的理论来解释选择性激光烧结加工中的变形问题。

1）制件变形的力学机理分析

在选择性激光烧结加工过程中，当前层要牢固地粘结在前一烧结层上，于是当前层与前一烧结层相互约束，在粘结面处就会产生一对收缩与限制收缩的力，定义这两个力的叠加为收缩合力。收缩合力应具有以下特点。①收缩合力作用在整个粘结面内，其方向总是沿粘结面朝向当前面片的烧结中心；②收缩合力在整个面片内的分布是不均匀的，周边较大，内部较小；③在层层叠加过程中，任意两层之间都将产生收缩合力，而且收缩合力不断产生，不断累加，其大小取决于面片的面积，并且与粉末材料特性、扫描方式、激光参数有关，因此在层层叠加过程中不同层粘结面之间的收缩合力是分布式变化的。制件在收缩合力的作用下产生变形。

对于任一烧结层而言，片层厚度的收缩方向是垂直向下的，且四周的收缩大，内部的收缩小，烧结层在水平面内的收缩也同样如此。因此，可以断定，在任一烧结层内都存在一点，这一点的收缩量最小，定义这一点为烧结层的烧结中心。于是，片层的收缩就可以视为朝向烧结中心的收缩。选择性激光烧结加工中烧结中心应与烧结层的几何中心重合，否则烧结中心将相对几何中心发生偏移，即产生变形。对于任一截面，烧结层可能包含多个独立的小面片，于是其烧结中心可能多于1个，这主要与制件的几何形状和成型方向有关，如图6-9所示，同样一个制件，采用不同的成型方向（X、Z），其烧结中心分别为1个和3个。

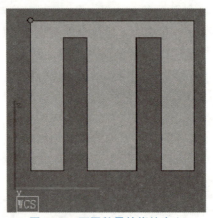

图6-9　不同数量的烧结中心

造成烧结中心偏移的原因主要存在于两方面：一方面是由烧结顺序，烧结中心总是向先烧结的区域偏移；另一方面是铺粉过程中的铺粉辊的机械力，铺粉辊在运动中会将粉末挤入已烧结层的底部，导致已烧结层翘起，同时已烧结层的不均匀收缩也易产生变形，这样在后续铺粉中就会造成铺粉辊推动已烧结层移动，而且这种情况在烧结初期较容易发生。

2）减小变形的措施

由以上的分析可知，除了前面讲到的减小翘曲变形的措施外，为了减小变形还应尽量采取以下措施。

（1）选择合理的成型方向。要考虑的原则包括：减少烧结中心、使截面面积由大到小变化、避免面积突变、后加工重要特征等。

（2）选择合理的烧结方式，尽量分散层间、层内的应力，避免朝同一方向收缩。

6.2.3 工艺参数分析

通过对选择性激光烧结工艺原理和烧结模型进行分析，可知有许多参数会影响制件的成型精度和加工时间，但是这其中只有一小部分参数是用户能控制和调整的。一般情况下，用户可以调整的工艺参数有：预热温度、激光功率密度、扫描速度、扫描间隔、单层厚度和扫描方式等。以下对这几个工艺参数进行分析。

视频：SLS工艺
参数分析

1. 预热温度

预热温度要尽量接近所允许的最大限度，即粉末的结块温度。烧结温度过低，不仅烧结无法完成，而且给后处理的清粉过程造成很大的不便。适当升高预热温度，可以提高制件的强度，使烧结过程顺利进行。但是预热温度过高，会造成烧结粉末和周围粉末的温度梯度，引起制件翘曲变形。

2. 激光功率密度

激光功率密度由激光功率和光斑大小决定，在选择性激光烧结中，激光功率密度决定了粉末的加热温度和时间。如果激光功率密度小，则粉末不能烧结，制造出的制件强度低，或者根本不能成型。如果激光功率密度太大，则会引起粉末汽化，烧结密度不仅不会增加，还会使烧结表面凹凸不平，影响粉末颗粒之间、层与层之间的粘结。因此，不合适的激光功率密度会使制件的内部组织和性能不均匀，影响制件的整体质量。光斑直径一般是确定的，因此激光功率密度取决于激光功率。

3. 扫描速度

从提高生产效率的角度来讲，扫描速度越高，制件的制作时间越短，加工效率也就越高。同时，由于层面的制作时间相应缩短，层面的变形减小，有利于保证制件的形状精度。然而，并不是说扫描速度越高越好。对扫描速度的选择，还必须考虑到其对烧结过程与烧结质量的影响。较低的扫描速度，可以保证粉末材料的充分熔化，获得理想的烧结效果。但是，扫描速度过低，材料熔化区获得的激光能量过多，容易引起"爆破飞溅"现象，出现烧结表面"疤痕"，且材料熔化区内易出现材料"炭化"，从而降低烧结表面质量。因此，扫描速度的选择必须兼顾加工效率、烧结过程与烧结质量的要求。

4. 扫描间隔

选择性激光烧结加工的另一个重要工艺参数是扫描间隔，它对激光烧结的成型质量有着较为显著的影响。扫描间隔对烧结质量的影响可以通过图6-10来说明。

在图6-10中，Δ 为扫描间隔，S_1 为前一烧结线截面形状，S_2 为当前烧结线截面形状，h 为扫描层厚，H 为烧结深度，$\Delta S > 0$ 表示相邻两烧结线截面之间未烧结的残余面积，δ_S 表示相邻两烧结线截面的重叠面积。

在图6-10（b）中，扫描间隔 Δ 较图6-10（a）有所减小，此时，扫描间隔 Δ 小于扫描线宽，相邻两烧结线截面的重叠面积 $\delta_S > 0$，相连烧结线截面之间未烧结的残余

面积 $\Delta S > 0$，在这种情况下已经发生烧结线重叠粘结现象，能够形成连续的烧结层面，但由于残余面积 ΔS 仍然大于零，扫描线之间的粘结界面与粉层之间的粘结界面均较小，粉层之间存在未熔化粉末，烧结强度与零件致密度均较低。

在图 6-10（c）中，相邻两烧结线截面的重叠面积 $\delta_S > 0$，且值较大，烧结线之间可以形成牢固的粘结。同时，由于烧结线截面之间未烧结的残余面积 $\Delta S = 0$，粉层之间的粘结也较为牢固，从理论上来讲，此时的扫描间隔 Δ 已经完全满足烧结要求。

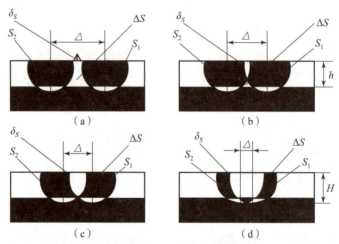

图 6-10 扫描间隔对烧结质量的影响

在实际加工中，为了保证加工层面之间与扫描线之间的牢固粘结，采用的扫描间隔 Δ 往往较图 6-10（c）中的值小，如图 6-10（d）所示。此时，相邻两烧结线截面的重叠面积 $\delta_S > 0$，相邻两烧结线残余面积 $\Delta S < 0$，可以获得较好的烧结效果。

5. 单层厚度

由于快速原型分层离散制造的特点，沿模型高度方向的单层厚度（对应于切片厚度）对制件局部形状特征有十分重要的影响，单层厚度过大会造成制件局部细微特征被忽略，成型方向上的层间效应明显，表面光洁度下降，如图 6-11 所示。图 6-11（b）中的黑色部分为大厚度切片所遗失的部分。另外，单层厚度过大会使激光能量无法传递到烧结层的底部粉末，使层与层之间的粘结无法完成，导致加工过程失败。反之，单层厚度过小会使加工效率降低，如果单层厚度小于用来加工的粉末的直径，则铺粉工作无法完成，加工也就无法进行。

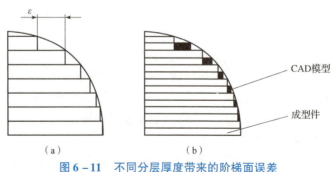

图 6-11 不同分层厚度带来的阶梯面误差

（a）大厚度切片；（b）小厚度切片

6. 扫描方式

1）几种基本的扫描方式

目前扫描路径生成的方法一般有两种：方向平行路径和轮廓平行路径。结合不同移动方向，几种常用的扫描方式如图6-12所示。

（1）X（或Y）向扫描。

采用这种扫描方式加工制件时，所有扫描线均平行于X（或Y）轴，因此，每层截面的扫描方向相同。例如沿长边方向扫描时，所有扫描线均平行于沿长边方向的坐标轴，这些扫描线的起点可以位于同侧或异侧，如图6-12（a）和（b）所示。沿短边方向扫描时，所有扫描线均平行于沿短边方向的坐标轴，其他方面与沿长边方向扫描完全相同，如图6-12（c）所示。

（2）光栅扫描。

在光栅扫描方式下，每层截面要扫描两次，沿平行于X、Y轴的方向分别扫描一次，其扫描线呈网格状分布，如图6-12（d）所示。

（3）环形扫描。

与以上两种扫描方式不同，环形扫描沿平行于边界轮廓线的方向进行，即按照截面轮廓的等距线进行扫描。它有两种扫描方向，如图6-12（e）和（f）所示。

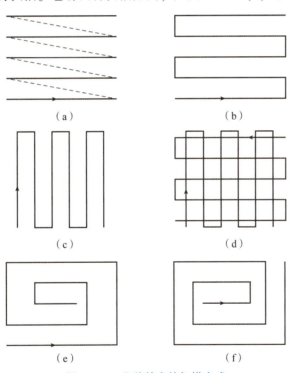

图6-12　几种基本的扫描方式

（a）长边同侧；（b）长边异侧；（c）短边方向；（d）光栅扫描；（e）向内循环；（f）向外循环

2）扫描方式对制件性能的影响

（1）扫描方式对制件精度的影响。

在选择性激光烧结成型中，被烧结的粉末经受了突然的加热和冷却过程。当激光束照射到粉末表面时，粉末由初始温度突然升高到熔点温度，这时被照射的粉末和其周围未被照射的粉末之间形成了一个较大的温度梯度，会产生热应力。激光束扫描过后，被熔化的粉末立即冷却凝固，引起收缩，也会导致较大的残余应力。这两种应力的作用会使烧结体翘曲变形。烧结体翘曲变形的程度与温差成正比。扫描方式直接影响加工层面上的温度场分布，因此扫描方式不同，烧结体的翘曲变形量也不同。此外，理论分析与试验结果也表明以下几点。

①沿短边方向扫描时，相邻两次扫描的间隔时间短，温度衰减慢，前一次被扫描烧结的粉末还未冷却，相邻的扫描又开始了，因此相邻扫描线之间的温差较小。同时，前一次扫描相当于对后一次扫描的粉末进行预热，由于扫描间隔时间短，预热效果明显，降低了粉末烧结时形成的温度梯度，减小了粉末烧结的热应力，可减小烧结体的翘曲变形。

②激光束扫描过后，被熔化的粉末立即冷却凝固，引起收缩。收缩率相同时，短线段的收缩量较小，因此在烧结参数、材料等相同的情况下，将截面分割成几个小区域，有利于减小烧结体的翘曲变形。

③由外向内扫描时，外层粉末先被烧结，内层热应力难以向外释放，容易使烧结体翘曲变形，甚至开裂。

④扫描方向相同时，每条扫描线的收缩应力方向也一致，增大了烧结体翘曲变形的可能性，因此相邻两层采用不同的扫描方向可以减小烧结体的翘曲变形。

⑤进行光栅扫描时，制件轮廓的温度要高于其他扫描方式，因此由热传导产生的轮廓尺寸误差会更大。

以上分析表明，单就制件精度而言，在图6-12所示的各种扫描方式中，短边方向扫描比长边方向扫描好，长边异侧扫描比长边同侧扫描好，向外循环扫描比向内循环扫描好。

（2）扫描方式对制件强度的影响。

由于在不同的扫描方式下，粉末材料吸收的能量不同，烧结深度、宽度以及烧结体的密度也不相同。因此，扫描方式影响烧结体的初始强度。例如，使用光栅扫描时，由于每层截面扫描两次，所示粉末材料吸收的总能量比其他扫描方式高出近1倍，烧结体的初始强度较高。另外，选择性激光烧结成型所得制件的初始强度有限，一般都要经过后处理，制件的强度才能达到使用要求，因此烧结过程并不要求制件具有很高的初始强度。也就是说，只要能够将烧结体与未烧结的粉末材料分离开来，就可以认为烧结体的初始强度已满足要求。以上分析表明，相对于制件精度而言，制件强度对扫描方式的要求低一些。

（3）扫描方式对成型效率的影响。

逐点扫描采用由点到线、由线到面、由二维到三维的加工方式，逐渐加工出三维零件。由于三维实体内的每点都要被烧结到，所以烧结体的烧结时间与其体积成正比。在不同的扫描方式下，以相同速度扫描同一截面的时间相差很大。在加工型腔薄壁零件时，扫描方式对烧结成型效率的影响尤为明显，而选择性激光烧结技术主要应用于模具行业，模具零件大多具有复杂的型腔，因此合理规划扫描方式对提高成型效率至关重要。

学习单元 6.3　选择性激光烧结成型材料

学习目标

（1）了解选择性激光烧结成型材料的性能及特点。

（2）掌握选择性激光烧结成型材料的性能对成型过程的影响。

（3）掌握选择性激光烧结技术所用的复合商用粉末类型。

选择性激光烧结技术不仅能制造塑料零件，还能制造陶瓷、石蜡等材料的零件，特别是可以直接制造金属零件。

选择性激光烧结成型材料是各类粉末，包括金属、陶瓷、石蜡以及聚合物的粉末，工程上一般采用粒度的大小来划分粉末等级，见表 6-1。选择性激光烧结成型材料的粉末粒度一般为 50 ~ 125 μm。

表 6-1　工程上粉末的等级及相应的粒度范围

粉末等级	粒度范围
粒体	大于 10 mm
粉粒	100 μm ~ 10 mm
粉末	1 μm ~ 100 μm
细粉末或微粉末	10 nm ~ 1 μm
超微粉末（纳米粉末）	小于 1 nm

6.3.1　选择性激光烧结成型材料的性能及特点

选择性激光烧结技术所使用的成型材料是微米级的粉末材料。当材料成型时，在事先设定好的预热温度下，先在工作台面上用铺粉辊铺一层粉末材料；在激光束的作用下，按照成型制件的一层层截面轮廓信息，对制件的实心部分所在的粉末区域进行扫描与烧结，即当粉末的温度升至熔点时，粉末颗粒的交界处熔融，进而相互粘结，逐步得到烧结的各层轮廓。在非烧结区的粉末仍然呈松散状态，可作为加工完毕的下一层粉末的支撑。

在各种快速成型技术中，选择性激光烧结技术是近年来研究与开发的热点，其成型制件的主要特点如下。

（1）成型制件可直接加工制作成各种功能制件，如用于结构验证和功能测试，或直接装配样机。

（2）所用粉末材料多样化，不同材料加工的成型制件有不同的物理性能，可满足不同场合的需要。

（3）成型制件可直接用于精密铸造用的蜡模、砂型、型芯。

（4）不需要单独制作支撑，原材料利用率高。

（5）成型制件可快速翻制成各种模具。

选择性激光烧结成型材料的性能对成型过程的影响见表6－2。

表6－2　选择性激光烧结成型材料的性能对成型过程的影响

材料性能	主要作用
粉末粒径	粒径大，不易于激光吸收，易变形，成型精度低；粒径小，易于激光收，成型效率低，表面质量好，强度低，易烧蚀，有污染
颗粒形状	影响粉体堆积密度，进而影响表面质量、流动性和光吸收性。其最佳形状是接近球形
熔体黏度	黏度低，易于粘结且强度高，但热影响区大
熔点	熔点低时易于烧结成型；反之，则易于减少热影响区，提高分辨率
模量	模量大时不易发生变形
玻璃化温度	若是非晶体材料，其影响、作用与熔点相似
结晶温度与结晶速率	在一定的冷却速率下，结晶温度越低，结晶速率越低，越有利于成型工艺的控制
堆积密度	影响成型制件的强度和收缩率
热吸收性	由于CO_2激光的波长为$10.6~\mu m$，所以要求材料在此波段的区间内有较强的吸收性，才能使粉末材料在较高的扫描速度下进行熔化和烧结
热传导性	若材料的导热系数小，可以减少热影响区，则能保证成型制件的尺寸精度，但成型效率较低
收缩率	要求材料的膨胀系数尽量小、相变体积收缩率应尽量低，以减小成型制件的内应力和变形
热分解温度	材料具有较高的分解温度
阻燃及抗氧化性	要求材料不易燃且不易氧化

粘结剂粉末与金属或陶瓷粉末按一定比例机械混合。

把金属或陶瓷粉末放到粘结剂稀释液中，制取具有粘结剂包裹的金属或陶瓷粉末。

实践表明，采用粘结剂包裹的粉末的制备虽然复杂，但烧结效果较机械混合的粉末好。近年来，已经开发的选择性激光烧结成型材料种类见表6－3。

表6－3　选择性激光烧结成型材料种类

材料	特征
石蜡	主要用于失蜡铸造、金属型制造
聚碳酸酯	坚固耐热，可以制造微细轮廓及薄壳结构，也可以用于铸造消失模，正逐步取代石蜡

材料	特征
尼龙、纤细尼龙、合成尼龙（尼龙纤维）	都能制造可测试功能零件，其中合成尼龙制件具有最佳的力学性能
不锈钢、钛合金、铜合金等	具有较高的强度，可制作注塑模

6.3.2　选择性激光烧结技术所用的复合商用粉末类型

1. 美国 DTM 公司开发的材料

在选择性激光烧结领域，以美国 DTM 公司所开发的成型材料类别最多，最具代表性，其已商品化的成型材料见表6-4。

表6-4　美国 DTM 公司开发的部分选择性激光烧结成型材料

材料型号	材料类型	使用范围
DuraForm Polyamide	聚酰胺粉末	概念型和测试型制造
DuraForm GF	添加玻璃珠的聚酰胺粉末	能制造微小特征，适合概念型和测试型制造
DTM Polycarbanate	聚碳酸酯粉末	消失模制造
TrueForm Polymer	聚苯乙烯粉末	消失模制造
SandForm Si	覆膜硅砂	砂型（芯）制造
SandForm ZR Ⅱ	覆膜锆砂	砂型（芯）制造
Copper Ployamide	铜/聚酰胺复合粉	金属模具制造
RapidSteel 2.0	覆膜钢粉	功能零件或金属模具制造

2. 德国 EOS 公司开发的材料

德国 EOS 公司也开发了系列选择性激光烧结成型材料，见表6-5。

表6-5　德国 EOS 公司开发的部分材料

型号指标	DirectSteel50 -V1	DirectSteel50 -V2	DirectSteel50 -V3	PA 2200	PA 3200 gf	EOSINT Squartz
颜色	灰	棕	棕	自	自	棕
粒子尺寸/μm	50	50	100	50	50	160
比重/(g·cm^{-3})	8.2	9	9	1.03	—	—
粉末密度/(g·cm^{-3})	4.3	5.1	5.7	0.45~0.5	0.70~0.75	1.4
烧结后密度/(g·cm^{-3})	7.8	6.3	66	0.90~0.95	1.2~1.3	<1.4

型号指标	DirectSteel50 – V1	DirectSteel50 – V2	DirectSteel50 – V3	PA 2200	PA 3200 gf	EOSINT Squartz
弯曲强度/MPa	950	300 ~ 400	300	—	—	8
抗拉强度/MPa	500	120 ~ 200	180	50	40 ~ 47	—
肖氏硬度/HS	73	73	77	74	75	—
冲击韧性/(KJ · m⁻²)	—	—	—	21	15	—
熔点/℃	>700	>700	>700	180	180	

3. 国内开发的材料

国内几家主要快速成型技术研究单位研制的选择性激光烧结成型材料见表 6 – 6。

表 6 – 6　国内各单位开发的选择性激光烧结成型材料

研究单位	材料类型	使用范围
华中科技大学	覆膜砂、PS 粉等	砂铸、熔模铸造
北京隆源自动成型系统有限公司	覆膜陶瓷、塑料（PS、ABS）粉	熔模铸造
中北大学	覆膜金属、覆膜陶瓷、精铸蜡粉、原型烧结粉	金属模具制造、陶瓷精铸、熔模铸造等

学习单元 6.4　选择性激光烧结成型设备

学习目标

（1）了解选择性激光烧结成型系统的基本组成。
（2）掌握选择性激光烧结成型设备光路系统的工作原理。
（3）培养学生的民族自豪感和认同感。

视频：SLS 快速成型系统的基本组成

6.4.1　选择性激光烧结成型系统的基本组成

（1）主机：机身与机壳、加热装置、成型工作缸、振镜式动态聚焦扫描系统、废料桶、送料工作缸、铺粉辊装置、激光器等。
（2）计算机控制系统：计算机、应用软件、传感检测单元和驱动单元。
（3）冷却器：由可调恒温水冷却和外管路组成，用于冷却激光

课程思政案例：华曙高科：3D 打印为先进制造加持

器，提高激光能量的稳定性。

　　具体如图 6 – 13 所示。

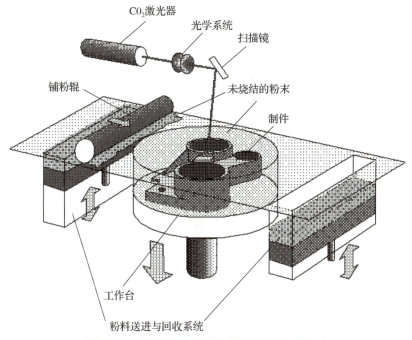

图 6 – 13　选择性激光烧结成型系统的基本组成

6.4.2　商用设备

1. 华中科技大学的 HRPS – Ⅲ 选择性激光烧结成型系统

　　该系统（图 6 – 14）采用国际著名公司的振镜式动态聚焦扫描系统，具有高速度（最大扫描速度为 4 m/s）和高精度（激光定位精度小于 50 μm）的特点；激光器采用美国 CO_2 激光器，具有稳定性好、可靠性高、模式好、寿命长、功率稳定、可更换气体、性价比高等特点，并配以全封闭恒温水循环冷却系统；新型送粉系统（专利）可使烧结辅助时间大大缩短；排烟除尘系统能及时充分地排除烟尘，防止烟尘对烧结过程和工作环境的影响；全封闭式的工作腔结构，可防止粉尘和高温对设备关键元器件的影响。

图 6 – 14　HRPS – Ⅲ 选择性激光烧结成型系统

2. AFS-300激光快速成型机

AFS-300激光快速成型机是实现选择性激光烧结工艺的国产设备（图6-15），它以粉末材料为原料，在每层的加工中，控制激光的点扫描对粉末进行选区烧结，以逐层累加的方式实现三维实体的加工成型。该设备由机械系统、光学系统和计算机控制系统组成。机械系统和光学系统在计算机控制系统的控制下协调工作，自动完成制件的加工成型。

图6-15　AFS-300激光快速成型机

1）机械系统

机械系统主要由机架、工作台、铺粉机构、两个活塞缸、集料箱、加热灯和通风除尘机构组成。

（1）机架为方钢框架式结构，用于支撑设备的其他部分。机架下安装有4个地脚螺栓，用于调整设备的水平；同时安装有4个脚轮，以便搬运。

（2）工作台用于安装铺粉机构和活塞缸，同时作为它们的安装基面。

（3）铺粉机构的作用是不断提供成型用的粉料并将粉铺平，它由两根直线密封式导轨、双轴步进电动机、联轴器、滚轮小车（滚轮支架）、滚轮、滚轮步进电动机、滚轮传动机构、刮粉片和小车面罩组成。

（4）两个活塞缸的其中一个用于储备成型粉料和供料，称为材料缸；另一个用于成型烧结，称为成型缸（又称为零件缸）。两缸结构相同，主要由缸体、活塞、密封圈、精密滚珠丝杠、步进电动机等组成。

（5）集料箱用于收集成型过程中多铺的粉料和卸料。在每次铺粉过程中，材料缸活塞的上升高度均大于成型缸的下降位移，成型缸铺满粉后多余的粉料通过下料口落入集料箱。

（6）加热灯的作用是将成型缸表面的粉末均匀加热，一方面可以节省激光能量，另一方面可以减小成型过程中受热不均匀产生的变形。

（7）通风除尘机构由风机、通风管路和滤尘箱组成，它的作用是排除工作过程中产生的粉尘和烟雾。

两个活塞缸中的活塞通过精密滚珠丝杠做上下往复运动，滚轮小车通过两根直线导轨做直线往复运动，滚轮沿着推粉方向做逆时针转动。这些运动部件均由步进电动机驱动和精确定位。直线导轨和精密滚珠丝杠上均装有限位开关，将运动限制在行程之内。

2）光学系统

该设备的基本工艺过程是激光束对粉末材料的进行选择性烧结，激光束的精密控制是成型的关键，其光学系统如图6-16所示。

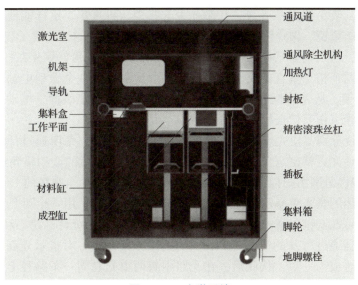

图 6-16　光学系统

　　光学系统的主要组成部件有：激光器、反射镜、扩束聚焦系统（扩束镜、聚焦镜）、扫描器、光束合成器、指示光源。

　　（1）激光器。激光器采用美国 48-5 型 CO_2 激光器，最大输出功率为 50 W。该激光器采用全金属射频激励型结构，其特点是结构紧凑、输出稳定、可靠性高、易于控制。

　　激光的控制分为输出功率的控制和开关的控制，控制信号为 5 kHz 的 TTL 电平的方波。将控制信号与门控信号相与后加在激光器上，通过门控信号控制激光器的开关。

　　当门控信号为 1 时，有激光输出，平均功率由控制信号的占空比决定。当门控信号为 0 时，无激光输出。激光器在工作过程中有很大一部分能量变成热能，因此要通水冷却，水温应为 18～25 ℃。激光器的冷却水由一台循环水制冷机提供。

　　光学系统的结构如图 6-17 所示。反射镜为直径为 20 mm 的镀金反射镜，它的作用是将激光导入扩束聚焦系统。反射镜架上装有两个调整螺钉，可以调整反射镜的水平角和俯仰角，使激光束恰好位于扫描器反射镜的中央。

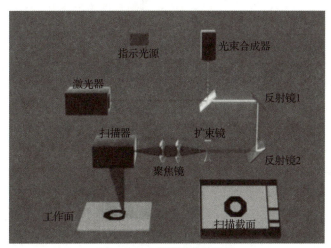

图 6-17　光学系统的结构

为了能得到较小的聚焦光斑，让激光束先扩束，再聚焦。这样能使光斑更小。扩束聚焦系统由扩束镜、聚焦镜 1 和聚焦镜 2 以及镜筒组成。这 3 片镜子装在一个同心性很好的镜筒上，适当调整三者之间的相对位置，可使激光束恰好聚焦在加工表面。

扫描器由两个相互垂直的反射镜组成。每个反射镜由一个振动电动机驱动，激光束先入射到 X 镜，从 X 镜反射到 Y 镜，再由 Y 镜反射到加工表面，电动机驱动反射镜振动，同时激光束在有效视场内扫描。

X 镜和 Y 镜分别驱使光点在 X 方向和 Y 方向扫描。扫描角度通过计算机接口进行数控，这样可使光点精密定位在视场内任一位置。扫描振镜的全扫描角（光学角）为 $40°$，视场的线性范围由扫描半径确定，光点的定位精度可达全视场的 $1/65\,535$。

由于加工用的激光束是不可见光，不便于调试和操作。用一个可见光束与激光束交并在一起，可在调试时清晰地看见激光光路，便于各光学元件的定心和调整。

光束合成器通过特殊的镀膜技术，具有对激光束高透、对指示光高反的特性，因此可将两束光合成为一束，从此后，在光路中有两束光在同一条路径上传输，指示光的位置即激光束的位置。

3）计算机控制系统

控制系统是一个由计算机控制的开环系统。其基本工作过程是先由计算机控制铺粉机构，将烧结粉末均匀地铺在烧结面上，然后控制激光器和扫描器，使激光束在烧结面上扫描，然后烧结面下降一段微小距离，完成一次烧结过程。不断重复上述过程直到完成逐层叠加。

铺粉机构含有 4 台步进电动机，计算机通过其内部的 AT6400 卡及外部附卡对各步进电动机驱动器进行控制，其中 2 台用于材料缸和成型缸活塞的上下运动，第 3 台用于带动铺粉小车水平运动，第 4 台用于铺粉小车的滚轮转动。电动机驱动器配有专用电源，为检测、限制各部件的运动，系统对前 3 台步进电动机控制的运动部件各安装了 2 个检测开关，检测信息由 AT5400 卡处理。

为了保证烧结条件，可设定激光功率和材料加热功率。控制系统还包括照明、通风、激光指示等辅助装置。各部件的供电控制由显示器右侧的键盘板及功率开关插件完成，键盘板内含单片机，可与计算机通信，键盘板面板如图 6 – 18 所示。左上部 2 个数码管用于激光器功率设定。当激光器被打开后，可通过这 2 个数码管下部的按键调整激光器的输出功率，显示值为激光器满功率的百分比。右上部 2 个数码管用于材料加热功率控制，当加热器被打开后，可通过这 2 个数码管下部的按键调整加热器的功率，显示值为加热器满功率的百分比。

键盘板中下部的 8 个按键分别用于控制各用电部件供电，每按一次，对应的指示灯状态改变一次，亮表示打开，灭表示关闭，其中，"激光器"按键必须在冷却器被打开时才能有效，当激光器、加热器被关闭时，其设定值也自动回零。当各按键均被关闭或只有"加热器""指示光""照明"按键被打开时，控制柜顶部的工作指示灯均为红，表示处于非工作状态。"激光器""冷却器""扫描器""电动机""通风"按键之中只要有打开的，工作指示灯就为红绿，表示处于待机状态。当上述 5 个按键均打开时，工作指示灯为绿，表示处于正常工作状态。

计算机可通过串口对键盘板进行操作，可直接设置各按键状态，还可实现自动关机。

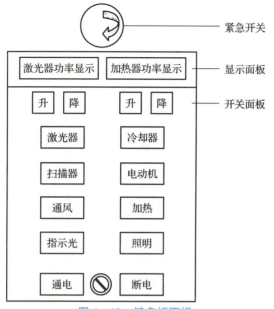

图 6 – 18　键盘板面板

当计算机死机或单次烧结时间超过 8 min 时，键盘板将自动关闭加热器，若烧结时间超长时，设备进行下一循环时，加热器功率仍按原设定值开始工作。

当设备出现异常时，可按下键盘板上方的红色蘑菇头应急按钮，控制系统将全部断电。整个系统安装于标准工业控制柜内。

学习单元 6.5　选择性激光烧结成型工艺流程

（1）了解选择性激光烧结成型工艺流程，能对具体步骤（前处理、中期制作及后处理）进行全面理解。

（2）掌握高分子粉末材料选择性激光烧结成型工艺。

（3）掌握金属零件选择性激光烧结成型工艺。

（4）掌握陶瓷粉末选择性激光烧结成型工艺。

选择性激光烧结成型工艺使用的材料一般有石蜡、高分子、金属、陶瓷粉末和它们的复合粉末材料。材料不同，具体工艺也有所不同。

6.5.1　高分子粉末材料选择性激光烧结成型工艺

高分子粉末材料选择性激光烧结成型工艺过程同样分为前处理、中期制作以及后处理 3 个阶段。

下面以某铸件的 SLS 原型在 HRPS – IVB 设备上的制作为例，介绍具体的工艺过程。

视频：高分子粉末
材料烧结工艺

1. 前处理

在前处理阶段主要完成模型的三维 CAD 造型，并经 STL 数据转换后输入 HRPS – IVB 设备。

图 6 – 19 所示是某铸件的三维 CAD 模型。

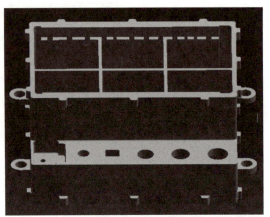

图 6 – 19　某铸件的三维 CAD 模型

2. 中期制作

首先，对成型空间进行预热。对于高分子粉末材料，一般需要预热到 100 ℃ 左右。在预热阶段，根据原型结构的特点确定摆放方位，当摆放方位确定后，将状态设置为加工状态，如图 6 – 20 所示。

图 6 – 20　摆放方位确定后的加工状态

然后，设定建造工艺参数，如层厚、激光扫描速度和扫描方式、激光功率、烧结间距等。当成型区域的温度达到预定值时，便可以启动制作了。

在制作过程中，为了确保制件烧结质量，减小翘曲变形，应根据截面变化相应调整粉料预热的温度。

所有叠层自动烧结叠加完毕后，需要将原型在成型缸中缓慢冷却至40 ℃以下，取出原型并进行后处理。

3. 后处理

激光烧结后的原型件强度很低，需要根据使用要求进行渗蜡或渗树脂等补强处理。由于该原型用于熔模铸造，所以进行渗蜡处理。渗蜡后的铸件原型如图6 – 21所示。

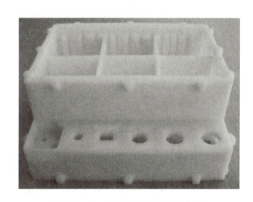

图 6 – 21　渗蜡后的铸件原型

6.5.2　金属零件选择性激光烧结成型工艺

在广泛应用的几种快速原型工艺中，只有选择性激光烧结成型工艺可以直接或间接地烧结金属粉末来制作金属材质的原型或零件。金属零件选择性激光烧结成型工艺使用的材料为混合有树脂材料的金属粉末材料，该工艺主要实现包裹在金属粉粒表面树脂材料的粘结。其工艺流程如图6 – 22所示。由图6 – 22可知，整个工艺流程主要分3个阶段：一是原型件（绿件）的制作，二是粉末烧结件（褐件）的制作，三是金属熔渗处理。

1. 金属零件选择性激光烧结成型工艺流程（间接制造）中的关键技术

1）原型件制作关键技术

（1）选用合理的粉末配比：环氧树脂与金属粉末的比例一般控制在1∶5与1∶3之间。

（2）加工工艺参数匹配：粉末材料的物性、扫描间隔、扫描层厚、激光功率以及扫描速度等。

2）粉末烧结件制作关键技术

烧结温度和时间：烧结温度应控制在合理范围内，烧结时间应适宜。

3）金属熔渗关键技术

选用合适的金属熔渗材料及工艺：渗入金属必须比粉末烧结件中金属的熔点低。

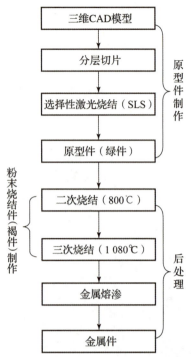

图 6-22　金属零件选择性激光烧结成型工艺流程（间接制造）

2. 金属零件直接烧结工艺

金属零件直接烧结工艺采用的材料是纯粹的金属粉末，使用选择性激光烧结成型工艺中的激光源对金属粉末直接烧结，使其熔化，实现叠层的堆积。其工艺流程如图6-23所示。

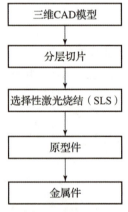

图 6-23　金属零件直接烧结工艺流程

金属零件直接烧结成型过程的时间较金属零件间接烧结成型过程明显缩短，无须复杂的后处理阶段，但必须有较大功率的激光器，以保证烧结过程中金属粉末被直接熔化。因此，激光参数的选择、被烧结金属粉末材料的熔融过程及控制是其关键。

3. 陶瓷粉末选择性激光烧结成型工艺

陶瓷粉末材料选择性激光烧结成型工艺需要在粉末中加入粘结剂。目前所用的纯陶瓷粉末材料主要有 Al_2O_3 和 SiC，而粘结剂有无机粘结剂、有机粘结剂和金属粘结剂3 种。

当材料是陶瓷粉末时，可以直接烧结铸造用的壳形来生产各类铸件，甚至复杂的金属零件。

陶瓷粉末烧结制件的精度由激光烧结时的精度和后续处理时的精度决定。在激光烧结过程中，粉末烧结收缩率、烧结时间、光强、扫描点间距和扫描线行距对陶瓷粉末烧结制件坯体的精度有很大影响。另外，光斑的大小和粉末粒径直接影响陶瓷粉末烧结制件的精度和表面粗糙度。后续处理（焙烧）时产生的收缩和变形也会影响陶瓷粉末烧结制件的精度。

学习单元 6.6　选择性激光烧结技术的应用

学习目标

（1）了解选择性激光烧结技术的特点。
（2）掌握选择性激光烧结技术的应用。

6.6.1　直接制作快速模具

使用选择性激光烧结成型工艺可以选择不同的材料粉末制造不同用途的模具，可以直接烧结金属模具和陶瓷模具，用作注塑、压铸、挤塑等塑料成型模及钣金成形模，如图 6-24 所示。

图 6-24　采用选择性激光烧结成型工艺制作高尔夫球头模具及产品

6.6.2　复杂金属零件的快速无模具铸造

将选择性激光烧结成型工艺与精密铸造工艺结合起来，特别适合进行具有复杂形状的金属功能零件整体制造，如图 6-25 所示。在新产品试制和零件的单件小批量生产中，不需要复杂工装及模具，可大大提高制造速度，并降低制造成本。

图 6 – 25   基于 SLS 原型由快速无模具铸造方法制作的产品

6.6.3   内燃机进气歧管模型制作

采用选择性激光烧结成型工艺快速制作内燃机进气歧管模型，如图 6 – 26 所示。它可以直接与相关零部件进行安装，进行功能验证，快速检测内燃机运行效果以评价设计的优劣，然后进行有针对性的改进以达到内燃机进气歧管产品的设计要求。

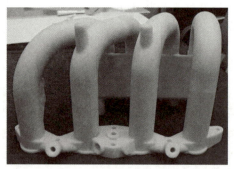

图 6 – 26   采用选择性激光烧结成型工艺制作的内燃机进气歧管模型

学习单元 6.7   技能训练：选择性激光烧结成型设备操作训练

1. 实训目的及要求

1）实训目的

（1）掌握 EP – S7250 成型机的工作原理及操作方法。

（2）掌握选择性激光烧结成型工艺流程。

（3）能独立完成简单产品的制作。

2）实训要求

（1）必须穿工作服，戴手套，不得随意用手触摸电路系统。

（2）实训期间严格遵守纪律，不得在实训室打闹、玩手机等。

（3）在实训过程中不得私自外出；按时上、下课，有事必须向实训指导老师请假。

（4）认真听课、细心观察，遇到不懂的问题要及时请教实训指导老师。

（5）独自操作时，要严格遵守操作规程，不可随意调整设备参数；注意培养团队协作能力，提升职业素养。

（6）实训结束后提交一份实训报告。

2. 设备工具:

EP-S7250 成型机。

3. 实训步骤

1）机械主体

EP-S7250 成型机由机械主体、光学系统、控制系统 3 个部分组成。机械主体（图 6-27）主要由机架、工作台、铺粉机构、送粉机构、成型缸、集料箱、加热灯和通风除尘机构组成。机架为铝合金框架式结构，用于支撑设备的其他部分。机架下安装有 8 个地脚，用于调整设备的水平；同时安有 4 个脚轮，以便于搬运。工作台用于安装铺粉机构和活塞缸，同时作为它们的安装基面。铺粉机构的作用是将成型用的粉料铺平，它由两根直线导轨、铺粉车驱动电动机（步进电动机）、减速器、联轴器、铺粉车和铺粉车罩等组成。送粉机构包括外置料箱、内置料箱、回转阀、真空上料机和粉体输送管路。

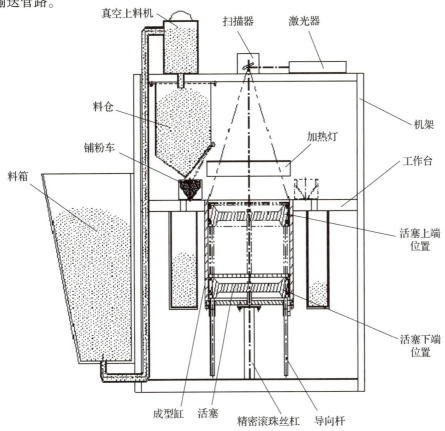

图 6-27　EP-S7250 成型机的机械主体示意

成型缸用于成型烧结，主要由缸体、活塞、导向杆、密封条、精密滚珠丝杠、伺服电动机和减速器等组成。集料箱用于成型过程中多铺的粉料的收集，位于成型缸两侧。集料箱下部有出料口，用于连接旋风吸料机。

加热灯的作用是将成型缸表面的粉料均匀加热，一方面可以节省激光能量，另一方面可以减小成型过程中由于受热不均匀产生的变形。加热灯的加热元件是 8 根镀金远红外加热管，加热灯安装在滑动导轨上，成型时位于成型缸上方，取件时移出成型室。通风除尘机构由通风管路和滤尘箱组成，它的作用是排除铺粉过程中产生的飘浮粉尘和烟雾。滤尘箱中装有可更换滤芯，用于阻隔粉尘，以防止粉尘飘逸至大气中。

2）光学系统

成型的基本过程是激光束对粉末材料的选区烧结，激光束的精密控制是成型的关键。EP－S7250 成型机的光学系统如图 6－28 所示。

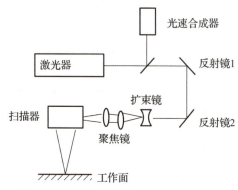

图 6－28　EP－S7250 成型机的光学系统

光学系统的主要组成部件有：激光器、反射镜、扩束聚焦系统、扫描器（或称为振镜）、窗口镜、光束合成器、指示光源。

3）控制系统

EP－S7250 成型机的控制系统是一个以计算机为核心，控制激光在粉末表面选区烧结，由机械电气实现烧结区逐层叠加的一个系统。其由工控机、激光系统、运动部件、辅助部件等组成。

4）设备操作步骤

（1）开机操作。

①打开成型室室门，检查并清扫铺粉轨道及工作台使之清洁无异物，检查完毕关闭室门。

②将电源钥匙开关置于开位，按下绿色启动开关按钮。保持 1 s，EP－S7250 成型机通电，计算机开启，红灯和绿灯长亮。

③检查集料箱中的集料状况，用旋风吸料机将集料箱中的粉体吸净。

④检查激光窗口镜，若窗口镜污染，则卸下并用丙酮或无水酒精清洗。

⑤在外置料箱中加满料。注意：确定待加的粉料与料缸中的粉属于同一类型；粉料中应无烧结块、板结块或其他杂物，否则必须用振动筛筛分。

⑥起动 E－PLUS－3D 控制程序，激光冷却器、扫描器、激光器、电动机、通风管路等电源自动开启，铺粉车自动回位。

（2）成型操作。

①打开待成型零件的 CLI 文件，控制软件自动将零件置中。

②若需同时制作多个零件或同时加工几个不同的零件，可用“零件”菜单中的“排列 CLI 文件”和“添加 CLI 文件”命令进行操作，可对零件进行缩放和位移。

③预览，逐层查看零件各层状态，若有异常（出边界、数据反转等）则返回切片

软件检查错误。

④修改成型参数和设置温控曲线。观察屏幕上各项参数的值，如需改动，进入"工具"菜单逐项修改。

⑤加料。运行"电机"菜单中的"料缸移动"命令，将对铺粉车定量加入选用的粉料。

⑥运行"电机"菜单中的"成型缸移动"命令，将成型缸（PART）活塞上升到适当位置，放入取件底板，将成型缸（PART）活塞上升到上限位置，然后下降 1 mm。

⑦运行"电机"菜单中的"铺粉"命令，反复运行（一般 4~5 遍）铺粉机构，直到将成型缸填满铺平。

注意：EP-S7250 成型机运行过程中通风除尘机构必须始终处于开启状态，操作人员应佩戴防尘口罩，以免粉尘污染。

⑧将加热灯移到成型缸上方位置，设置成型温度，打开加热器。

注意：加热灯在开启状态时严禁将手伸到加热灯内部，以免烫伤和触电。

⑨打开成型室室门，用红外测温仪测量成型缸中粉料表面温度，当温度达到要求时，准备进行零件成型。

⑩打开激光器，调节激光功率旋钮，根据不同材料和零件，选择适当功率。在成型中可根据需要调节功率。

⑪仔细观察烧结过程，若有异常，可随时按"终止"键退出，修改工艺参数后选择"加工"菜单中的"继续加工"命令重新加工。

注意：在成型烧结过程中，切忌身体的任何部位进入成型室，以避免被激光烧伤。

（3）停机取件。

①零件成型完成后，软件自动记录加工时间。系统自动关闭除计算机外的所有电源，绿灯闪亮。

②打开"电动机""通风"和"照明"按键。

③将加热灯向右移出成型室，用旋风吸料机沿零件的四周将未烧结的粉体慢慢吸出，同时将成型活塞分段升起，直到最顶部，零件完全露出，尽可能将浮粉吸净。

注意：清粉前应检查集料箱是否有足够的空间，若没有，则先将粉体清除干净。

④将零件连同取件板一起取出，放在清粉平台上，若零件较重，可用叉车取出。

⑤将零件放入专用清理盘中，进行清粉等后处理工作。

⑥关机。关闭控制界面中各控制开关，退出程序，再按红色"停止"按键，保持1 s，EP-S7250 成型机断电，红、绿灯全灭。

（4）换料须知。

①如要更换材料品种，需将 EP-S7250 成型机中的粉体彻底清除干净。

②换料时通风除尘机构必须处于工作状态。

③各种材料切忌混用并避免外界环境污染。

5）成型工艺

（1）系统加热。

成型缸上部有加热器，用于系统和成型缸粉末的加热。首先在成型缸中铺满30 mm厚的粉末，按粉末材料的温度要求设定加热温度，启动加热器，对系统进行加热，达到设定温度后保温 0.5 h，以便使系统充分加热，使成型缸中的粉末温度稳定。

（2）成型参数。

①铺粉参数包括成型缸下降距离、材料缸上升距离、铺粉电动机速度、滚轮电动机速度4个参数，它们在系统软件的工具栏中，决定了铺粉的平整及速度。

加工参数同样包括成型缸下降距离、材料缸上升距离、铺粉电动机速度、滚轮电动机速度，它们在系统软件的工具栏中，一般的设定与铺粉参数相同。值得注意的是：在调入零件时，成型缸下降距离由零件的切片厚度决定，改变此值会影响零件的尺寸。

②加热温度。成型缸上部装有加热器，并由温控表控制粉末表面温度，加热的作用是减小成型过程中的变形、节省激光能量。加热温度的设定和调节在系统软件的工具栏中进行，也可通过温控表调节，加热温度根据材料的不同而异。对于 PSB 粉末，其加工温度一般为 98～102 ℃，为了防止零件变形，一般底部的加热温度要高于此值 20 ℃左右。

③扫描速度和激光功率。扫描速度和激光功率联合作用，决定了单位时间内吸收激光能量的大小，其作用对烧结零件的强度和变形量有较大影响。一般来说，扫描速度高，则加工速度高，成型零件的精度、强度会降低，扫描速度的设定在系统软件的工具栏中进行，一般为 1 000～3 000 mm/s。激光功率影响成型零件的强度和变形，激光功率高，成型零件的强度高，但激光功率过高会引起烧结过程中的变形，一般激光功率设定为 10～20 W，激光功率的设定在系统软件的工具栏中进行，也可在面板上调节。

④零件的支撑。为了防止成型过程中零件翘曲变形，需要给零件添加支撑。E － PLUS － 3D 提供两种支撑方法，一种是网格支撑，一种是基于切片和零件形状的支撑。一般说来，支撑的烧结温度要小于零件温度，这样有利于支撑的去除，在系统软件中可以添加网格支撑，在零件栏中可以为成型零件添加支撑零件。

（3）用 PSB 粉末烧结零件的步骤。

①系统的预热。按照（1）的要求对系统加热。

②打开烧结零件文件。启动 E － PLUS － 3D 系统软件，在"文件"菜单中选择"打开"命令，打开需要烧结的零件文件。

③为零件添加支撑。

④设定加热温度、激光功率、扫描速度、加工参数。根据（2）的要求设定加工参数，其中零件和支撑参数要分别设定。

⑤开始烧结零件。在系统软件的"加工"过程中点击加工零件，系统开始加工零件，PSB 粉末在烧结过程中会产生少量烟气。激光扫描支撑时，颜色会产生轻微变化，激光扫描零件时颜色变化较大。

注：零件烧结完成后，注意观察零件的形态，以便下次烧结时调整工艺参数。

（4）零件的清理。零件烧结完成后，从成型缸中取出的零件（包括零件本身、支撑以及未烧结的粉末），需要去除支撑和未烧结的粉末。要了解零件的结构，最好准备一份零件的图纸，根据零件结构小心地去除支撑和未烧结粉末，以免损坏零件。

4. 实训步骤

（1）明确实训要求，细心听取实训指导老师的讲解和安排。

（2）在实训指导老师的指导下熟悉设备操作方法。

（3）按照工艺流程进行实训。

小贴士

成本、效率是产品的核心竞争力，合理制定工艺方案、优化工艺参数是有效降低成本、提升效率的手段。

5. 学习评价

学习效果考核评价见表 6 – 7。

表 6 – 7　学习效果考核评价

评价指标	评价要点	评价结果				
		优	良	中	及格	不及格
理论知识	EP – S7250 成型机的基本构成、工作原理和成像原理					
技能水平	1. 三维数据模型的拟合与加载导入					
	2. 三维数据模型的摆放、分层					
	3. EP – S7250 成型机的成型操作					
安全操作	EP – S7250 成型机的安全维护及后续保养					
总评	评别	优	良	中	及格	不及格	总评得分
		90 ~ 100	80 ~ 89	70 ~ 79	60 ~ 69	<60	

小贴士

通过学习效果考核评价表的填写，分析问题，查阅资料，制定解决问题的方案，解决问题，完成加工任务，进行自检与总结。

6. 项目拓展训练

学习工单见表 6 – 8。

表 6 – 8　学习工单

任务名称	用选择性激光烧结技术制作花瓶工艺品		日期	
班级		小组成员		
任务描述	1. 用 UG 软件设计花瓶的三维模型，并采用 Magics 软件完成切片设计； 2. 使用 EP – S7250 成型机制作花瓶，并完成相应的后处理工序； 3. 要求将作品打磨平整，作品外观完好 			

续表

任务实施步骤						
评价细则	专业能力	基础知识（10分）		素质能力	正确查阅文献资料（10分）	
		UG图纸设计（10分）			严谨的工作态度（10分）	
		切片文件设计（10分）			语言表达能力（10分）	
		设备运行（20分）			团队协作能力（20分）	
	成绩					

 学有所思

快速成型技术是近年来受到学术界和制造业广泛关注的一种先进成型制造技术。相对于其他快速成型技术，选择性激光烧结技术由于用材广泛而备受关注，并且应用领域日益广泛。目前选择性激光烧结成型的基本原理已经完善，针对具体的选择性激光烧结成型系统如何在不增加附加成本的同时进一步提高成型效率、提高成型件的精度、完善成型件性能以及尽量扩展成型件的适用范围是发展选择性激光烧结技术的重要课题。本学习情境正是基于以上观点，对选择性激光烧结技术的成型精度、成型效率、扫描路径、成型件的后处理以及数据处理等问题展开了深入研究。

思考题

6-1 简述选择性激光烧结技术的基本原理。

6-2 选择性激光烧结工艺的特点有哪些？

6-3 简述高分子粉末材料选择性激光烧结烧结工艺过程。

6-4 简述金属粉末材料间接烧结工艺过程。

6-5 简述金属粉末材料直接烧结工艺过程。

6-6 高分子材料粉末选择性激光烧结成型工艺的后处理一般有哪两种方式？各自的用途是什么？

6-7 选择性激光烧结成型工艺中的烧结工艺参数主要有哪些？它们是如何影响成型件的尺寸和性能的？

学习情境 7　3DP 成型技术

情境导入

3DP 成型技术是快速成型技术的一种，它是以数字模型文件为基础，运用可粘合材料，通过逐层堆叠累积的方式来构造物体（图 7-1）。

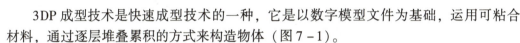
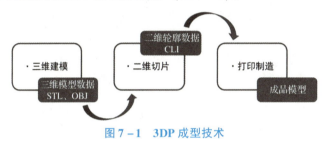

图 7-1　3DP 成型技术

内容摘要

除了前面介绍的 4 种快速成型技术比较成熟之外，其他许多快速成型技术也已经实用化，如三维印刷成型（Three - Dimension Printing，3DP）、光掩膜法（Solid Ground Curing，SGC）、数码累积成型（Digital Brick Laying，DBL）、弹道微粒制造（Ballistic Particle Manufacturing，BPM）、直接壳法（Direct Shell Production Casting，DSPC）、三维焊接（Three Dimensional Welding）、直接烧结、全息干涉制造、光束干涉固化等。其中3DP 成型技术因其材料较为广泛，设备成本较低且可小型化（在办公室中使用）等，近年来发展较为迅速。3DP 成型工艺之所以称为打印成型，是因为它是以某种喷头作为成型源，其运动方式与喷墨打印机的打印头类似，即在台面上做 $X - Y$ 平面运动，所不同的是喷头喷出的不是传统喷墨打印机的墨水，而是粘结剂、熔融材料或光敏材料等。3DP 成型技术基于快速成型技术的基本堆积建造模式，实现原型的快速制作。

学习单元 7.1　3DP 成型技术发展历史

学习目标

（1）了解 3DP 成型技术发展历史。

（2）能够叙述 3DP 成型技术的发展历程。

2012 年 4 月 21 日，英国《经济学人》杂志刊登了关于"第三次工业革命"的专题（图 7-2），就"第三次工业革命"的经济特征和其代表性科技——"3D 打印"进行了详尽的论述，之后"3D 打印"这一时髦的词汇就迅速地在全世界范围内传播开来，被广大民众熟知，甚至美国总统奥巴马也对这一全新的技术给出了自己的态度，在国情咨询会议中高调宣称要确保制造业革命发生在美国，并强调大力发展 3D 打印技术更是其实现之关键。

图 7-2 《经济学人杂志》关于"第三次工业革命"的专题封面

"3D 打印"对于快速成型从业者而言并不是一个新词或者新技术，只是它最近成了科技界热门话题，从一种专有技术变为了"全民技术"。其实《经济学人》杂志中"3D 打印"的表述从学术用语的角度来说是不够准确的。依该杂志的描述，3D 打印就是指增材制造，即快速成型的概念。而 3D 打印在学界是特指以微喷射技术为成型基础的一种快速成型技术。不过，这样的"误会"也足以让从事"狭义"3D 打印的研究人员感到欣慰，因为这就是对"狭义"3D 打印技术——微喷射式快速成型技术在整个快速成型领域的领先地位的肯定。在过去的 20 年间，微喷射式 3D 打印技术紧跟整个快速成型产业的发展步伐，在装备技术更新、打印制备先进功能材料、成型工艺研究等方面都取得了相比其他技术分支更为领先的成绩。凭借《经济学人》杂志掀起的"打印热潮"，"3D 打印"已经在社会民众层面成了原本难以理解的"快速成型"提法的一个形象的别称。

如上所述，"3D打印"已经在社会民众层面代替了"快速成型"这一提法，但本着尊重学界术语定义的态度，下文中的所有"3D打印"都特指它的最初定义，即基于微滴喷射技术的快速成型技术。

3D打印是典型的多学科交叉技术，故3D打印系统也绝不仅包含3D打印机这一机械装备子系统，还包括另外两个重要部分——3D打印材料子系统、3D打印软件和控制子系统。3D打印系统的组成以及各部分之间的联系如图7-3所示。

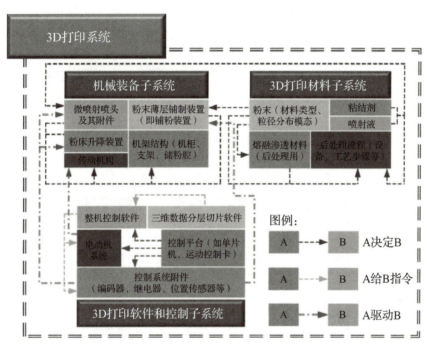

图7-3　3D打印系统的组成以及各部分之间的联系

3D打印机械装备子系统就是俗称的"3D打印机"，它是3D打印制造过程的真正执行者。3D打印的整个制造过程实际上可以用一句话来概括，那就是"选择性地通过喷射液滴来粘结铺制好的粉末薄层"，因此对于一台3D打印机而言，对3D打印制件质量产生决定性影响的、最重要的硬件子系统就是喷头子系统以及粉末铺制（铺粉）子系统。下文将对与3D打印技术相关的喷头技术、铺粉技术以及国内外成套3D打印装备的研究现状进行简要的分析。

学习单元7.2　3DP成型技术原理

学习目标

（1）了解3DP成型技术原理。
（2）掌握微喷射粘结成型设备的工作原理。
（3）掌握3DP成型技术的工艺特点。

7.2.1　3DP 成型技术的基本原理

视频：3DP 快速
成型工艺的
基本原理

　　3DP 成型工艺是由美国麻省理工学院开发成功的，它的工作过程类似喷墨打印机。目前使用的材料多为粉末材料（如陶瓷粉末、金属粉末、塑料粉末等），其工艺过程与选择性激光烧结成型工艺类似，所不同的是材料粉末不是通过激光烧结连接起来的，而是通过喷头喷涂粘结剂（如硅胶）将制件的截面"印刷"在材料粉末上面。用粘结剂粘结的制件强度较低，还需要进行后处理。后处理过程主要是先烧掉粘结剂，然后在高温下渗入金属，使制件致密化以提高强度。

　　以粉末作为成型材料的 3DP 成型工艺原理示意如图 7 - 4 所示。首先按照设定的层厚铺粉，随后根据当前叠层的截面信息，利用喷嘴按指定路径将液态粘结剂喷在预先铺好的粉层特定区域，之后工作台下降一个层厚的距离，继续进行下一叠层的铺粉，逐层粘结后去除多余底料便得到所需形状制件。

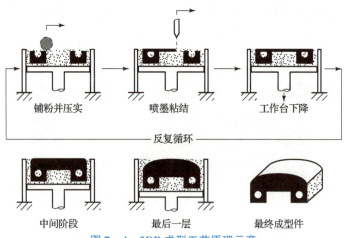

铺粉并压实　　　　喷墨粘结　　　　工作台下降

反复循环

中间阶段　　　　最后一层　　　　最终成型件

图 7 - 4　3DP 成型工艺原理示意

7.2.2　微喷射粘结成型设备工作概述

视频：微喷射
粘结成型设备
装置工作概述

　　微喷射粘结成型设备一般使用金属、石膏或陶瓷等的粉末作为材料，通过粘结剂的作用逐层堆积成型。图 7 - 5 所示为微喷射粘结成型设备的工作示意。在最开始，铺粉装置在工作台上铺一层打印原材料的粉末；然后装有粘结剂的喷射装置根据软件生成的切层面图像，在粉末的相应位置喷射粘结剂；喷射完成后，工作台下降相应的高度，再进行下一层的铺粉工作和粘结剂的喷射工作。按照这种方式，逐层进行，喷有粘结剂的粉末粘结起来，逐层累加，最终成形三维实体模型。在成型过程中，没有被喷射到粘结剂的那部分粉末能对成型实体起到支撑作用。在打印工作完成后，升起工作台，去掉未被粘结的粉末，便完成了成型工作。

　　不同的 3D 打印技术各有特点，相比之下，微喷射粘结成型设备成本低，不需要昂贵的激光装置，可以使用的材料十分广泛，如金属、陶瓷、石膏等；其在打印过程中不需要高温，粘结过程一般无化学反应，无污染、无危害、绿色环保。由于其所具有

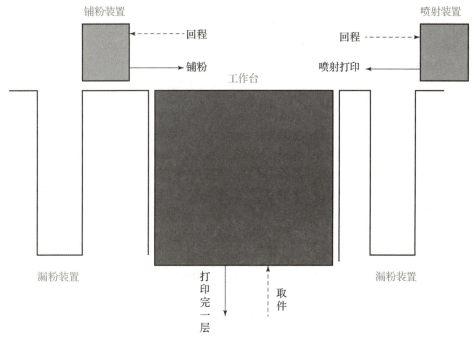

图 7-5 微喷射粘结成型设备的工作示意

的这些优势，微喷射粘结成型设备被广泛应用到许多领域中，包括汽车、医疗、教育、航空航天、消费品等领域。

7.2.3 工艺特点

1. 优点

3DP 成型技术在将固态粉末生成三维制件的过程中与传统技术比较具有很多优点。

（1）材料广泛。

（2）成型速度快。

（3）安全性较好。

（4）应用范围广。

3DP 成型技术在制造模型时也存在许多缺点，如果使用粉状材料，其模型精度和表面粗糙度比较差，零件易变形甚至出现裂纹等，模型强度较低，这些都是该技术目前需要解决的问题。

2. 缺点

1）健康危害

3DP 成型技术日渐普及，应用于医学、建筑和军事等领域，甚至开始家用化。该技术在逐渐被广泛应用的同时，其危害也逐渐暴露出来。

市面上的 3D 打印机首先将塑料加热，然后通过喷嘴喷出，制作出设计模型。这一过程类似工业生产，会释放有毒物质，但一般家用者不会使用防护装备。微粒会在空中飘浮，容易被人吸入肺部甚至脑部，过度积聚可能引发肺病、血液及神经系统疾病，甚至导致死亡。

学习笔记

研究人员测试了 5 款市面热销的 3D 打印机，发现它们释放的超微细粒子数量惊人。例如，以 PLA 聚合物作低温打印材料，最少每分钟释放 200 亿个微粒；在高温下以其他材料打印，每分钟释放的微粒更多达 2 000 亿个。

2）材料限制

虽然高端工业印刷可以实现塑料、某些金属或者陶瓷打印，但打印的材料都是比较昂贵和稀缺的。另外，3D 打印机的技术还不成熟，无法支持日常生活中的各种各样的材料。

研究者们在多材料 3D 打印方面已经取得了一定的进展，但除非这些进展成熟并有效，否则材料限制依然是 3DP 成型技术的一大障碍。

以色列的 Object 公司是掌握最多 3D 打印材料的公司。该公司已经可以使用 14 种基本材料并在此基础上混搭出 107 种材料。但是，这些材料种类与大千世界中的材料种类相比，还是少数，并且这些材料很昂贵。

3）机械设计限制

3DP 成型技术给机械设计带来的无限可能，很多工业品都应当被重新设计优化，但是这涉及上游设计领域的重大变革。传统 CAD 软件需要被颠覆，传统结构设计应当向拓扑优化的方向发展，但是这些都还没有形成体系。此外，3DP 成型技术需要考虑产品结构能否支撑，多余部分能否除去。

有些复杂零件需要优化，而传统的 CAD 软件无法承担这一任务；另外，当选用选择性激光烧结技术时，完全空心的塑料球形制件就不可能成型，如果以 3DP 成型技术逐层制作，则最终就无法去除中心的多余材料。

4）工序问题

很多人可能以为 3DP 成型就是在计算机上设计一个模型，不管多复杂的结构，按一下按钮，3D 打印机就能打印一个成品。这个印象其实不正确。设计一个复杂的模型，需要大量的工程结构方面的知识，需要精细的技巧，并根据具体情况进行调整，另外，模型制作完成后还需要进行后续工艺处理，如打磨、烧结、组装或切割，这通常需要大量的手工工作。

5）成本高

3DP 成型的核心设备昂贵，耗材，即塑料颗粒和金属粉末成本高。目前 3DP 成型的精度并不适合制造大部分高端工业品，而低端大规模生产产品却效率极低，且单体机的维护费用和难度远远高出传统工艺。这导致 3DP 成型技术的工业附加值较低。

学习单元 7.3　3DP 成型设备

学习目标

（1）了解微喷射喷头系统的发展状况。

（2）了解铺粉系统的发展状况。

（3）了解 3DP 成型整体装备的发展状况。

课程思政案例：
工信部智能制造示范项目
宁夏共享智能制造铸造车间

（4）掌握3DP成型设备的工作原理。

（5）通过新一代工业革命的发展，鼓励同学们在国产装备领域有所作为，争做引领中国装备制造变革的领军人才。

3DP成型技术起源于20世纪90年代，其技术不断发展和成熟，国内外已有不少公司开发出性能优良的设备及相应性能优良的软件系统。美国3D Systems公司推出Pro Jet CJP ×60 3D系列打印机的打印速度快，效率高，打印成本低。其中Projet CJP 660Pro全彩3D打印机如图7-6所示。其打印简单快速，打印成本低，具有高分辨率，使用生态和非危险材料作为打印材料，打印过程中不会残留液体废弃物。

图7-6　Projet CJP 660Pro 全彩 3D 打印机

图7-7所示为美国Z公司的Spectrum Z510全彩3D打印机，它的打印速度快，成型精度高，打印成本低，可成形全彩原型。它应用卓越的喷墨打印技术，制作出的制件具有表面特征清晰、精确度高以及色彩准确的特点。

图7-7　Spectrum Z510 全彩 3D 打印机

德国 Voxeljet 公司也开发了一系列相应设备。该公司的 VX500 打印机可用塑料和砂子颗粒作为材料，打印头的分辨率可达到 600dpi。VX500 运行速度快，操作方便，结构紧凑，可以直接用于生产产品原型和功能模型。虽然与国外相比，国内的 3DP 成型技术起步比较晚，但也有不少国内公司和科研机构在进行 3DP 成型设备的研发，且获得了一定的成果。

图 7-8 所示的 LTY 系列 3D 打印快速成型机由上海福奇凡机电科技有限公司开发。其采用高品质、精密的驱动与传动器件，运动精度高，能够快速成型且体积小、噪声小、无振动。

图 7-8 LTY 系列 3D 打印快速成型机

3DP 成型设备一般在研发时会同时开发配套的应用软件。如 3D Systems 公司的 Pro Jet CJP×60 系列的配套应用软件 print3D、Z 公司的 Spectrum Z510 的配套用软件 ZPrint、LTY 系列 3D 打印快速成型机的配套 LTY 切片软件、Easy3DP-300 配套的应用软件 Easy3DPV1.0。

国内外的一些其他公司在研究 3DP 成型技术的同时也开发了一些相应的数据处理软件。如国内的软件 RAP、Lark 等，国外的软件 ACES、Quick Cast、Rapid Tool、Auto Gan、Proto Build 等。

由于工艺的不同、设备工作流程的不同，一般 3DP 成型软件不具有通用性，都是针对某一系列设备或某个单一设备而开发。不同的公司、不同的 3DP 成型设备一般会有不同的 3DP 成型软件。因此，3DP 成型软件的种类也很多。

7.3.1 微喷射喷头系统的发展

3DP 成型技术使用微喷射喷头——"可喷射微米级粘结剂液滴的喷头"，在已铺制粉层的平面上做二维扫描运动，来完成制件的喷印成型。因此微喷射喷头的精度、驱动方式以及对液滴的控制能力都是影响 3D 打印质量的关键；也可以说 3DP 成型装备系统的发展依赖于微喷射技术。微喷射技术可分别针对低黏度流体和高黏度流体，通过对流体微量的精确分配来产生微米级甚至纳米级的液滴，从而实现微米级甚至纳米级精度的图形化过程，是一种"直写成型"技术，体现了增材制造的思想。

微喷射技术从产生液滴的机理角度可分为两大类：连续式喷和按需式喷射。微喷射技术的具体分类如图 7-9 所示。

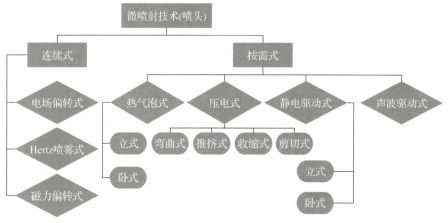

图 7 – 9　微喷射技术的具体分类（即常用微喷射喷头分类）

19世纪的科学家雷利发现，射流刚形成时会产生自然状态下的微小扰动，在扰动下射流会断裂成均匀的液滴，并且液滴直径为射流直径的1.89倍。正是基于上述"雷利理论"，Sweet在1965年率先利用电场偏转的方法对射流断裂的液滴进行了控制，实现了连续式喷墨技术。美国IBM公司也在20世纪70年代开发了首款商品化的基于连续式喷墨技术的喷墨喷头。图7–10（a）所示基于电场偏转的连续式微喷射原理。在液体腔内施加稳定的背压，液体就会由喷嘴向外喷射，并且断裂成大小一致的液滴，该方式能以50～100 kHz的高频率驱动液体。但是连续式喷射的启停仅靠背压控制，而背压的建立和释放响应较慢。因此，为了精确控制液滴，对液滴进行"极化"以施加电荷，配合偏转电场控制液滴的移动方向，从而决定液滴是否从喷头喷向基底，而未喷出的液滴将由集墨槽进行统一回收。此外，连续式微喷射系统为了达到更好的喷射频率精度，往往增加压电稳频装置。因此，连续式微喷射系统结构复杂，控制烦琐并且造价高。

动画：基于电场偏转的"连续式"微喷射原理

动画：基于压电膜片变形的"按需式"喷射原理

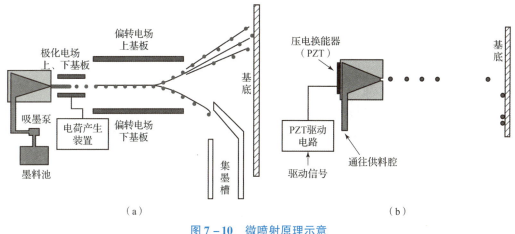

（a）　　　　　　　　　　　　　　　　　　（b）

图 7 – 10　微喷射原理示意

（a）基于电场偏转的连续式微喷射原理；（b）基于压电膜片变形的按需式微喷射原理

与连续式微喷射原理相对的是按需式微喷射原理。顾名思义，按需式微喷射就是只在需要的时候才会形成液滴，即适时施加激励信号，然后压电换能器将激励信号转化为相应的位移，从而在液体腔内产生压力变化使液体从喷嘴喷出，即"一次激励喷射一个液滴"。该原理的另一个"按需"的含义是通过改变激励信号来控制液体腔压力的变化（变化幅度和变化速率）从而按需改变液滴的大小和喷射速度。与连续式微喷射原理相比，这类方式可以大大降低微喷射系统的复杂度，降低成本，并且可以简化结构，使系统微型化，适用于更多应用场合。根据换能方式的不同，现今主流的按需式微喷射技术主要有两类：压电式和热气泡式。

20世纪70年代，Zoltan和Kyser实现了最早的基于压电原理的按需式喷墨喷头。该喷墨喷头采用电信号来激励压电换能器（压电陶瓷晶体），使其发生"逆压电效应"（也形象地称为"电致伸缩效应"）来将电信号转化为自身的形变，由此产生的位移会使液体腔发生体积和压力的变化，从而使液滴喷出。随着压电喷墨技术的发展，也出现了各种采用不同工作模式压电换能器的喷墨喷头，主要有柱式、圆柱套管式以及膜片式3种，分别引起压电换能器的推挤、收缩以及弯曲形式的形变。图7-10（b）所示就是采用膜片式压电换能器实现的按需式喷射工作方式，它是通过压电膜片的电致弯曲来挤压液体腔实现液滴喷射的，属于弯曲原理（bend mode）的工作模式。压电膜片可以通过半导体工艺进行微型化加工，将多个喷头单元集成于一个阵列喷头之上，以此大大提高喷射效率。现今的压电式喷墨打印机都采用这种基于弯曲原理的工作模式。

20世纪80年代，佳能公司和惠普公司先后推出了另一种基于热气泡原理的按需式喷墨喷头。如图7-11所示，通过电信号的激励，对喷头液体腔一侧的加热膜（换能器）进行快速升温，使液体腔内靠近加热膜一侧的液体气化形成热气泡；热气泡的膨胀会导致液体腔内压力上升，进而液体从喷嘴处挤出形成射流；随着加热膜的冷却，热气泡的体积迅速减小，使液体腔内压力变小，从而射流根部回缩产生射流断裂，原本射流前部就断裂喷出形成液滴。基于热气泡原理的按需式喷墨喷头根据加热膜布置方式的不同可分为立式和卧式两种；它与膜片式（弯曲型工作模式）压电喷头一样，也可以采用半导体工艺实现微型化加工，从而形成高集成度多喷嘴阵列。

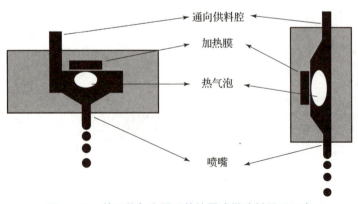

通向供料腔

加热膜

热气泡

喷嘴

图7-11　基于热气泡原理的按需式微喷射原理示意

综上所述，连续式喷墨喷头系统复杂且价格高，并不适合用于开发3DP成型装备系统。按需式热气泡喷头在工作过程中要对液体进行加热，因此对3DP成型喷射液的成分提出了耐热要求，这就使喷射液的配制难度加大，也使该类喷头不适用于一些性状会因加热而改变的功能性喷射液。按需式压电喷头能够实现高频喷射（压电晶体固有性质），此外由于采用半导体加工工艺，该类喷头可以集成大量喷射单元以大大提高喷射效率，随着技术的成熟，该类喷头的价格也已大幅降低，因此该类喷头可以作为开发3DP成型装备系统的备选喷头方案。当然，由于厂商对商品化喷头的工作参数进行了固化，使用者不能对其喷射状态进行干预，所以，若要进行3DP成型工艺的深入研究，就需要自行开发喷头，达到喷射状态可控的目的。

7.3.2 铺粉系统的发展

3DP成型的铺粉方法主要分为干法铺粉和湿法铺粉两大类，但无论采用哪种铺粉方法，其目的都是以最快的速度铺制平整、无表面缺陷且致密度高的粉层以供喷头装置进行分层截面打印。

在两种铺粉方法中，干法铺粉在实际实施时更加快速便捷。Sachs教授指出，干法铺粉一般适用于平均粒径大于20 μm的粉末，并且设置的铺粉层厚应该大于粉末系统平均粒径的3倍且同时大于粉末系统中的最大颗粒粒径。最常见的铺粉方法是"逆转辊"铺粉法，简单地说就是利用一个旋转的导辊（旋转线速度方向与前进方向相反）在粉床上匀速前进以刮平粉末层。在采用"逆转辊"铺粉法的同时，也可以对导辊施加电场或者振动来增强铺粉过程对铺粉层的致密化作用。除了"逆转辊"铺粉法，常用的铺粉方法还有：刮板式铺粉法，利用刮板取代导辊对粉层进行刮平和压实，操作时也可以对刮板施加振动来增强铺粉致密化效果；吹粉法，利用粉末吹送系统以微小的剂量不断将粉末吹送至全粉床，采用该方法时往往需要打印和铺粉同步进行；静电吸附法，利用静电原理将一定量的粉末吸附到带电平板上形成较薄的粉层。

与干法铺粉相对应的是湿法铺粉。湿法铺粉的操作对象主要是干法铺粉无法处理的超细粉末。湿法铺粉的基本思想是：将粉末与水基溶液混合形成浆料；然后把浆料放置在粉床表面，利用刮板将浆料刮平；最后进行烘干处理，将载体溶液烘干，留下干燥的粉体层以待打印。可以看出，相比干法铺粉，湿法铺粉的材料准备过程更烦琐，铺粉装置更复杂，工艺过程更耗时，并且在烘干的过程中还容易发生粉层的开裂。湿法铺粉最大的优势就是可以利用超细粉末铺制层厚很薄的粉层，并且水基溶液的引入使粉末可以因为毛细作用相互吸引，从而使铺粉致密度更高。但是，由于这类铺粉方法造成的耗时、工艺复杂等问题，上述铺粉质量的提高往往被3D打印机制造商忽略，所以如今商品化的3D打印机上的铺粉装置基本都采用干法铺粉。

7.3.3 3DP成型整体装备的发展

上文已经介绍了3DP成型装备系统中最主要的喷头和铺粉装置的发展情况，下面将对3DP成型装备系统的发展历程进行简单的回顾。3DP成型设备的发展在很大程度上是由微喷射技术决定的，并且早期3DP成型技术的相关研究成果都是由麻省理工学院Sachs教授的研究团队取得的。1989年，3DP成型技术在麻省理工学院诞生，由此进入研究的初始阶段。此时该团队开发的3DP成型设备基于连续式喷射系统，利用该系统喷射硅胶，粘结铝粉进行一些简单形状制件的成型，该系统可以喷射直径为 75 μm 的液滴，频率高达50 kHz，成型的最小特征尺寸为 0.017 英寸①。该技术可以用于制造金属铸件的模具。1995 年，该团队为了进一步提高 3DP 成型的效率和粘结剂喷射的稳定性，使喷射装置对粘结剂型喷射液具有更广的适应性，开发了一台具有 8 个独立喷射单元的多喷嘴 Alpha3D 打印机，大大提高了 3DP 成型的效率，并且适用于多材料的打印喷射。该 3D 打印机还具有完善的喷射液供给、过滤和回收系统。该喷射单元也是采用连续式喷射原理，设计思路来自该团队早年的研究，相比传统的连续式喷射系统，该喷射单元具有更高的集成度，由喷嘴组件，喷嘴支架组件，喷射单元主体组件和连接于喷射单元主体组件上的液滴充电组件、高压组件和接地组件组成，方便拆装和维护，大大减小了喷射单元的空间尺寸，并且在喷射胶体和含有固体颗粒的液体时，可以有效避免喷嘴阻塞等问题。后来，该团队利用多个由美国知名电磁阀厂商 Lee 公司生产的电磁阀喷射组件来组成多喷嘴喷射单元。这样的喷射单元由商品化的喷头组成，维护方便，喷射稳定性高，具有较高的频率。经过设计，这种多喷嘴喷射单元可以很好地与当时的 3D 打印系统集成。该团队利用该多喷嘴喷射单元喷射水性胶，以粘结混有聚乙烯醇粉末的不锈钢颗粒进行三维成型，这显示了该多喷嘴喷射单元在大尺寸制件的三维制造中的潜力。该团队的核心成员从麻省理工学院毕业后便创立了 Z 公司。在得到了麻省理工学院 3DP 成型技术的相关专利授权后，从 1997 年开始，Z 公司陆续推出一系列 3DP 成型设备，主要以淀粉或者环氧树脂作为成型粉末材料，利用水性粘结剂逐层粘结成型，用于制造各种概念模型或者测试用功能部件。

在世界各地，针对 3DP 成型设备的研究陆续展开。美国 Micro Fab 公司对金属液滴喷射成型展开了研究，其生产的 JETLAB 成型系统通过改变压电喷射系统的振动频率来控制喷头中压力的状态，从而控制焊料液滴的喷射，均匀焊滴随着喷头的运动被准确地喷射到基板上，从而成型微细结构件或应用于印刷电路板，该设备只适用于聚合物和低熔点焊丝材料，且价格高。美国 Sanders 公司通过压电晶体挤压熔腔改变其内压力，从而喷射热熔性材料液滴，并通过电场使部分带电液滴偏转聚焦，精确控制液滴喷射到基板上，逐层堆积成型各种金属或聚合物原型制件，喷嘴直径为 0.1 mm，喷射液滴直径为 0.3 ~ 0.4 mm，成型精度为 ±0.025 mm，使用材料为聚合物或低熔点金属。从 1998 年开始，以色列 Objet 公司致力于开发基于其自创的 Poly Jet TM 原理的 3DP 成型设备，该设备利用压电原理逐层喷射光敏聚合物液滴，并采用紫外光进行同步固化成型，能够建立光滑的表面，并实现细小特征的成型，对制造具有复杂几何形状和复杂内部型腔的制件独具优势，只是该设备极其昂贵。日本的 Kawamoto 及其同人构建了基于静电式喷射原理的 3D 打印系统，静电喷射技术特别适用于喷射高黏度液体且要求极高成型精度的场合，利用该系统可喷射黏度高于 30 000 mPa·s 的液体。他们在试验中，利用该系统喷射溶有银纳米颗粒的粘结剂（粘结剂中的聚乙烯醇起粘结作用），直接三维打印成型电子电路。在我国，台湾的成功大学和台北科技大学都对直接利用商业化压电喷墨系统构建 3DP 成型设备进行了相关研究，并且制成了样机，对石膏、淀粉、亚克力等粉末材料进行了相关的成型研究。该类 3DP 成型设备的主要特点是构建

①　1 英寸 = 0.025 4 米。

成本低，且具有较高的喷射成型精度。同济大学利用美国惠普公司出品的热气泡喷射系统构建了 3DP 成型设备，利用该设备喷射自行配制的粘结剂型喷射液可以成型多种复合粉末材料。西安科技大学利用英国赛尔公司生产的多喷嘴微压电喷头构建 3DP 成型系统，但是未对成型过程和成型能力做深入讨论。来自华中科技大学的两个 3D 打印研究团队分别针对彩色 3D 打印应用以及片剂生产应用进行了 3DP 成型设备的开发研究。

学习单元 7.4 3DP 成型材料

学习目标

（1）了解 3DP 成型材料的性能及特点。

（2）掌握 3DP 成型材料的性能要求。

（3）让前沿科技照亮青春梦想，培养求真务实的科学精神、精益求精的工匠精神、不拘一格的创新精神，树立读书报国、科技强国的理想信念。

7.4.1 3DP 成型材料概述

对于 3DP 成型材料，可以根据其成型制件所具有的不同应用进行分类，例如原型制件应用材料、模具应用材料、快速制造应用材料、医学应用材料、微纳制造应用材料等。

原型制件应用材料主要针对产品的模型制作，用于增进设计人员与客户的交流，属于展示用工业模型，因此需要一定的成型精度，但不需要过高的强度。例如，美国 Z. Corp 公司开发了该类应用的粉末材料和粘结剂材料。这类材料包括水基喷射液和基于淀粉的混合粉末。混合粉末由粘结剂、基材、纤维物质和添加剂组成。其中粘结剂为水溶性粉末（水溶性聚合物、糖类、醇类的混合物，主要成分为淀粉基物质），粘结剂粉末通过和水基喷射液相互作用使基材粉末之间相互粘结以成型制件；纤维物质用于提高整个制件的最终强度，通常采用不溶于水基喷射液的纤维状物质；添加剂用于增强粉末材料自身的流动性（改善铺粉），提高水基喷射液在粉末中的渗透性（改善粘结作用），从而进一步提高制件的强度。该类水基喷射液由溶剂、润湿剂和增流剂混合而成。载体通常采用水作为溶剂；以丙三醇作为润湿剂来防止喷射装置中的喷射液发生干涸而阻碍正常喷射；增流剂通常为多元醇类，这类物质的添加可以降低粘结溶液的表面张力，从而提高喷射液在粉末材料中的流动性。除了淀粉基混合粉末可以用于模型制作外，Z 公司的研究表明石膏混合粉末也可用于此类应用。石膏混合粉末以石膏作为基材，选用具有强力粘结性的聚乙烯醇粉末作为粘结剂与石膏基材混合，混合粉末中还加有少量的分散剂（如白炭黑）以提高石膏混合粉末的流动性，使最终制件具有较好的结构均匀性。

Z 公司除了开发模型制作用成型材料，还推出了一些满足特殊要求的高性能成型粉末和粘结溶液，使 3DP 成型技术可以满足各种应用的需求：①高韧性制件，高韧性制件的粉末材料采用具有很多微孔的石膏基粉末，喷射液为 Z 公司的 Z-Snap 环氧树脂，这种石膏基粉末可以大量吸收环氧树脂，成型类似塑料材质的高韧性制件；②高弹性橡胶制件，此类粉末材料由纤维素、Z 公司特制的增强纤维、分散剂等混合而成，喷射液为人造橡胶，粘结溶液与这类混合粉末作用，可以成型高弹性橡胶制件；③精密铸造蜡模，这类粉末材料采用与高弹性成型粉末的配方相同，喷射液为合成蜡。

为了满足各类模具、高性能功能部件制作以及医学医药工程中制模的要求，3DP 成型技术可以直接成型陶瓷制件。常见的 3DP 成型陶瓷材料工艺如下：以胶质二氧化硅（又称硅溶胶）为主体配置粘结溶液，直接粘结以陶瓷粉为主要成分的混合粉末以成型制件，最后通过高温烧结将制件强化，得到最终强度。值得注意的是，这种粘结溶液由胶质二氧化硅、调节剂、催化剂和润湿剂组成，调节剂用来控制溶液的 pH 值在一定范围内（通常为 9~12），在此 pH 值范围内胶质二氧化硅能够发生凝胶反应。凝胶反应的激发则是通过混合在陶瓷粉末中的柠檬酸来实现的，只有当胶质二氧化硅和柠檬酸作用（且在上述特定的 pH 值范围内）才能够激发凝胶反应，起到粘结陶瓷粉末的作用。这类粘结溶液中含有胶质二氧化硅，胶质二氧化硅是一种非晶态水化颗粒弥散体，颗粒尺寸为 100 nm 左右，因此粘结溶液的黏度较高，并且由于悬浮颗粒的存在，喷射装置的可靠性受到影响。

3DP 成型技术还可用于制造金属制件。这类应用中成型粉末由金属粉末和树脂粘结剂粉末（能够与树脂材料反应，产生强力粘结作用）混合而成，在粉末层上喷射液态树脂粘结溶液来成型制件，制件成型后通过二次烧结以及必要的金属渗透工艺来获得制件的最终强度。

将 3DP 成型技术引入医学应用具有巨大的潜力，如今主要的应用有缓释药物的制备和人体植入骨架和软组织的制作。缓释药物通过其内部复杂的结构可以使药物维持在希望的治疗浓度，减少副作用，优化治疗。缓释药物内部具有复杂的孔穴和薄壁结构，美国麻省理工学院利用多喷嘴 3D 打印系统，以 PMMA 制备了支架结构，将几种剂量精确控制的液态药物打印在与生物相容、可水解的聚合物基层中，实现了缓释药物的制作。如今一些植入人体的骨架和软组织均可以通过 3DP 成型技术进行制造。Lam 等利用含有 50wt% 玉米淀粉、30wt% 右旋糖苷、20wt% 凝胶的粉末，利用蒸馏水混合生物合剂和活性细胞组织作为粘结剂，采用 Z 公司的 Z402 机型制造了植入式骨架结构。

7.4.2 3DP 成型材料要求

1. 3DP 成型工艺对粉末材料的基本要求

（1）颗粒小，尺度均匀；

（2）流动性好，确保供粉系统不堵塞；

（3）熔滴喷射冲击时不产生凹坑、溅散和空洞等；

（4）与粘结溶液作用后固化迅速。

2. 3DP 成型工艺对粘结溶液的基本要求

（1）易于分散且稳定，可长期储存；

（2）不腐蚀喷头；

（3）黏度低，表面张力大；

（4）不易干涸，能延长喷头抗堵塞时间。

3. 基本工艺参数

3DP成型技术的基本工艺参数包括：喷头到粉末层的距离、粉层厚度、喷射和扫描速度、辊子运动参数、每层间隔时间等。当制件精度及强度要求较高时，层厚应取较小值。粘结溶液与粉末空隙体积比即饱和度，其大小取决于层厚、喷射量及扫描速度，对制件的性能和质量具有较大影响。喷射与扫描速度应根据制件精度与质量及时间的要求与层厚等因素综合考虑。

4. 成型速度

3DP成型工艺的成型速度受粘结剂喷射量的限制。典型的喷嘴以$1\ cm^3/min$的流量喷射粘结剂，若有100个喷嘴，则模型制作速度为$200\ cm^3/min$。美国麻省理工学院开发了两种形式的喷射系统：点滴式与连续式。点滴式喷射系统的成型速度已达到每层5 s（每层面积为0.5 m×0.5 m），而连续式喷射系统的成型速度则达到每层0.025 s。

5. 成型精度

3DP成型技术制作的模型的精度由两个因素决定：一是喷涂粘结时制作的模型坯的精度，二是模型坯经后续处理（焙烧）后的精度。

学习单元7.5 3DP成型工艺流程

（1）了解3DP结成型工艺流程，能对3DP成型工艺的具体步骤（前处理、中期制作及后处理）进行全面理解。

（2）掌握3DP成型设备的操作步骤。

3DP成型技术工艺流程与选择性激光烧结工艺流程类似。下面以3DP成型工艺在陶瓷制品中的应用为例，介绍其工艺流程。

（1）利用三维CAD系统完成所需生产的零件的模型设计。

（2）设计完成后，在计算机中将模型生成STL文件，并利用专用软件将其切成薄片。每层的厚度由操作者决定，在需要高精度的区域通常切得很薄。

（3）计算机将每一层分成矢量数据，用以控制粘结剂喷头移动的方向和速度。

（4）用专用铺粉装置将陶瓷粉末铺在平作台面上。

（5）用校平鼓将粉末滚平，粉末的厚度应等于计算机切片处理中片层的厚度。

（6）计算机控制的喷头按步骤（3）的要求进行扫描喷涂粘结，有粘结剂的部位，陶瓷粉末粘结成实体的陶瓷体，周围无粘结剂的粉末则起到支撑粘结层的作用。

（7）计算机控制活塞，使之下降一定高度（等于片层厚度）。

（8）重复步骤（4）~（7），逐层将整个零件坯体制作出来。

（9）取出零件坯体，去除未粘结的粉末，并将这些粉末回收。

（10）对零件坯体进行后续处理，在温控炉中进行焙烧，焙烧温度按要求随时间变化。后续处理的目的是保证零件有足够的机械强度及耐热强度。

学习单元 7.6　3DP 成型工艺因素分析

学习目标

（1）了解 3DP 成型工艺中影响成型精度的因素，并分析造成误差的原因。

（2）能够分析影响 3DP 成型工艺中影响成型精度和强度因素。

（3）能够处理陶瓷粉末 3DP 成型后的烧结收缩问题。

3DP 成型技术因具有原材料种类广泛，运行成本低，环境适应性好，成型过程高度柔性化、自动化等一列优点而成为发展最迅速的快速成型技术。从目前 3DP 成型技术的研究和应用状况来看，该技术目前依然存在以下几方面的问题。

1. 成型精度和强度问题

3DP 成型的材料强度主要由粘结剂逐层包裹粘结型砂颗粒形成粘结桥所构成的交联网络结构提供。铸型强度与粘结剂强度、单位面积粘结桥数量等因素有关。3DP 成型的铸型致密度低于传统成型工艺获得的致密度，导致其单位面积的粘结桥数量较少。在成型材料相同的条件下，3DP 成型的砂型强度要明显低于传统成型工艺获得的强度。为了使 3DP 成型的砂型满足一定的强度使用要求，研究者们通常采用增大粘结剂喷射量的方法提高铸型强度。当粘结剂喷射量较大时，它在粉末层中的固化时间延长而且渗透范围难以控制，导致横向渗透距离增大，溢出轮廓边界而粘结轮廓区域以外的粉末，产生不同程度的"粘粉"和"结瘤"现象，从而使轮廓尺寸明显增大而降低成型精度。同时，由于粘结剂固化时间延长，在进行铺粉时，铺粉装置对未完全固化的粉末有压应力和切应力，易将新粉末压入未完全固化的粉末层并沿铺粉装置运动方向产生滑移，这对铸型的精度和强度都产生一定的影响。另外，当粘结剂含量增大后，铸型孔隙率降低，导致铸型在浇注过程中的发气量增大、透气率降低，从而使铸件容易产生气孔缺陷。当未完全干燥和固化的铸型经焙烧等工艺处理时，在焙烧过程中砂型内外受热不均，使砂型表面粉化、落砂严重，这既延长了铸型制造周期又增加了铸件表面粘砂和夹砂等铸造缺陷。

2. 陶瓷粉末 3DP 成型后的烧结收缩问题

陶瓷粉末 3DP 成型的研究现状表明，目前采用该技术成型低温陶瓷壳型和型芯的相关报道较多（如工艺），但成型高温陶瓷型芯的相关研究则鲜有报道。这主要是因为 3DP 成型的陶瓷坯体致密度较低，经高温烧结后其线收缩率较高，严重影响型芯成品件的尺寸精度，从而阻碍了该技术在精密铸造业中的应用和发展。因此，探索一种新方法或新工艺以显著提高 3DP 成型陶瓷型芯坯体的致密度、降低烧成后的线收缩率该技术进一步发展和工业化应用的关键所在。

综上所述，要从根本上解决3DP成型的精度和强度问题，就需要对喷射粘结过程中的若干关键技术问题进行系统而深入的分析，探索喷射粘结工艺中的喷射方式、喷射参数、粘结剂性能及固化行为、成型粉末材料参数对制件精度的影响机理，研究铺粉过程中粉末层之间的相互作用规律，为提高3DP成型的精度和强度奠定理论基础。

学习单元7.7　3DP 成型技术的应用和研究现状

学习目标

（1）了解3DP成型技术的应用。
（2）了解3DP成型技术的研究现状。

1990 年，人们首次采用微喷射技术喷射硅溶胶成功制备陶瓷壳型和型芯，之后与该工艺相关的切片软件和扫描路径优化、新造型材料的成形工艺、新设备研发和应用等方面的研究一直是研究人员关注的热点之一。近年来，3DP成型技术的研究和应用取得了较大的进展，主要体现在成型材料种类的拓展、影响制件质量的主要成型工艺参数的优化、制件后处理强化工艺的改进、新成型工艺的开发和高精度设备的研发等方面。

1. 成型材料种类的拓展

成型材料由最初的氧化锆扩展到型砂、金属、硅酸盐等造型粉末材料。清华大学的颜永年和徐丹等人以呋喃树脂为粘结剂，以硅砂为成型材料，采用3DP成型工艺制备了铸造砂型，铸型经焙烧和表面处理后可进行浇注。但是，他们对于获得的铸型精度和性能并未进行较深入的研究。人们用快干型硅酸盐水泥作为原材料，通过3DP成型技术制备了不同形状的水泥原型，以考察其成型复杂形状零件的可行性。由于水泥粉末遇水后发生水化反应并且体积发生膨胀，所以影响喷射的粘结剂液体在水泥粉末中的铺展和渗透行为，容易形成沟痕和孔洞，影响制件表面质量。然而，该研究结果为水泥基铸型的成型提供了依据，也拓展了3DP成型技术在酸盐工业中的应用。

2. 成型工艺参数的优化

研究发现，在3DP成型过程中，粉末性能、粘结剂性能、喷射参数和铺粉参数等（如粒径分布、粘结剂喷射量、分层厚度等）工艺参数是影响制件精度和强度的主要因素。人们在3DP成型陶瓷的过程进行了研究，发现除了粘结溶液的黏度和表面张力外，粉末颗粒表面粒度和粉粒孔隙尺寸对粘结剂在粉末层中的渗透深度也有影响，当粘结剂渗透深度小于分层厚度时，则制件强度明显降低。人们采用3DP成型工艺制备了二维网状结构，分别考察了粉末粒径、分层厚度和粘结剂喷射量对制件表面粗糙度、精度和强度的影响。结果表明，粉末粒径越大，制件的表面越粗糙（图7-12）。当分层厚度与粉末粒径相当时，在铺粉过程中易发生已成型层移位现象。

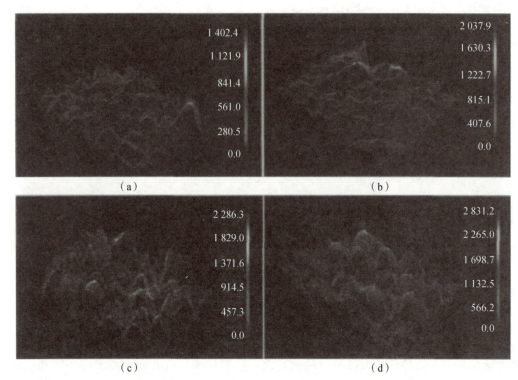

图 7 – 12　不同粉末粒径条件下制件表面立体形貌（单位：μm）

3. 制件后处理强化工艺的改进

现有的研究报道表明，对 3DP 成型制件进行适当的后处理工艺可使致密度和强度得到大幅提升。采用 3DP 成型工艺获得陶瓷坯体，坯体经冷等静压和高温烧结等工艺处理后，其致密度接近。

采用 3DP 成型工艺制备不锈钢坯体，坯体经烧结和渗铜处理后最终获得复合材料零件，零件的致密度可达 98%。人们采用类似工艺获得复合材料坩埚制件（图 7 – 13）。首先通过 3DP 成型工艺制备陶瓷坯件（图 7 – 13 左），然后将坯件烧结数小时，再将烧结件（图 7 – 13 中）在无压条件下进行渗铜处理，最终获得所需制件（图 7 – 13 右）。

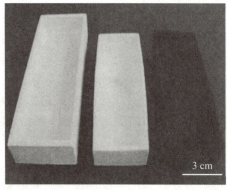

图 7 – 13　用 3DP 成型工艺制作的坩埚制件

4. 3DP 成型技术的应用举例

1）航天科技

2014 年 9 月底，美国国家航空航天局（NASA）完成了首台成像望远镜的制造，所有元件基本全部通过 3DP 成型技术制造，而传统制造方法所需的零件数是 3DP 成型技术的 5～10 倍。此外，在以 3DP 成型技术制造的望远镜中，可将用来减少望远镜中杂散光的仪器挡板做成带有角度的样式，这是传统快速成型方法无法实现的。

2014 年 8 月 31 日，NASA 的工程师们完成了 3D 打印火箭发动机喷射器的测试。制造火箭发动机喷射器需要精度较高的加工技术，使用 3DP 成型技术，可以降低制造的复杂程度，成型材料为金属粉末和激光，在较高的温度下，金属粉末可被重新塑造成需要的样子，准确且快速。

2014 年 10 月 11 日，英国的一个发烧友团队用 3DP 成型技术制出了一枚火箭，该团队队长海恩斯说，有了 3DP 成型技术，制作出形状高度复杂的制件并不困难。就算要修改设计原型，只要在 CAD 软件上做出修改，3D 打印机将会做出相对的调整。这比之前的传统制造方式方便得多。

GE 中国研发中心用 3D 打印机成功"打印"出了航空发动机的重要零部件。与传统制造技术相比，3DP 成型技术使零件制造成本降低 30%，制造周期缩短 40%。

2）医疗行业

（1）3D 打印脊椎植入人体。

2014 年 8 月，北京大学研究团队成功地为一名 12 岁男孩植入了 3D 打印脊椎，这是全球首例。据了解，这位小男孩的脊椎在一次足球比赛受伤之后长出了一颗恶性肿瘤，医生不得不选择移除肿瘤所在的脊椎，不过，医生并未采用传统的脊椎移植手术，而是尝试使用先进的 3DP 成型技术。

研究人员表示，这种植入物可以与现有骨骼非常好地结合起来，而且能缩短病人的康复时间。由于植入的 3D 打印脊椎可以很好地与周围的骨骼结合在一起，所以它并不需要太多的"锚定"。此外，研究人员还在 3D 打印脊椎上面设立了微孔洞，以帮助骨骼在合金之间生长，换言之，植入的 3D 打印脊椎将与原脊柱牢牢地生长在一起，这也意味着未来不会发生松动的情况。

（2）3D 打印心脏救活 2 周大婴儿

2014 年 10 月 13 日，纽约长老会医院的埃米尔·巴查（Emile Bacha）医生讲述了他使用 3D 打印心脏救活一名 2 周大婴儿的故事。这名婴儿患有先天性心脏病，它会在心脏内部制造"大量的洞"。在过去，需要先让心脏停跳，将心脏打开并进行观察，然后在很短的时间内决定接下来应该做什么。

有了 3DP 成型技术之后，可以在手术之前制作出心脏的模型，然后对其进行检查，从而决定应该如何手术。这名婴儿原本需要进行 3～4 次手术，但现在只进行 1 次手术就够了，这名原本被认为寿命有限的婴儿最终过上了正常的生活。

3DP 成型技术能够让医生提前练习，从而缩短病人在手术台上的时间。三维模型有助于减少手术步骤，使手术变得更为安全。

3）文物行业

美国德雷塞尔大学的研究人员通过对化石进行三维扫描，利用 3DP 成型技术做出了适合研究的三维模型，不但保留了原化石所有的外在特征，还进行了比例缩减，更适合研究，如图 7－14 所示。

图 7－14　化石三维模型

博物馆常常会用复制品来保护原始作品不受环境或意外事件的损害，同时复制品能将艺术或文物的影响传递给更多人。史密森尼博物馆就因为原始的托马斯·杰弗逊像要放在弗吉尼亚州展览，所以将一个巨大的 3DP 成型复制品放在原来雕塑的位置，如图 7－15 所示。

图 7－15　文物的 3DP 成型复制品

4）建筑设计行业

在建筑设计业，工程师和设计师们已经开始使用 3D 打印机打印建筑模型，这种方法快速、成本低、环保，同时制作精美，完全合乎设计者的要求，同时能节省大量材料，如图 7－16 所示。

图 7－16　3DP 成型建筑设计示意

2014 年 8 月，10 幢 3D 打印的建筑在上海张江高新青浦园区交付使用，作为当地动迁工程的办公用房。这些 3D 打印建筑是用建筑垃圾制成的特殊"油墨"，按照计算机设计的图纸和方案，经一台大型 3D 打印机层层叠加喷绘而成的，建筑过程仅花费 24 h。

5）汽车制造行业

汽车行业在进行安全性测试等工作时，会将一些非关键部件用 3D 打印的产品替代，在追求效率的同时降低成本。

世界上第一台 3D 打印汽车名为"Strati"（图 7－17），整个制造过程仅用了 45 h。"Strati"只有 49 个零部件，包括底盘、仪表板、座椅和车身在内的余下部件均由 3D 打印机打印，所用材料为碳纤维增强热塑性塑料。"Strati"的车身一体成型，由 3D 打印机"打印"，共有 212 层碳纤维增强热塑性塑料。

图 7－17　3D 打印车"Strati"

5. 3DP 成型技术的发展方向

1）领域的延伸

目前 3DP 成型技术主要是运用在科学研究制模、航空航天以及一些零件的制造方面，并未广泛应用，但是随着 3DP 成型材料的多样化发展以及 3DP 成型技术的革新，它不仅在传统的制造行业体现出非凡的发展潜力，同时其魅力更延伸至食品制造、奢侈品、影视传媒以及教育等多个与人们的生活息息相关的领域。

3DP 成型技术在 2011 年被充分应用于生物医药领域，利用 3DP 成型技术进行生物组织"打印"日益受到推崇。Open3DP 创新小组宣布 3DP 成型技术在"打印"骨骼组织上的应用获得成功，利用 3DP 成型技术制造人类骨骼组织的技术已经成熟；另外，3D 打印人体器官的尝试也正在进行中。与此同时，3D 巧克力打印机也已问世，而 3D 打印的服装已经出现在 T 形台上。

2）质量的提升

众所周知，3DP 成型工艺虽然制造速度快，但是其制件在生产过程中分散性比较大，合格率较低。相比于传统制造工业，3DP 成型工艺制件的报废率惊人，因为生产过程中气孔、夹杂等问题会极大地影响金属的力学性能；另外，3DP 成型工艺制件必须经过热等静压处理以后才能有比较高的强度，而仅是热等静压的费用和耗时已经明显超过模锻（这里不计模具费用），而且即使经过热等静压处理，其强度也只能接近模锻。这成为 3DP 成型技术规模化的又一大障碍。

3）制定规范的行业标准

3DP 成型技术缺乏行业标准，同一个三维模型由不同的 3D 打印机"打印"，所得到的结果是大不相同的。此外，3DP 成型材料也缺乏行业标准，3D 打印机生产商都想让消费者购买自己提供的材料，以获取稳定的收入。这样做虽然可以理解，但 3D 打印机生产商所用材料的一致性太差，从形式到内容千差万别，这使研发成本和供货风险都很高，难以形成产业链。这些问题严重制约了 3D 打印机产业链的形成和 3DP 成型技术的进一步发展。

学习单元 7.8　技能训练：3DP 成型设备操作训练

1. 实训目的及要求

1）实训目的

（1）掌握 3DP 成型机的工作原理及操作方法。

（2）掌握 3DP 成型机的生产工艺流程。

（3）能独立完成简单产品的制作。

2）实训要求

（1）必须穿工作服，戴手套，不得随意用手触摸电路系统。

（2）在实训期间严格遵守纪律，不得在实训室打闹、玩手机等。

（3）在实训过程中不得私自外出；按时上、下课，有事必须向实训指导老师请假。

（4）认真听课、细心观察，遇到不懂的问题要及时请教实训指导老师。

（5）独自操作时，要严格遵守操作规程，不可随意调整设备参数；注意培养团队协作能力，提升职业素养。

（6）实训结束后提交一份实训报告。

2. 设备工具

KOCEL AJD 2200A。

3. 操作步骤

1) KOCEL AJD 2200A 机型介绍

双箱打印设备配置两个打印区域及铺砂装置，铺砂装置可实现双向铺砂功能，铺砂开始一段时间后打印头可进行喷墨打印，实现双向铺砂打印。具体参数见表 7 - 1。

表 7 - 1　KOCEL AJD 2200A 机型参数

设备型号		KOCEL AJD 2200A
外观尺寸	长/mm	7 870
	宽/mm	4 470
	高/mm	5 170
打印尺寸	长/mm	2 200
	宽/mm	1 500
	高/mm	700
打印材料	打印用砂	50～200 目的各种砂材（石英砂、宝珠砂、陶粒砂等）
	液料	呋喃树脂粘结剂、清洗剂、固化剂（KOCEL 品牌）
打印参数	层厚/mm	0.2～0.5（可调）
	分辨率/mm	X：0.06～0.12；Y：0.084 7
	打印速度/(s·层$^{-1}$)	20～25
	打印精度/mm	±0.35
	打印文件格式	STL
喷墨系统		喷孔数量为 12 288 个，喷头分辨率为 400 dpi，最高喷墨频率为 50 kHz，喷射墨滴 80～100 pL 可调，适用黏度范围为 8～14 cP
控制系统		Windows7 64 位操作系统，自主研发 HMI 系统，终身免费升级
砂型参数	抗拉强度/MPa	0.5～2.5
	发气量/(mL·g^{-1})	10～14
噪声/dB		<75
重量/t		28

2) 工艺流程

KOCEL AJD 2200A 机型工艺流程见表 7 - 2。

表 7 - 2　KOCEL AJD 2200A 机型工艺流程

序号	工艺流程	内容说明
1	建模	对产品进行虚拟化设计，建立砂型三维数字模型
2	材料准备	准备打印用砂、树脂、固化剂、清洗剂等原辅材料
3	布图	将要打印的三维数字模型摆放在虚拟打印平台上
4	切片	将摆放好的三维数字模型，按固定层厚、分辨率生成打印数据
5	操机打印	按生成的打印数据控制喷墨铺砂，生产出砂型
6	清砂	清除砂型周围的散砂，流转至下一步工序

4. 考核标准

（1）实训过程中的实训态度、实训纪律。

（2）实训笔记及实训报告的完成情况。

（3）工艺原理、工艺流程的掌握情况。

（4）实际生产出制件的质量。

（5）实训过程中设备的具体操作。

> **小贴士**
>
> 成本、效率是产品的核心竞争力，合理制定工艺方案、优化工艺参数是有效降低成本、提升效率的手段。

5. 学习评价

学习效果考核评价见表 7 - 3。

表 7 - 3　学习效果考核评价

评价指标	评价要点	评价结果				
		优	良	中	及格	不及格
理论知识	KOCEL AJD 2200A 机型工艺原理					

学习笔记 ✓

评价指标	评价要点	评价结果				
		优	良	中	及格	不及格
技能水平	1. 三维数据模型的拟合与加载导入					
	2. 三维数据模型的摆放、支撑的添加及分层					
	3. KOCEL AJD 2200A 机型的操作					
安全操作	KOCEL AJD 2200A 机型的安全维护及后续保养					

总评	评别	优	良	中	及格	不及格	总评得分
		90～100	80～89	70～79	60～69	＜60	

小贴士

通过学习效果评价表的填写，分析问题，查阅资料，制定解决问题的方案，解决问题，完成加工任务，进行自检与总结。

6. 项目拓展训练

学习工单见表 7-4。

表 7-4 学习工单

任务名称	3D 打印砂型零件		日期	
班级		小组成员		
任务描述	1. 用 UG 设计砂型零件的三维数据模型，并用 Magics 软件完成切片设计； 2. 使用 KOCEL AJD 2200A 机型打印砂型零件，并完成相应的后处理工序； 3. 要求作品打磨平整，作品外观完好 			
任务实施步骤				

评价细则	专业能力	基础知识（10分）		素质能力	正确查阅文献资料（10分）	
		UG 图纸设计（10分）			严谨的工作态度（10分）	
		切片文件设计（10分）			语言表达能力（10分）	
		设备运行（20分）			团队协作能力（20分）	
	成绩					

学有所思

3DP 成型技术是快速成型技术的一种，它是一种以三维数据模型文件为基础，运用粉末状金属或塑料等可粘结材料，通过逐层"打印"的方式来构造物体的技术。3DP 成型通常是采用 3D 打印机实现的。该技术常在模具制造、工业设计等领域被用于制造模型，后逐渐用于一些产品的直接制造，已经有使用这种技术"打印"而成的零部件。该技术在珠宝、鞋类、工业设计、建筑、工程和施工（AEC）、汽车、航空航天、医疗、教育、地理信息系统、土木工程以及其他领域都有所应用。

思考题

7-1　简述 3DP 成型技术的原理。

7-2　3DP 成型技术的特点有哪些？

7-3　简述 3DP 成型设备的工作原理。

7-4　简述微喷射喷头系统的发展历程。

7-5　简述 3DP 成型材料的发展历程。

7-6　3DP 成型材料的性能要求有哪些？

7-7　3DP 成型工艺中影响精度的因素有哪些？